U0154084

全球武器
大圖解

國際中文版｜英國 FUTURE 集團官方授權

HOW IT WORKS
知識大圖解

全球武器
大圖解

發行人 鄭俊琪

社長 阮德恩

總編輯 陳豫弘

編輯 How It Works 知識大圖解編輯部

出版發行 希伯崙股份有限公司

地址 台北市松山區八德路三段 32 號 12 樓

電話 (02) 2578-2626

傳真 (02) 2578-5800

信箱 service@liveabc.com

公司官網 www.liveabc.com

客服專線 (02) 2578-7838

客服時間 週一至週五 9:00~18:00

法律顧問 朋博法律事務所 謝佳伯律師

印刷 科樂印刷事業股份有限公司

出版日期 2020 年 10 月 初版二刷

FUTURE LiveABC

編輯有話説

縱觀人類歷史，不難發現它儼然就是一部戰爭史。當遠古人類部落之間為了爭奪食物或領土而發生第一次衝突時，也意味著首場戰爭的爆發。從最初的石製武器到今天的核武，由史前的戰士至今日的特種部隊，雖然在裝備、戰術和規模等方面皆持續演進，但透過武裝力量來保護自身的想法卻可能始終如一。

為了幫助讀者瞭解戰爭的今昔，《How It Works 知識大圖解》的編輯群特別集結了四大主題，帶你從「重裝載具」開始，深入探究兼具創意與火力的先進武器；接著，「戰將養成」會介紹各領域的戰士如何成為萬中選一的精英；「軍事科技」則要一窺那些改變戰場面貌的劃時代技術；最後，就讓「歷史戰事」帶大家回顧過去的著名戰役。

即使戰爭總予人負面觀感，但它並非只帶來毀滅。軍用科技也可望惠及民間，衍生出其他商品，像 GPS 即為一例——原為軍事用途所設計，現在則能見於車載導航系統或手機導航中。而讓人類得以展開宇宙探索的火箭亦是源自二戰時的武器。戰爭與科技是如此的密切相關，但要如何從中取得平衡，還有賴各國政府和世人的智慧，並從歷史中汲取教訓。

HOW IT WORKS
CONTENTS

 **重裝載具**

48
坦克大進擊

90
特種部隊

戰將養成

14
戰鬥機
百年進化史

210
維京人的攻勢

82
未來戰艦

232
美國南北戰爭

194
間諜裝備

完全解析
史上最強戰鬥武器

為了追求最強大的火力，現代戰場成了高科技與高風險的競技場

雷達 Radar
2014 年間，許多架颱風戰鬥機都採用最先進的「獵捕者 E」（Captor E）雷達。這種雷達比傳統系統含括的範圍大了 50%。

駕駛艙 Cockpit
玻璃座艙的設計極便於駕駛員使用。控制方式包括數個全彩顯示器和聲控系統。

20 世紀是致命武器在歷史上進展最快的時期。各國的命運就交付在這些鬼斧神工的工程師之手，他們試圖打造出更大、更具破壞力的戰爭機器。

一戰後，無論是入侵行動，亦或防禦重要據點，坦克都扮演了大型戰事策略中的關鍵角色。坦克車隊的主要任務是要殲滅敵方坦克。戰火交鋒時，外殼最厚、火力最能擊穿對方裝甲的坦克才能勝出。說到在戰場上的優勢，英國製造的挑戰者 2（Challenger 2）坦克是輛真正的野獸。

挑戰者 2 重達 63 噸，操作起來卻意外地靈巧，最高時速可達 59 公里。但它真正的強項則是爆破能力，其主砲口徑為 120 公釐，一發就能毀壞其他較次等的坦克。而操作員則受到新一代裝甲的保護：挑戰者 2 的正面和側面皆安裝了爆破反應裝甲，被觸及時便會引爆，以反作用力來抵禦火箭發射的榴彈。

坦克非常適合用來鎮守戰場上的據點，但說到多功能的戰爭機器，最好用的還是攻擊型直升機。目前美國海軍陸戰隊的直升機首選是 AH-1Z 蝮蛇，代號「祖魯」（Zulu）。這架直升機有四片旋翼，飛行速度可達每小時 410 公里，最適合快速深入敵營後方，執行夜間營救任務。它的武器包括空對地地獄火飛彈，可為陸上行動提供關鍵的近地面支援。

蝮蛇不只擁有火力和速度，更有許多智慧型功能。機上電腦可利用感應器和雷達設備來辨識敵我，同時瞄準、追蹤多枚導彈，也能將空中偵察到的資料傳回地面部隊。就連飛行員也配戴智慧型頭盔，內有抬頭顯示器，可將飛行路徑和敵軍目標的資訊投影於其上。

儘管坦克車火力強大、直升機速度

332.9公尺

你知道嗎? 機敏級伏擊號潛艇以先進的感應器取代了潛望鏡,這些感應器的連接纜線長達 100 公里

武器 Weapons
這架戰鬥機攜帶的軍械包括了口徑 27 公釐的毛瑟砲、短程飛彈,以及其他致命武器(如噴射推進式流星飛彈)。

反制系統 Countermeasures
颱風戰鬥機的「防衛輔助子系統」(Defensive Aids Sub System,簡稱 DASS)擁有數個熱焰彈和干擾箔條,藉此擺脫來襲的飛彈。

動力系統 Powerplant
兩顆 EJ200 渦扇引擎的直徑有 74 公分,每顆都能提供 90 千牛頓的推力。這種推進引擎不但可提供 2 馬赫的最高速,也是尋血獵犬號(Bloodhound SSC)超音速車所用的引擎。

機身 Airframe
颱風戰鬥機的機身是以複合材料製成,旨在達到堅固、輕盈和神出鬼沒的效果。機身有 70% 是碳纖維混合物,只有 15% 由金屬組成。

▶ 迅速，現代的終極戰爭機器仍非戰鬥機莫屬。通常只要能在空中取得優勢，就等於在地上取得優勢。戰鬥機可躲避雷達偵測、深探敵營，並發射雷射導引炸彈，在數秒內摧毀目標。而颱風戰鬥機（Typhoon）是現役的先進機型之一。

颱風戰機每架要價 2 億 800 萬美元，旨在成為萬能的空中戰士。它能利用雷達掃描來進行偵察任務、近距離攻擊敵機，並對著遠距目標投擲強力炸彈——這些都可在單一任務中完成。颱風戰鬥機的機身只含 15% 的金屬，因此雷達無法偵測到；三角機翼刻意設計得很「不穩定」，好讓飛機在次音速下仍能極度敏捷，在超音速下更是能達到極致的表現。

未來的戰爭機器可能甚至不需要有人在上頭操作。無人機已證實了其致命的準確度，可精確瞄準、毀滅重要的敵軍目標。如 MQ-9 死神（MQ-9 Reaper）無人機就能發射雷射導引炸彈和空對地地獄火飛彈，且只要按個鈕就行了。✿

據稱，挑戰者 2 的查布漢裝甲（Chobham Armour）比鋼的強度大了一倍

環保戰爭機器

英國航太公司的地面作戰載具是坦克界中的油電車。它的動力來自混合動力推進系統，讓美軍能省下許多汽油；更由於引擎較輕，省下的重量可用來強化坦克的裝甲。推進系統中所儲存的能量可在發動時輸出最大動力。混合引擎也會產生 1100 千瓦的電力，足以供電給車上的先進電腦和攜帶型戰鬥裝置。用油較少也代表軍方可減少油料供給，運油車隊往往是路邊炸彈的攻擊目標。

解析挑戰者 2
這輛英國軍方主要的戰鬥坦克不但爆破能力強大，也裝備了牢不可破的裝甲

彈藥 Ammunition
這輛坦克車可容納多達 50 發 120 公釐口徑的砲彈，此外，還可攜帶「坦克破壞者」（即貧化鈾彈）和煙霧彈。

砲塔 Turret
挑戰者 2 的砲塔可旋轉 360 度，並裝設了核生化災害的防護系統。

引擎 Engine
動力由帕金斯 CV-12（Perkins CV-12）柴油引擎提供，可高達 895 千瓦（1200 馬力）。坦克的最高速度為每小時 59 公里。

指揮官 Commander
透過 8 個潛望鏡，坦克指揮官能以 360 度的視角掃描地平線。

1916
英國 Mark I 坦克登場，裝配了兩挺 57 公釐口徑的艦砲。

1922
原本是戰艦的蘭利號轉型為美國第一艘的航空母艦。

1938
擁有橢圓機翼的噴火戰鬥機是英國皇家空軍的代表作。

1981
布萊德雷坦克可在各種地形上行駛，火力也強大。

2007
MQ-9 死神無人機可瞄準半個地球以外的目標。

你知道嗎？ 蟒蛇直升機的兩個駕駛艙配備有一模一樣的儀器，好讓兩個駕駛都能操控

法國的勒克萊爾（AMX Leclerc）重達 56 噸，是全球最大的坦克之一

俄國 T-90A 坦克擁有焊合砲塔，以及適合夜間任務的 ESSA 熱感視鏡

在戰鬥坦克裡工作是什麼滋味？

坦克駕駛教練艾倫·安德頓中士（Sgt Arron Anderton）為我們說明操作挑戰者 2 的經驗。

駕駛挑戰者 2 是什麼感覺？
安德頓中士（以下簡稱安）：挑戰者 2 是一台複雜的裝備，但只要受過訓練，開起來就不會太難。駕駛會利用兩邊的操作桿來駕駛坦克。一開始時，你可能得花些時間習慣它的大小，但隨著經驗的增加，開起來其實還滿好玩的。挑戰者 2 的越野性能優良，但由於駕駛視野有限，因此得看到遠達 50 公尺處，才能隨之調整方向和速度。挑戰者 2 在高速時容易駕馭，但在狹窄的角落則較難操作。

像挑戰者 2 這種坦克開起來最困難的部分為何？
安：駕駛挑戰者 2 的最困難之處是在公路上適應坦克的寬度，以及在有限的空間裡行駛。駕駛的位置在坦克正中央，跟一般車子或卡車不一樣，所以的確要花些時間適應。

當主砲進行射擊或坦克承受砲火攻擊時，身在車中的感覺如何？
安：實際以武器系統交戰時，並不太會感受到機槍或口徑 120 公釐主砲的威力。車身的確會稍微振動一下，但這能刺激腎上腺素的分泌，確保操作者能即時搜索和瞄準目標。受到步槍或機槍等小型砲彈的攻擊時，聽起來就像打在屋頂上的冰雹，這的確會讓人有種刀槍不入的感覺。

可以談談坦克上四名組員各自所扮演的角色嗎？
安：挑戰者 2 上有 4 名組員：駕駛、砲手、裝填手（兼無線電操作員）和指揮官。駕駛負責開車，執行所有日常和主要的保養和維修工作。他也要協助電子機械工程兵（簡稱 REME）進行主要維修工作。

砲手負責維護武器系統，瞄準指揮官和其他組員所發現的目標。裝填手要為主砲和口徑 7.62 公釐的機槍填充彈藥。他們的次要責任則是協助指揮官操作無線電。指揮官除了管理坦克的整體行動和所有組員，也負責導航、收發無線電，並決定砲手瞄準目標的優先順序。

由於在有限的空間裡工作和生活，同袍間的情誼會變得十分深厚。你也許可以想像，長時間在這麼狹窄的空間裡一起工作、生活、吃飯、睡覺，可能會有點問題——那氣味真是讓人眼淚都要流出來了！

組員是靠什麼設備在戰場上導航？
安：坦克本身和個人的 GPS 都有導航功能。此外，好的傳統地圖仍是戰場上不可或缺的工具；指揮官必須熟稔這種導航方式。

厚裝甲 Thick skin
砲塔的查布漢裝甲可抵擋敵方火力，這種裝甲由金屬板和陶瓷片材組成，兩者以空氣隔開。

砲手 Gunner
砲手除了要發射 CHARM 主砲，還得負責操作兩挺火力強大的機槍。機槍口徑為 7.6 公釐，可容納 4000 發子彈。

爆破反應裝甲 Exploding armour
坦克的前面和側面布滿了爆破板，被接觸時就會引爆，以反作用力來抵禦敵軍砲火。

L30 CHARM 主砲 L30 CHARM gun
挑戰者 2 的主砲可發射口徑 120 公釐的砲彈，包括可打穿裝甲的黏著榴彈。

裝填手 Loader
裝填手的主要工作是要為 CHARM 主砲和兩挺機槍裝填彈藥。

駕駛 Driver
駕駛可發動 1200 匹馬力的柴油引擎，讓坦克加速至每小時 59 公里。在夜間，也能靠著影像經過強化的潛望鏡行駛。

挑戰者2的組員要接受多久的訓練？

 駕駛 6 星期

 **裝填手** 2 星期

 **砲手** 6 星期

 **指揮官** 5 個月

解構 AH-1Z 蝰蛇

祖魯直升機如何成為世上最先進的載具之一？

頭盔 Helmet
最先進的「頂級貓頭鷹」（Top Owl）頭盔顯示器除能提供 40 度的雙眼視野，也可協助通訊。

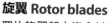

旋翼 Rotor blades
四片旋翼都由複合材料製成，該材料有助於承受子彈的攻擊，也能進行摺疊，以便停在航空母艦上。

機翼旋轉軸 Wing stubs
這些小機翼與飛行功能無關，但可提供用來存放武器和雷達設備的珍貴空間。

航空電子設備 Avionics
第三代的前視紅外線感應器是現代直升機配備中最精確的武器之一，無論日夜，或在惡劣天候下都能發揮作用。它可以同時追蹤數個視線以外的目標。

引擎 Engines
AH-1Z 蝰蛇擁有兩具 T700-GE-401 引擎和主旋翼系統，巡航速度將近每小時 300 公里。

最高速度 Max speed
這輛坦克在路上的速度可達每小時 59 公里。

動力 Power
珀金斯發動機公司的康達 CV12 柴油機功率為 1200 制動馬力。

最高速度 Max speed
祖魯俯衝時的速度可達每小時 411 公里。

動力 Power
兩具 T700-GE-401 渦輪軸引擎。

挑戰者2

組員數目：4

裝甲：5/5

價格：660萬美元

貝爾AH-1Z 祖魯

組員數目：2

裝甲：2/5

價格：3100萬美元

動力 Power
一對 EJ200 渦噴引擎。

颱風戰鬥機

組員數目：1

裝甲：1/5

價格：2億800萬美元

HOW IT WORKS
知識大圖解 | 國際中文版

最淺顯易懂的知識
圖解百科！

f How It Works 知識大圖解 GO

毛骨悚然的
尋鬼
科學原理
THE SPOOKY SCIENCE OF GHOST HUNTING

掃描
QR CODE
馬上加入
粉絲團

你知道嗎？ AH-64D 長弓阿帕契直升機可在 1 分鐘內標定 128 個目標

武器 Weaponry
120 公釐 L30 坦克砲；
7.62 公釐的同軸機
槍和砲塔機槍。

最大射程
Max firing range
挑戰者 2 發射出的黏著
榴彈射程高達 8 公里。

武器 Weaponry
空對地地獄火飛彈、
響尾蛇空對空飛彈，
以及非導引式火蛇
70 航空火箭彈。

最大射程
Max firing range
響尾蛇飛彈可瞄準 35
公里外的目標。

最大射程
Max firing range
新的流星飛彈射程可超
過 100 公里。

武器 Weaponry
遠距與短距的空對空
飛彈、27 公釐毛瑟砲
和雷射導引的炸彈。

最高速度 Max speed
颱風戰機的最高速度為 2 馬
赫（約時速 2450 公里）。

準備作戰！

1 伏擊號潛艇
英國皇家海軍現
役的核子潛艇擁有極
敏感的聲納系統，可偵
察到約 5630 公里外的船隻。
造價為 16 億美元的伏擊號可
攜帶 38 枚戰斧（Tomahawk）
巡弋飛彈。

2 B-2 幽靈戰略轟炸機
這架隱形轟炸機的特色
是擁有如蝙蝠翅膀的機翼，它
是美國空軍的突擊轟炸機，空
中加油一次後，就能飛行 1 萬
8520 公里。它可深入敵營，
投擲 20 噸的炸彈。

3 朱姆沃爾特級驅逐艦
這艘「全電子」的美國海
軍驅逐艦可自行發電。船身角
度銳利能減少雷達截面積；裝
載的武器則包括兩門 155 公
釐、可攻擊 154 公里外目標的
主砲。

4 突擊破障車
美軍排雷坦克最有名的
特色就是可發射一種火箭，好
張開 100 公尺長如香腸般的管
子。管內包著 1 噸的 C4
炸藥，藉此清除範圍
如足球場般大小的隱
藏地雷。

5 野犬式全方位防護
運輸車
這輛德國武裝運輸車原本用來
運送部隊，但經強化後可承受
地雷、槍砲和其他許多
重型武器的攻擊。車
頂的武器可由砲手直
接發射，或透過車艙內
的螢幕遙控。

新世代武器

現代戰爭載具已開始
裝設雷射武器

過去大型砲彈都使用膛線砲
技術發射。而挑戰者 2 的
主砲基本上就是膛線砲的改
良版，但尺寸更大、威力更
強。未來的武器會更精巧，
但主要的改良會是戰略上
的，像是五角大廈研發的被
動攻擊武器可安全地消滅大
量的致死生物製劑。飛機將
450 公斤的炸彈投下後，炸
彈會在空中爆炸，數千支鋼
條和鎢棒從天而降、穿透罐

裝化學武器。波音公司製造
的微波炸彈利用無線電波的
脈衝來燒掉保險絲，破壞目
標建築的電力系統。美國海
軍測試了一種 3200 萬焦耳
的磁軌砲，利用磁場將砲彈
射到 185 公里外，完全不需
要火藥。未來的武器當然也
包括了雷射。美國海軍也在
測試固態自由電子雷射器，
希望製造出每秒能熔化 610
公尺鋼材的武器！

阿帕契的演進

AH-1Z 祖魯也許比較新穎，但另一架直升機更因其致命性聞名：AH-64 阿帕契（AH-64 Apache）。這架兇猛的直升機結合了火力、穿透力和速度，擅長破壞敵方陣線與裝置，用強大的飛彈和火箭摧毀敵方城垛，也可用 30 公釐的機砲回擊任何攻擊者。阿帕契曾在波斯灣、巴爾幹半島、伊拉克和阿富汗等地的戰事中有過優異的表現，不斷證明了其優越的性能。

有趣的是，雖擁有進攻武器，但阿帕契之所以能成為令人畏懼的對手，卻是因為擁有極先進的戰鬥系統和電子設備。舉例來

説，它的航空系統和感應器組附有目標辨識和鎖定系統、飛行員夜視系統、GPS 導航、被動紅外線對抗系統、地面火力捕獲系統，以及最先進的整合式頭盔顯示觀測系統。後者有點像軍事版的 Google 眼鏡，可增進飛行員的控制（詳情請見下方）。綜合了這些科技，這架直升機即使在最惡劣的環境下仍能輕鬆操作。

阿帕契在戰鬥中的韌性也讓它成為現代最重要的戰爭武器之一，無論是形狀或防撞程度都符合高標準。在波斯灣戰爭期間，多架阿帕契都反覆受到小型火力和火箭推進榴

彈的攻擊，但只有一架墜毀，且該直升機上的兩名飛行員也安然生還。2002 年，在阿富汗同樣有多架阿帕契受到攻擊，但敵軍並沒有射下任何一架。阿帕契機身堅固，還有自封燃料系統，以阻擋砲火。

然而，阿帕契在戰場上最顯著的優良性能應是其傳奇的持久力。其中一架即使已於前線作戰了 28 年，卻仍在服役中。這架最頂尖的攻擊型直升機不斷在強化自身的技術，例如新型分流式正齒輪變速器可增加輸出功率、通訊系統也變得完全數位化。這都能讓這架直升機繼續叱吒風雲好些時日。

解析阿帕契
讓我們來細看這架在前線上不斷進化的戰機

美國共有 669 架阿帕契直升機，
未來可能還會增加更多

旋翼 Rotor blades
阿帕契號擁有四片主旋翼和四片尾旋翼，讓機身能以每分鐘 889 公尺的極速升空。以直升機來說，它的移動性能也非常優良，可輕鬆地在低海拔區執行複雜任務。

武器 Weaponry
阿帕契攜帶的武器強大，包括 AGM-114 地獄火飛彈、AIM92 刺針導彈、大量 70 公釐的火蛇 70 航空火箭彈，以及可發射 1200 顆子彈且十分牢靠的 30 公釐 M230 機砲。

動力 Powerplant
阿帕契由兩具 GE T700 渦輪軸引擎所驅動，每具在機身兩側各有高置排氣孔，可讓直升機達到時速 293 公里。

人機介面 Human-machine interface
整合式頭盔顯示觀測系統提供許多先進功能，例如讓直升機的 M230 機砲與飛行員的頭部運動同步運作，飛行員只要轉頭就能瞄準目標。

前後控制 Tandem control
阿帕契上的座位前後並排，一名飛行員坐在另一名飛行員的後上方。兩名飛行員共同駕駛直升機，且都能操作所有武器系統，這點對在複雜的現代戰場上十分重要。

控制系統 Controls
阿帕契擁有雷射、紅外線和熱感等追蹤系統，包括夜視目標辨識感應器和威脅辨識系統，是執行祕密隱身任務的理想戰機。

F-35 閃電 II	蘇愷 -57	殲 -20	F-22 猛禽	F-16 戰隼
1 F-35 閃電 II 可執行地面攻擊、偵察和空中防禦任務，也具有高端的隱形技術。	**2** 蘇愷 -57 為俄羅斯極先進的第五代戰鬥機，擁有空對空、空對地和空對海飛彈。	**3** 這架中國隱形戰機是東方最先進的戰機之一，似乎結合了 F-22 和 F-35 的特徵。	**4** 這是最重要的戰鬥機之一。美國空軍擁有 100 多架，提供了無可比擬的纏鬥能力。	**5** F-16 雖已屬於舊型，但由於操作性能絕佳，戰鬥能力強，因此仍被廣為使用。

5 大事實
空中殺手

你知道嗎? 史崔克裝甲車（Stryker）有許多功能，包括支援工程、醫療和發射迫擊砲

一探史崔克裝甲車

讓我們來看看這種頂級裝甲戰鬥車輛的重要特徵

機槍 Machine gun
史崔克裝甲車的組員可直接在內部操控 50 口徑的機槍。對於步兵和輕裝甲車輛來說，這是種十分致命的武器。

電子系統 Electronics
史崔克裝甲車擁有「21 世紀旅級暨以下部隊戰鬥指揮系統」（簡稱 FBCB2），這是種數位通訊系統，可讓裝甲車與遙控武器系統（如圖）進行溝通，讓人員能從安全的艙內發射武器。

柴油引擎 Diesel engine
擁有 350 匹馬力的重型 JP-8 柴油引擎為史崔克裝甲車提供了動力，讓這輛 16 噸重的裝甲車能以逾 97 公里的時速行駛。

空間充足 Room to spare
史崔克裝甲車除了兩名組員外，後艙也可容納多達 9 名全副武裝的士兵，以及重要儀器和補給。

厚甲 Tough shell
史崔克裝甲車的外殼是用最堅硬的鋼材製成，同時也裝配了防彈內襯。其底盤還可裝上厚達 14.5 公釐的裝甲板套件，以提供額外保護。

多輪驅動 All-wheel drive
史崔克裝甲車擁有先進的亞歷森變速器，可依不同地形變換成四輪驅動或八輪驅動的操作模式。

史崔克裝甲車性能無可比擬，結合了存活能力、行動力和火力

裝了輪子的裝甲戰士

沒錯，坦克擁有最厚實的裝甲與最具破壞力的火力。然而，當戰場上出現了近距離的障礙物時，坦克的強大火力卻會將一切消滅殆盡！因此，現在的國家軍隊越來越希望找到不同類型的戰爭機器。裝甲戰鬥車輛是很好的選擇，結合了運兵車、坦克、軍事吉普等功能，彈性無可比擬，可執行各種任務。

坦克的履帶很適合穿越崎嶇不平的地區，但坦克系統本身的限制和重量則大幅降低了靈活度和速度。舉例來說，挑戰者 2 的速度很難高於每小時 60 公里，靈敏度幾乎為零。相反地，裝甲戰鬥車輛不但防禦力佳，速度可高達每小時 100 公里，也能輕鬆通過越野地區，並攜帶各種大砲、機槍和飛彈，此外，還可運送 9 名全副武裝的士兵。

通用動力陸地系統公司製造的史崔克裝甲車系列是相當先進且多產的戰鬥車輛。其機型五花八門，不但逐漸取代坦克的某些角色，且任務效能也不斷提高。

舉例來說，有的機型擁有防坦克性能，可執行醫護後送任務、戰火支援與偵察、步兵調度，以及直接交戰等。這還只是一部分而已！史崔克裝甲車可提供訂製的性能，其敏捷度、速度和成本在裝甲戰鬥車輛界中可說是前所未聞。

你可能會開始懷疑裝甲戰鬥車輛是否會完全取代坦克，但答案是否定的。有時還是得用重裝機器來攻破敵方的防禦，但史崔克這類的多功能載具的確會逐漸崛起。無論在哪種戰場上，速度和適應力都攸關勝敗，仍在不斷演化的裝甲戰鬥車輛則能輕易提供這兩種能力。

完美的水陸載具

在現代戰場上，靈活是成功的關鍵，而兩棲突擊載具便是其中一種。這基本上是一種運送人員的裝甲車兼登陸艇，可從海上調派部隊，將他們毫髮無傷地送到陸地，接著將人員布署在敵軍領土，過程中無需經過漫長和危險的交通工具轉換，便能將士兵快速送往需要的地方。

現代最成功的兩棲突擊載具應該是美國作戰系統公司製造的 AAV-P7/ A1。它是一輛 26 噸重的裝甲輸送車，擁有 45 公釐的裝甲金屬板、置頂的 MK19 自動榴彈發射器和 50 口徑的機槍，而寬敞的後艙還可容納 21 名士兵。然而，其中最令人印象深刻的，應該是它能在洶湧的海上航行達 37 公里，且登陸後還有足夠的燃料在陸上行進 480 公里。

1989
海鷂二式攻擊機 Harrier II

海鷂二式攻擊機於 1989 年 12 月開始服役，具備垂直／短距起降的能力，與航空母艦的搭配堪稱完美；在科索沃、伊拉克、阿富汗等地的作戰任務中常可見到其身影。

1938
超級馬林噴火戰鬥機
Supermarine Spitfire

超級馬林噴火戰鬥機是二戰時期英國皇家空軍（簡稱 RAF）與盟軍使用的戰機，該戰鬥機定位為短距離、高性能的攔截機，最高時速可達 595 公里；戰機搭載了八具白朗寧點 303 口徑機槍，並在不列顛戰役中協助捍衛英國海岸線。

1983
F-117 夜鷹戰機
F-117 Nighthawk

F-117 夜鷹戰鬥攻擊機搭載尖端的隱形科技，設計時盡可能縮小了雷達截面積，所以傳統的單站雷達很難偵測到它。此機款在 25 年的服役生涯中，只有一次遭到擊落。

CELEBRATING 100 YEARS
戰鬥機百

一覽第一次世界大戰至今各式經典戰機的帥氣外貌，以及戰機所搭載的尖端科技

從一戰期間法國上空的近戰纏鬥，到現代噴射戰機的電腦遙控對壘，空戰歷史的悠久程度其實已不下於飛機本身。

荷蘭工程師安東 · 福克（Anton Fokker）於 1915 年發明了射擊斷續器，這個簡單的裝置可讓固定式機槍在飛機螺葉旋轉的同時開火掃射；率先採用此設計的是福克 E 單翼戰鬥機（Fokker Eindecker），由於成效卓著，英國皇家空軍甚至稱之為「福克災難」（Fokker Scourge）。福克的設計催生了一場國際軍事競賽，各國紛紛開始致力研發更快、更靈活、火力更強的戰機。

一戰結束後，各國開始體認到稱霸天空就等同於掌握了戰略優勢，因此 1939 年二戰開打時，空中爭霸戰已不可同日而語。梅塞施密特 Bf 109 戰機（Messerschmitt Bf 109）的時速逾 500 公里，飛行速度為福克 E 的三倍以上；在西班牙內戰初試啼

1916
索普威思幼犬雙翼機
Sopwith Pup

此款戰機搭載單組迴轉式引擎，總重僅357 公斤，航程可逾 300 公里，配備的武器只有一具維克斯機槍（Vickers）；此外，整架飛機的木質框架都以織料包覆。暱稱為「幼犬」是因其機身比雙人座的索普威思 1.5 Strutter 戰機來得小。

1949
F-86 軍刀戰機 **F-86 Sabre**

首度於 1949 年現身，到 1994 年退役之前，至少有 20 國都曾將其納入機隊編制之中。此款戰機屬於掠翼式穿音速噴射戰機，特色之一就是機尾的「全動水平尾翼」，提供了在高空中的絕佳靈活度。

2005
洛克希德・馬丁 F-22 猛禽戰機
Lockheed Martin F-22 Raptor

F-22 猛禽戰機屬於頂級隱形戰機，搭載的 F-119 引擎可是史上公認的顛峰之作。飛行員能在飛行中掌握 360 度的方位動向；此外，不靠後燃器，F-22 猛禽戰機便能以 1.5 馬赫的速度進行超音速巡航。

OF FIGHTER PLANES

年進化史

聲之後，便隨即投入波蘭、法國的侵略行動之中。這款強大、輕巧又武裝齊全的戰機完全將戰鬥機的性能和配備推向了新的境界。

如今，空戰已成為地面戰略能否成功的關鍵。勞斯萊斯設計的噴火戰機（Spitfire）等盟軍機種早在二戰初期便已投入戰鬥，且比起德軍戰機更是有過之而無不及。在二戰的最後數個月已可見到新世代戰機遨翔天空，雖然對於希特勒來

説，新戰機太晚加入，數量也不足以扭轉局勢，但梅塞施密特 Me262 無疑是史上第一款噴射戰鬥機，時速可達 870 公里。

韓戰期間（1950 年至 1953 年），天上仍可見末代螺旋槳推進戰機的蹤影，但隨後全球便正式進入噴射機時代。冷戰時期，蘇聯的米格-15 戰鬥機（MiG-15）、美國的 F-15 戰鬥機以及其他前所未有的迅捷戰機霸占了整個天空，終日不停地盤旋巡邏。垂直起降飛機也於此時問世，旨在布

署於航空母艦上；隱匿監視科技也在暗地裡悄悄發展，以便進行檯面下的戰爭。

到了現代，戰鬥機在戰爭中扮演的角色依然相當關鍵。新一代噴射戰機有了電腦輔助，功能比以往的戰機更為多元，也能同時肩負多項任務，除了降低飛行員發生意外的風險，也對敵軍造成更大的威脅，有利鞏固空中的主宰地位。

現代科技

新時代軍事科技讓空戰徹底改頭換面

打從梅塞施密特 Me 262「飛燕」戰機在二戰首次升空後，噴射戰機科技日新月異的腳步便從未停歇。現代戰機與過往的重大差異之一便是對靈活度的要求；舊式戰機只針對特定任務進行設計，例如轟炸、護航或偵察。但現代機種必須具備多種功能，甚至得同時執行各項任務，舉例來說，歐洲戰機公司（Eurofighter）出產的颱風戰機（Typhoon）就在機身下方加掛了十數枝托架，藉此攜帶多種對空、對地武器或額外的燃料箱，以備任務時間延長所需，因此足以勝任各種任務。

　　飛機的速度越來越快，武器系統也越加精準，但如果缺乏電腦科技的輔助，即便是反應快如閃電的頂尖飛行員也得使出渾身解數，才能避免一升空就被擊落。雖然大家都很清楚，飛行員絕對需要超高的技巧、過人的耐力、同時多工的技能，以及在壓力下快速反應的能力，但機載電腦毫無疑問已是現今每架戰機不可或缺的一環了。

　　電影《捍衛戰士》中極其經典的抬頭顯示器就是戰鬥機駕駛艙在電子設備上的一大革新，可將目標追蹤、感測、導航等資訊直接傳遞給飛行員。抬頭顯示器的電腦連接到整架飛機的內外部感測器，接收到資料後可進行統整、排定優先順序，甚或提供建議，以便飛行員迅速因應威脅、進行反制或安全降落，且在整個過程中雙眼還能緊盯著危險區。

　　過去數十年來，戰機科技與電腦能耐雙雙大幅成長，並經歷了數代更迭，但根本原則仍是以協助飛行員操控飛機為主。舉例而言，歐洲戰機公司開發的人機介面與飛行控制系統包含語音操控、自動駕駛、自動油門還有飛航指引，一切設計都是為了輔助駕駛；此外，新一代的雷達系統可預先辨識危險並將之分級。有了這些科技，難怪飛行員仍然會覺得和這些機器之間有種特殊的情感。▶

歐洲戰機公司第三批次颱風戰機

這架斥資 1 億歐元的歐製戰機搭載的科技絕對讓你瞠目結舌

多功能資訊分發系統
Multifunction Information and Distribution System

內部電腦系統包含所有的自動化子系統（如目標鎖定與監控系統），會將資訊透過駕駛艙與頭盔上的數個顯示器傳遞給飛行員。

強化罩窗
Reinforced windows

駕駛艙的罩窗由超耐磨的透明 Röhm 249 壓克力製成，且為了盡可能拓寬飛行員視野而採用現在的造型。

CAPTOR-E 有源電子掃描陣列雷達
CAPTOR-E AESA Radar

有源電子掃描陣列（簡稱 AESA）雷達能同時追蹤多個地空目標，涵蓋角度達 200 度，且會自動鎖定潛在目標。

多用途武器系統 Multi-role arsenal
機上有 13 管發射座，可攜帶各種武器，以因應不同的任務需求。

隱形科技用料 Stealth material
颱風戰機的機體結構超過 70% 都以碳纖維合成材料製成，表面特別不穩定，因此不太容易被雷達捕捉到蹤影。

雙引擎 Twin engines
兩具 EJ200 引擎總計能產生 180 千牛頓的推力；由於引擎重量輕，飛機速度可達 2.0 馬赫。

數位引擎控制監測裝置 DECMU
兩具 EJ200 引擎各接到一組數位引擎控制監測裝置；工程師可透過 DECMU 來瞭解引擎的確切狀況，如此一來才能延長引擎壽命或加以改良。

拖曳式誘餌 Towed decoy
萬不得已時，戰機的防禦系統可放出誘餌、引開敵方火力。

防禦感測器 Defensive sensors
「防衛輔助子系統」（簡稱 DASS）會自動監控空中與地面的目標與威脅，並排定優先順序以利反應。

尖端電子系統 Future-proof electronics
飛機內建光纖資料匯流排，以確保未來世代的武器系統能與之相容。

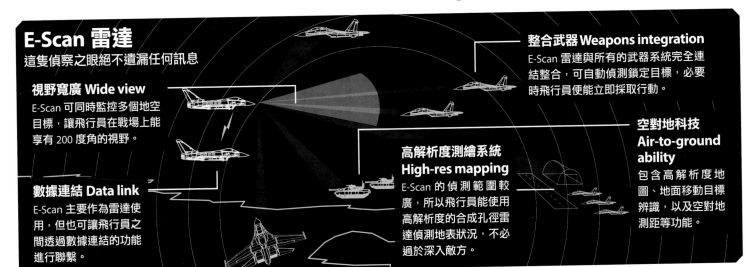

E-Scan 雷達
這隻偵察之眼絕不遺漏任何訊息

視野寬廣 Wide view
E-Scan 可同時監控多個地空目標，讓飛行員在戰場上能享有 200 度角的視野。

數據連結 Data link
E-Scan 主要作為雷達使用，但也可讓飛行員之間透過數據連結的功能進行聯繫。

高解析度測繪系統 High-res mapping
E-Scan 的偵測範圍較廣，所以飛行員能使用高解析度的合成孔徑雷達偵測地表狀況，不必過於深入敵方。

整合武器 Weapons integration
E-Scan 雷達與所有的武器系統完全連結整合，可自動偵測鎖定目標，必要時飛行員便能立即採取行動。

空對地科技 Air-to-ground ability
包含高解析度地圖、地面移動目標辨識，以及空對地測距等功能。

© EuroFighter/ Markus Zinner

航空大歷史

瞧瞧戰鬥機的古今演進

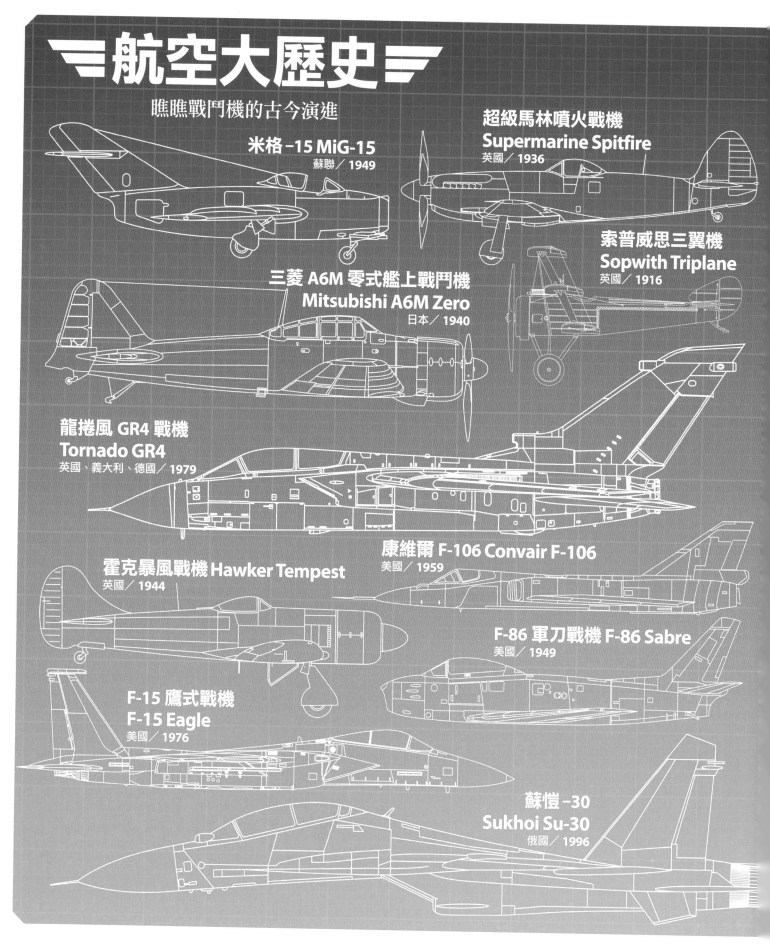

米格－15 MiG-15
蘇聯／1949

超級馬林噴火戰機
Supermarine Spitfire
英國／1936

索普威思三翼機
Sopwith Triplane
英國／1916

三菱 A6M 零式艦上戰鬥機
Mitsubishi A6M Zero
日本／1940

龍捲風 GR4 戰機
Tornado GR4
英國、義大利、德國／1979

霍克暴風戰機 Hawker Tempest
英國／1944

康維爾 F-106 Convair F-106
美國／1959

F-86 軍刀戰機 F-86 Sabre
美國／1949

F-15 鷹式戰機
F-15 Eagle
美國／1976

蘇愷－30
Sukhoi Su-30
俄國／1996

德哈維蘭蚊式轟炸機
De Havilland Mosquito
英國／1941

蘇愷 −27 Sukhoi Su-27
蘇聯／1985

米格 −29
MiG-29
蘇聯／1983

玻利卡爾波夫 I-15 Polikarpov I-15
蘇聯／1934

沃特 F4U 海盜戰機
Vought F4U Corsair
美國／1942

薩博 JAS 39 獅鷲戰機
Saab JAS 39 Gripen
瑞典／1997

索普威思駱駝戰鬥機
Sopwith Camel
英國／1917

雅克列夫 Yak-1 Yakovlev Yak-1
蘇聯／1940

梅塞施密特 Me 262 飛燕戰機
Messerschmitt Me 262 Schwalbe
德國／1944

F-16 戰隼
F-16 Fighting Falcon
美國／1978

戰鬥機的演進

空中戰場的識途老馬學了什麼新把戲？

打從人類實現遨翔天際的夢想後，便一直努力探索擊落空中敵人的新方法；早期飛行員會將身體探出駕駛艙以手槍、散彈槍朝敵人開火，但一路發展下來，空戰的樣貌已大幅轉變。

戰爭確實非常殘酷，但也提供了絕佳的環境，讓航空科技得以迅速發展茁壯。綜觀整個發展歷程，有些重大突破造就了我們現今對軍用飛機的認識，例如伸縮式起落架、封閉式駕駛艙、內部武器系統、噴射引擎、彈射座椅，以及抬頭顯示器等。

本文將介紹兩款指標性戰機，讓你瞭解其所搭載的科技與組件如何協助戰機翱翔空中戰場。✿

格魯曼 F-14A 雄貓式戰機

大貓爪子鋒利，掛載了響尾蛇飛彈和先進的航空電子系統

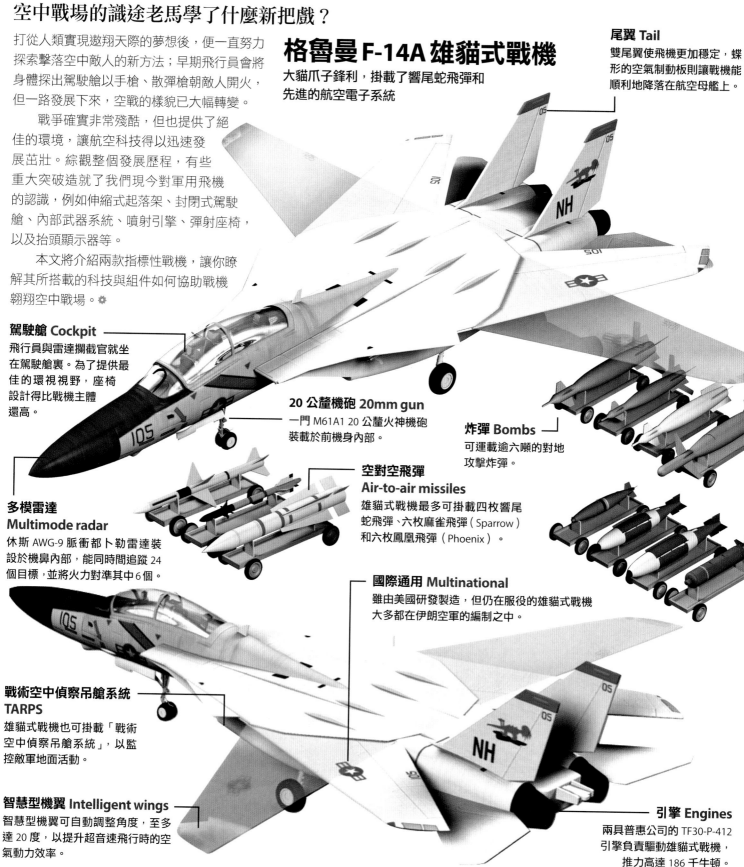

尾翼 Tail
雙尾翼使飛機更加穩定，蝶形的空氣制動板則讓戰機能順利地降落在航空母艦上。

駕駛艙 Cockpit
飛行員與雷達攔截官就坐在駕駛艙裏。為了提供最佳的環視視野，座椅設計得比戰機主體還高。

20 公釐機砲 20mm gun
一門 M61A1 20 公釐火神機砲裝載於前機身內部。

炸彈 Bombs
可運載逾六噸的對地攻擊炸彈。

空對空飛彈 Air-to-air missiles
雄貓式戰機最多可掛載四枚響尾蛇飛彈、六枚麻雀飛彈（Sparrow）和六枚鳳凰飛彈（Phoenix）。

多模雷達 Multimode radar
休斯 AWG-9 脈衝都卜勒雷達裝設於機鼻內部，能同時間追蹤 24 個目標，並將火力對準其中 6 個。

國際通用 Multinational
雖由美國研發製造，但仍在服役的雄貓式戰機大多都在伊朗空軍的編制之中。

戰術空中偵察吊艙系統 TARPS
雄貓式戰機也可掛載「戰術空中偵察吊艙系統」，以監控敵軍地面活動。

智慧型機翼 Intelligent wings
智慧型機翼可自動調整角度，至多達 20 度，以提升超音速飛行時的空氣動力效率。

引擎 Engines
兩具普惠公司的 TF30-P-412 引擎負責驅動雄貓式戰機，推力高達 186 千牛頓。

梅塞施密特 Bf 109

這架飛天終結者稱霸了二戰早期的
歐洲戰場

雙機槍
Twin machine guns
引擎上架設了兩具 MG-17
7.9 公釐機槍，每分鐘各
可射出超過 1000 發子彈。

駕駛艙 Cockpit
Bf109 與其衍生型 Me209
不同，駕駛艙的位置離機
頭更近。

天線 Antenna
高頻天線連接至 FuG 16Z 無
線電，讓飛行員與同袍及基
地之間得以保持聯絡。

機體設計 Design
梅塞施密特的設計初
衷是要盡可能以最小
的機身容納最大的發
動機；因為只有三個
基本的組件，所以生
產容易。

短程 Short range
Bf 109 航程的極限約
1000 公里，已足以與
敵機交戰或攻擊中程
距離的地面目標。

機砲 Cannon
機鼻掛載一具 30 公釐機砲，
好進一步提升整體火力。

伸縮式機輪
Retractable wheels
某些梅塞施密特機款配有伸縮式起落
架，以提升空氣動力的運用效率。

側翼武器
Wing weapons
最初的模型並沒有打算讓側翼加
掛武器，但後來還是將兩具機槍
掛載於機翼上，以因應英國噴火
戰機的重武裝。

戰鬥機的未來發展

使用無人機偵察敵軍位置與作戰部隊的頻率漸增，因此
有人認為傳統的噴射戰鬥機在往後的戰爭中可能會毫無
用武之地。2013 年，諾斯洛普．格魯曼公司（Northrop
Grumman）製造的 X-47B 無人原型機首度於航空母艦進
行起降測試，象徵未來可能會步入無人攻擊 – 轟炸機的時
代。波音公司（Boeing）的 QF-16 則由退役的 F-16 戰機改
造而成，以便遠端遙控，現在常用於空中標靶訓練。雖然
這些無人噴射機僅作為測試飛彈系統的靶機，但我們也發
現遙控飛行的精準度已日漸提升。

　　政府與業界都表示，未來軍機勢必會與人工智慧密切
結合，甚至建議由真人駕駛噴射機與無人機一同出任務。
美國國防高等研究計畫署（簡稱 DARPA）的研究顯示，無
人機成群行動的效果更好，這也使得後續研究更加關注無
人機在戰場上應如何與友機配合，而不是單純仰賴人工遙
控。早在 F-35 閃電 II 與殲 –20 等第五代戰鬥機更普及之前，
各國政府便已紛紛著手尋覓讓未來的軍事航空科技更經濟
實惠的先進解決方案。

F-35 閃電 II 戰機屬
於第五代戰鬥機，
於多國的空軍和海
軍單位服役

加拿大最佳戰機駕駛威廉·喬治·巴克（William George Barker）因其英勇事蹟而獲頒維多利亞十字勳章

參與一戰的雙翼戰鬥機

一探讓索普威思駱駝戰鬥機成為強大戰機的武器配備和相關技術

雙機槍
Twin machine guns
前方安裝的一對機槍附有彈鏈；RFC 飛行隊中首架有此標準配備的機種即駱駝戰機。

駝峰 Hump
指標性的駝峰會包住機槍後膛；這一型的飛機之所以取名為「駱駝」，就是基於這項設計。

索普威思
駱駝戰鬥機
The Sopwith Camel

索普威思駱駝戰鬥機是一戰期間最好的戰機之一。1916 年 12 月，其單座原型機展開首航，旨在取代英國皇家飛行隊（簡稱 RFC）中服役已久的機種。在駱駝戰機參戰前，德國的福克（Fokker）和信天翁（Albatros）戰機主宰了西方戰線的空域。1917 年，在歷經慘痛的「血腥四月」空戰後，RFC 損失慘重，亟需新機種加入。

索普威思駱駝戰鬥機為索普威思幼犬雙翼機（Sopwith Pup）和索普威思三翼機（Sopwith Triplane）的升級版，雖不太好駕馭，但其靈活度有助於逃脫，並在空戰中擊敗德軍戰機。其雙機槍能射穿敵機，使之在空中爆炸。德國為此開始生產福克Dr.I 三翼機（Fokker Dr.I Triplane），儘管德軍在技術上更優越，但仍無法應付西方戰線上眾多的駱駝戰機中隊。駱駝戰機與法國的斯潘德 XIII 型戰機（SPAD S.XIII）聯手，協助扭轉了空戰的頹勢。這架戰鬥機的設計相當受歡迎，連美國、比利時和希臘的飛行中隊也開始駕駛。

這架飛機直到戰爭後期才淡出，逐漸被更先進的飛機所取代，但它始終保有一定的地位。戰爭期間，駱駝戰機擊落的敵機比任何戰機都多，它和二戰的噴火戰鬥機（Spitfire）具有相同的指標性地位。

引擎
Engine
引擎內的汽缸旋轉時，曲軸仍保持不動。這將導致迴轉效應，讓駱駝戰機變得難以控制。

槍口焰 Gun flashes
駱駝戰機不適合在夜間作戰，因槍口冒出的火光會阻礙飛行員的夜視力。

螺旋槳轉弧
Propeller arc
以射擊斷續器從螺旋槳間發射子彈，以免射到葉片。

最高速度
Top speed
克萊傑（Clerget）旋轉引擎能讓駱駝戰機的最高時速達到 185公里；儘管它的機身比先前的機種更重。

📖 **補充資訊**

關於這架指標性的雙翼飛機，可參閱海恩斯出版社（Haynes Publishing）的《索普威思駱駝戰鬥機》（Sopwith Camel: Owners' Workshop Manual）；此書收錄了一戰時索普威思駱駝戰鬥機的罕見照片。

起落架 Landing gear
大輪子讓雙翼機在高速下降時仍能安全著陸。

控制與駕馭

索普威思共打造出六架駱駝戰機原型機，全都極難駕馭；其傑出的機動性讓經驗不足的飛行員難以掌控，高達 385 名飛行員在非戰鬥的情況下，因飛機失控而身亡。駱駝戰機的設計特色同為其最大的優點與缺點：最重的引擎、油箱和槍械全都裝在前方，因此機鼻極重。燃料也是個問題：其燃料的混合比例必須極為精確。引擎亦可能中途熄火；且飛機也易產生大翻轉。但若學會了掌控，駱駝戰機就成了威力無窮的戰機。其靈活性在空戰中幾乎無法匹敵，許多德軍的福克戰機飛行員在意識到被鎖定之際，也為時已晚。

引擎的旋轉機制讓駱駝戰機在左轉時表現較差；但右轉時，速度則是其他戰鬥機的兩倍

釋放炸彈 Bomb release
有些駱駝戰機攜有四具各重 11 公斤的炸彈，可由飛行員啟動開關，進行投彈。

機身 Fuselage
絕大部分的機體為木製，並用鋁罩保護引擎，以織物覆蓋機身。

機架 Frame
駱駝戰機配有鋼絲來支撐結構，賦予它得以攀升至 6000 公尺高空的強度。

索普威思駱駝戰鬥機相關數據

這款戰機在服役的 17 個月內留下哪些記錄？

46
威廉·喬治·巴克的空戰勝利次數

5490
駱駝戰機的生產總量

10 分鐘
爬升 3000 公尺所需的時間

1294
駱駝戰機飛行員造成的總死亡人數

90%
飛機九成的重量集中在前機身的兩公尺內

76
每月平均擊落的德軍飛機數量

2.5 小時
加滿油箱的飛行時間

難以駕馭的駱駝戰機讓許多學員墜機喪命

第二次世界大戰的無人機

The drones of World War II

現代的無人機操控員會遠端操縱飛機，令其高空飛過自己無法親眼見到的戰場。這種精密的無人飛行載具可追溯至近一個世紀前。一戰可說是科技創新的推手，無人飛行的研究也在這個時期展開，而成果便是美國發明的航空魚雷，又稱「凱特靈飛蟲」（Kettering Bug）。身為現代導彈的先驅，它能以高達每小時 80 公里的速度承載爆破彈頭，也可預先設定計時器，關閉引擎、放下機翼，讓魚雷像炸彈般下墜。不過，對於讓不精準的爆裂物在領空上飛行，當時的軍事計畫人員仍抱持非常謹慎的態度。

接近二戰時，英國皇家海軍嘗試將遙控的木製雙翼機用於射擊練習，為將來的戰爭進行訓練；在這場戰爭中，空中優勢確實扮演了關鍵角色。1933 年，名為「仙后號」（Fairey Queen）的改良式水上飛機接受測試，並成為首架無法飛行的無人機。在三次測試中，仙后號墜毀了兩次，但在 1934 年時，名為「蜂后」（Queen Bee）的改良式虎蛾戰鬥機便成功了。

透過原始機型來訓練砲手並不夠逼真，但在不久後的美國，有位英國演員雷金納德‧丹尼（Reginald Denny）和他的無線電導航飛機公司找出了解決方法。數年來，丹尼試圖引起美國海軍對無線電導航飛機 1 號的興趣，最終在 1939 年成功，並於二戰期間打造了 1 萬 5374 架無線電導航飛機。快速、敏捷又耐用的無線電導航飛機配備了反應敏捷的無線電操控裝置，能更精準地模仿敵機的速度和敏捷度。⚙

無人戰機

航空魚雷象徵無人機科技的毀滅能力（最終結果就是納粹德國的 V-1 和 V-2 火箭），而現代無人機的概念其實也源於納粹德國。費茲‧古斯洛博士（Dr Fritz Gosslau）於 1939 年提出「深火」（Fernfeuer）計畫──希望能以遙控飛機投下酬載物，然後返回基地。深火計畫雖於 1941 年中止，卻為飛行飛彈 V-1 的發展鋪路。

1944 年 3 月，美國海軍為了與日本對戰，布署 TDN-1 突擊用無人機，並於 1944 年 10 月 19 日成功在太平洋瞄準目標投下炸彈；但和深火計畫與現代無人機不同的是，TDN-1 無法返回基地。

掀開早期無人機的引擎蓋一探究竟

無人駕駛艙
Empty cockpit
英國皇家海軍的仙后號駕駛艙後方有個能啟動氣動致動器的泵浦。氣動致動器是種馬達，由壓縮空氣遙控。

操控問題 Steering trouble
由於缺乏精密操控系統，且其副翼（機翼上用來使飛機滾轉或傾斜的翼片）被鎖定在中立位置，因此遙控員只能仰賴方向舵來操控。

人工智慧
Artificial intelligence
仙后號的量產繼承者──蜂后──若遇到無線電斷訊，會自行降落。當飛機接近地面時，下垂天線能自動偵測並啟動自動降落系統，甚至能發射信號彈，告知遙控員飛機的位置！

展翅高飛
Spread your wings
仙后號的機翼上反角（機翼上翹與地面間的夾角）較大，使飛機更為平穩。儘管如此，在五次飛行中還是有四次墜毀。

本名諾瑪‧珍（Norma Jeane）的瑪麗蓮‧夢露（Marilyn Monroe）在成名前，曾於 1940 年代時在一間工廠組裝無線電導航飛機

遙控 Remote control
當時並非運用搖桿，而是用類似老式電話的旋轉撥號盤，以無線電信號傳達指令。不同數字分別代表上、下、左、右、發動以及油門。

發射！ Blast off!
在雷達發明前，許多戰艦會搭載發射偵察機的彈射器。這對仙后號而言很理想，因為可以減少遙控人員在無人機升空前的負擔。

解析 F-4 幽靈 II 戰鬥機
Inside the F-4 Phantom II

F-4 幽靈 II 戰機堪稱有史以來最具代表性的戰鬥機，它在服役期間創下 15 項世界紀錄

在同期的戰鬥攔截機中，配備最先進的便是 F-4 戰鬥機，它打破了當時多項紀錄，例如：飛行海拔最高、飛行速度最快、爬升速度最快。F-4 戰鬥機還引進了最新的建材與航空特性，從 1960 年開始直到 1970 年代末期，F-4 戰鬥機便馳騁天際，所向無敵。

幽靈戰機配備了一對通用電氣製造的 J79 軸流壓縮渦輪噴射機，若輔以後燃器，則可提供高達 8094 公斤力的推力。上述特點再加上超強的鈦合金機身，使這台戰鬥機的升阻比為 8.58、推力重量比為 0.86，每秒的爬升率也有 210 公尺；如此強大的功率也使其極速達時速 2390 公里。

作為戰鬥攔截機，F-4 戰機備有 9 個外掛點，裝配了空對空 AIM-9 響尾蛇導彈、AGM-65 小牛空對地戰術導彈、反艦飛彈 GBU-15，以及一具火神 6 管加特林砲，還有一小部分的重型武器。此外，F-4 戰機也負責運送一系列核武軍備。

不過，或許 F-4 幽靈 II 最大的創新技術在於採用脈衝式都卜勒雷達（pulse-Doppler radar）；時至今日，戰鬥機仍會使用這套雷達系統。脈衝式都卜勒雷達是一套四維雷達系統，能偵測出目標的三維位置和徑向速度。它所運用的原理是，透過發射短脈衝無線電波（而非連續波）到目標物件。當部分訊號被目標物彈回之後，訊號處理器會開始接收和解碼，並根據都卜勒效應來判斷目標的位置和飛行路徑。 ✿

9 個外掛點可以配備各式重型武器

拆解 F-4E 幽靈 II 戰鬥機
認識讓幽靈戰機打破各項紀錄的技術

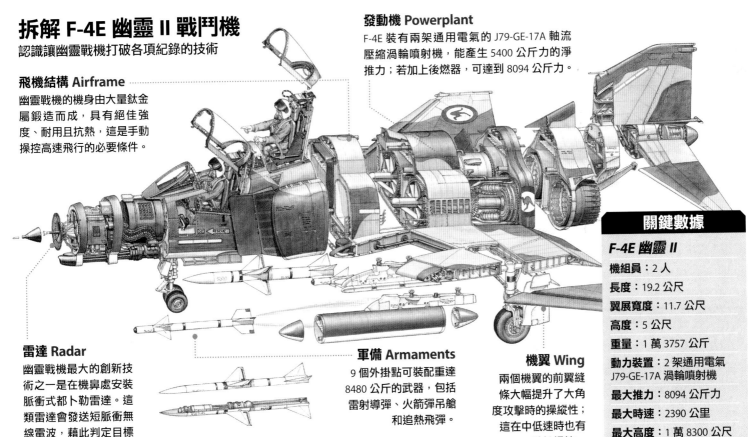

飛機結構 Airframe
幽靈戰機的機身由大量鈦金屬鍛造而成，具有絕佳強度、耐用且抗熱，這是手動操控高速飛行的必要條件。

發動機 Powerplant
F-4E 裝有兩架通用電氣的 J79-GE-17A 軸流壓縮渦輪噴射機，能產生 5400 公斤力的淨推力；若加上後燃器，可達到 8094 公斤力。

雷達 Radar
幽靈戰機最大的創新技術之一是在機鼻處安裝脈衝式都卜勒雷達。這類雷達會發送短脈衝無線電波，藉此判定目標的位置和運動狀況。

軍備 Armaments
9 個外掛點可裝配重達 8480 公斤的武器，包括雷射導彈、火箭彈吊艙和追熱飛彈。

機翼 Wing
兩個機翼的前翼縫條大幅提升了大角度攻擊時的操縱性；這在中低速時也有助於操控。

關鍵數據

F-4E 幽靈 II

機組員：	2 人
長度：	19.2 公尺
翼展寬度：	11.7 公尺
高度：	5 公尺
重量：	1 萬 3757 公斤
動力裝置：	2 架通用電氣 J79-GE-17A 渦輪噴射機
最大推力：	8094 公斤力
最大時速：	2390 公里
最大高度：	1 萬 8300 公尺

© DK Images; Alamy

「F-86 是最早能發射空對空導彈
的軍用噴射機之一」

凶悍的F-86軍刀戰鬥機

The ferocious F-86 Sabre

F-86 公認是1950 年代最重要的軍用飛機，
具備十八般武藝，迅捷又具殺傷力

F-86 軍刀戰鬥機是一款單人座戰鬥機，為北美航空（現已併入波音公司）於1950 年代晚期推出，是歐美第一架後掠翼的噴射機，也是頭幾架俯衝時能突破音障的飛機，活躍於韓戰和冷戰期間。

F-86 是為了與蘇聯的米格 -15 戰鬥機作戰而設計，具有較優異的飛行性能，擔負了凶猛的高速空中纏鬥重任。儘管論輕盈和武器配備都略輸米格 -15，但由於其後掠翼減低了穿音速阻力，並搭配流線型機身和先進電子設備，因此駕駛起來遠勝米格 -15。由於比蘇聯勁敵技高一籌，空中纏鬥時便無往不利。

F-86 雖然整體武器配備不如敵機，卻是最早能發射空對空導彈的軍用噴射機之一。F-86E 等改良機型還配備了雷達和瞄準系統，在當年可謂革命性的技術。再加上 F-86 的實用升限（即最高飛行高度）極高、射程約有 1600 公里之遠，因此能輕鬆攔截敵機。

然而，F-86 軍刀戰鬥機最聞名的無疑是破世界紀錄的飛行表現。在 1940 和 1950 年代，各款 F-86 戰機共在六年間突破了五次飛行速度的正式紀錄。其中 F-86D 戰鬥機更在 1952 年開創歷史新頁，不僅破了世界飛行紀錄（時速 1123 公里），隔年飛行時速又快了 27 公里。

如今，所有 F-86 戰鬥機都從國防軍用退役，但由於具備經典地位、操縱可靠，有許多仍活躍於平民領域，光在美國註冊的民用 F-86 戰機就多達 50 架。✿

登上 F-86E

剖析帶給軍刀戰鬥機強大威力的先進工程技術

機身 Fuselage
前粗後細的錐形機身設有鼻錐進氣口，空氣從駕駛艙下方的導管引入，進入 J47 引擎，最後從機尾的噴嘴排出。

機翼 Wing
機翼和機尾都是向後切的掠角形狀，其中機翼配有電子操控的襟翼和自動前緣縫翼。後掠翼能讓空中纏鬥時的表現更為敏捷。

軍刀戰鬥機由北美打造，但獲得超過 20 個國家的空軍採用，包括日本、西班牙和英國

時速1151公里

飆風神機

F-86 軍刀戰鬥機打破世界紀錄多達三次，1953 年的最快紀錄達到迅如雷的每小時 1151 公里。

引擎 Engine

F-86E 戰機採用奇異公司的 J47-13 渦輪噴氣引擎，具備 2358 公斤推力，這樣強大的能量造就了最高約 1050 公里的水平飛行時速。

駕駛艙 Cockpit

F-86 的單人座艙以小型的泡狀座艙罩包覆，位置十分前端，就在鼻錐後。

相關數據

F-86E 軍刀戰鬥機

長度：11.3 公尺	
翼展：11.3 公尺	
高度：4.3 公尺	
最高速度：時速 1046 公里	
射程：1611 公里	
最高飛行高度：1 萬 3710 公尺	
戰鬥起飛重量：6350 公斤	

展翼高飛的賈桂琳·科克倫

生於 1906 年的賈桂琳·科克倫（Jacqueline Cochran）是美國飛行員先驅。她翱翔空中的好本事，讓她成為全球第一位正式突破音障的女性——她駕著一架特製的 F-86 軍刀戰鬥機創下這項佳績。

她於 1953 年 5 月 18 日在加州羅傑斯旱湖創下這項紀錄。在查克·葉格（Chuck Yeager）駕駛僚機的陪同下，開著 F-86 以每小時 1050 公里的平均速度飛行，突破了音障。後來更成為第一位從航空母艦起飛以及飛行速度突破 2 馬赫的女性飛行員。

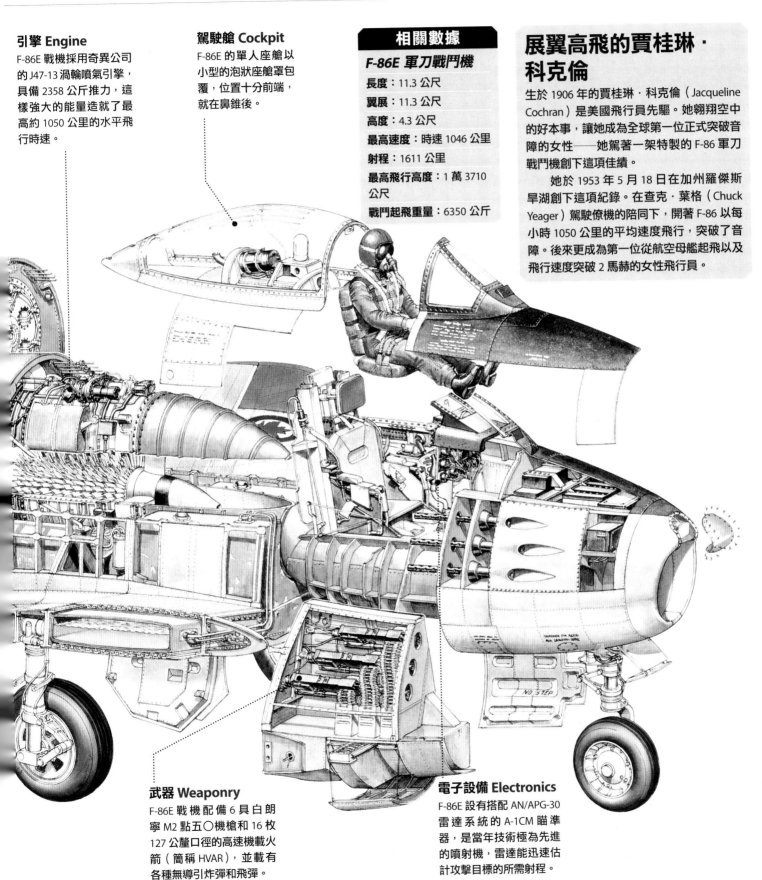

武器 Weaponry

F-86E 戰機配備 6 具白朗寧 M2 點五〇機槍和 16 枚 127 公釐口徑的高速機載火箭（簡稱 HVAR），並載有各種無導引炸彈和飛彈。

電子設備 Electronics

F-86E 設有搭配 AN/APG-30 雷達系統的 A-1CM 瞄準器，是當年技術極為先進的噴射機，雷達能迅速估計攻擊目標的所需射程。

「A-10 攻擊機常支援部隊與地面攻擊，且能長時間以低速滯空」

登上疣豬攻擊機
On board the Warthog

A-10 雷霆式攻擊機是種執行密接空中支援任務的單座攻擊噴射機，同時還有「疣豬」（Warthog）與「坦克剋星」（Tankbuster）這兩個外號。這款飛機最早於 1967 年開始研發，1972 年首航。經過 40 多年的軍事科技發展，A-10 攻擊機仍屹立不搖的理由主要有兩個：它的戰鬥性能極為多元，且生存率很高。

A-10 攻擊機的起降所需距離都很短，加滿油後的航程可達近 1300 公里。常支援部隊與地面攻擊，且能長時間以低速滯空，高度最低可達 300 公尺以下。A-10 不只是優異的攻擊機，也能承受猛烈攻擊。事實上，它就算被穿甲彈與燃燒彈打到也沒事，又有好幾個備用的飛航系統。最不可思議的是，只要用一具引擎、一個尾翼穩定器、一個升降舵，甚至少了半個機翼，它都能飛返基地！因此，美國空軍飛行員都非常清楚 A-10 攻擊機具有極高的「返家」效能。✿

地圖導覽

A-10攻擊機的服役地點
1 巴爾幹半島諸國
2 美國佛羅里達州
3 阿富汗
4 伊拉克
5 利比亞
6 南韓

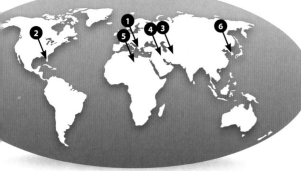

A-10雷霆二式攻擊機的高科技設備
我們把疣豬攻擊機分解開來，看看它為何會成為軍機裡的狠角色

座艙罩 Canopy
擋風玻璃與透明的泡狀座艙罩都擋得住小口徑的彈藥。

座艙 Cockpit
座艙裡有飛行員專用的瞄準與飛航控制系統，其中包括一具抬頭顯示器以及加密的無線電通訊器。

油箱 Fuel tanks
疣豬攻擊機搭載著四座自封式油箱，油箱內外都包覆著阻燃泡沫。

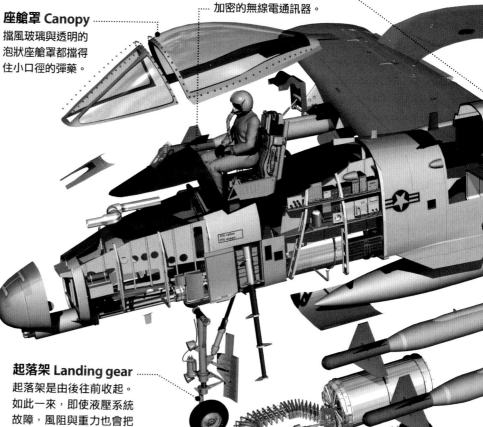

起落架 Landing gear
起落架是由後往前收起。如此一來，即使液壓系統故障，風阻與重力也會把起落架完全打開，並在放下後固定。

機關炮 Main cannon
機身搭載著通用動力公司（General Dynamics）製造的 30 毫米復仇者機關炮，可以發射一般彈藥、燃燒彈，甚或耗乏鈾穿甲彈。

你知道嗎? A-10 攻擊機幾乎無所不能,其中甚至有一架被改裝為氣象研究專機

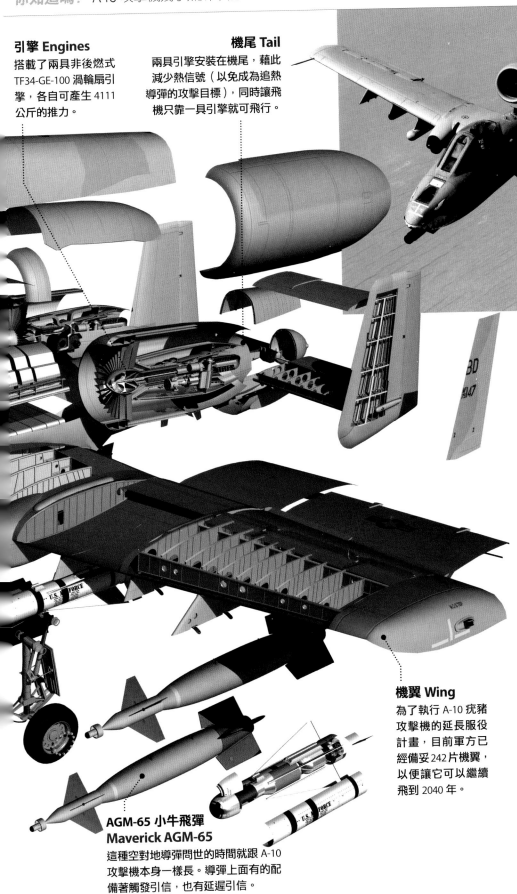

引擎 Engines
搭載了兩具非後燃式 TF34-GE-100 渦輪扇引擎,各自可產生 4111 公斤的推力。

機尾 Tail
兩具引擎安裝在機尾,藉此減少熱信號(以免成為追熱導彈的攻擊目標),同時讓飛機只靠一具引擎就可飛行。

美國空軍的機隊擁有超過 360 架 A-10 攻擊機,服役地點遍布世界各地,而這張照片的地點是阿富汗

防禦性能
A-10 攻擊機非常堅固,其他戰機若在戰鬥時受創嚴重就可能墜機,但它卻能飛走。為了保護敏感的飛航控制系統與飛行員,飛機採用一種被戲稱為「浴缸」(tub)的設計,座艙被鈦質裝甲包圍著。這種極度堅固的金屬擁有多層次,總重 544 公斤,厚度最多可達 3.8 公分,而且打造時還考慮到彈藥來襲的各種可能軌跡。即使被機關炮打到也能承受得住,大口徑彈藥也沒問題。尼龍防彈保護罩可保護飛行員,以免因彈藥碎片與破片彈而受傷,透明的座艙罩則能擋住小口徑武器的彈藥。

攻擊性能
A-10 攻擊機可載運相當於機身一半重量的武器與相關系統,外部負載最多高達 7260 公斤。機身上有 11 個可安裝雷射武器引導與輔助系統的掛架,也能用來掛飛彈。它可攜帶的炸彈種類繁多,包括子母彈、每個重達 227 公斤的通用炸彈、九頭蛇火箭(hydra rocket),還有最多十枚空對地小牛飛彈,每一枚重量 304 公斤。只要一枚小牛飛彈就能摧毀一輛坦克;不過,因為一發就要價約 16 萬美元,飛行員可不能隨便亂射飛彈。機上主要的武器是裝在機鼻下方的 30 公釐復仇者機關炮,最高發射速度可達一分鐘 4200 發,有效射程超過 6.5 公里。如果飛行員夠厲害,便可輕易用機關炮讓一輛主力戰車變成廢鐵。

機翼 Wing
為了執行 A-10 疣豬攻擊機的延長服役計畫,目前軍方已經備妥 242 片機翼,以便讓它可以繼續飛到 2040 年。

AGM-65 小牛飛彈 Maverick AGM-65
這種空對地導彈問世的時間就跟 A-10 攻擊機本身一樣長。導彈上面的配備著觸發引信,也有延遲引信。

超音速隱
SUPERSONIC

形戰鬥機
STEALTH JETS

來看第五代戰鬥機將如何征服天際

自問世以來，飛機的發展便經歷了一段漫漫長路。一個多世紀前，首架動力飛機（由螺旋槳所驅動的早期木造滑翔機）以不甚快的速度緩緩起飛。而今，先進的超音速隱形戰機群得以翱翔天際、避開雷達偵測，並視氣壓與溫度狀況，大幅超越音速（1 馬赫，約時速 1235 公里）。

旗下的 F-22 猛禽戰鬥機（F-22 Raptor）讓美國成為首個開發出所謂「第五代戰鬥機」的國家。儘管配有武器，F-22 仍算是擁有先進匿蹤能力的噴射機種，其流暢的機身設計得以切穿空氣，且毋須使用耗油甚鉅的後燃器便可達到「超音速巡航」。雖然美國目前為此領域的霸主，但俄羅斯與中國正急起直追。許多人也對未來的新機種感到興奮不已，期待這些戰鬥機均配有人工智慧和自主飛行功能。

在幾乎不現蹤下，以設計與功能著稱的隱形戰鬥機可迅速反應，並攻擊目標。平滑、流暢的機身設計可將強力武器藏於機腹，盡可能減少凸出的零件，以降低雷達截面積；強大的引擎可加速至 2 馬赫；駕駛員則有先進的頭盔和機上科技加以輔助，助其鎖定目標位置，並加以殲滅。

F-22 自 2005 年服役至今。而在經過十年以上延宕和大幅超出預算後，美製的 F-35 閃電 II 戰鬥機（F-35 Lightning II）亦於 2015 年開始服役。然而，在 2018 年初，俄羅斯與中國的首架隱形戰鬥機——分別為蘇愷-57 戰鬥機（Su-57）和殲-20 戰機（J-20）——也加入了它們的行列。隨著新一波高科技空戰的展開，印度、日本和土耳其等國也在自行研發匿蹤機種。

接下來，本專題將介紹隱形戰機科技的主力機種，並列出其令人生畏的關鍵功能。動力飛機的首次飛行或許改變了世界，但俗話說得好，好戲還在後頭。

> 「以設計與功能著稱的隱形戰鬥機可迅速反應，並攻擊目標」

F-22 猛禽 vs F-35 閃電 II

兩者在乍看之下雖頗為相似,但內部卻採用截然不同的技術。自 2005 年服役至今的 F-22 猛禽戰鬥機由波音與洛克希德‧馬丁公司所開發,號稱世上首架隱形空對空戰機。F-22 的弧形機身可散射電磁波,確保自身不會在雷達掃描設備上現蹤;武器則裝載於機身內,因此不會露出可能自曝行蹤的零件。F-22 的速度可達 2 馬赫左右,是美國首架能超音速巡航的戰機,這代表 F-22 毋須使用後燃器,便可達到超音速,並維持驚人的 1.5 馬赫。而這全拜兩具普惠 F119-PW-100 型引擎所賜。

洛克希德‧馬丁公司旗下的 F-35 閃電 II 戰鬥機則可達 1.6 馬赫的極速。F-35 有三種型號:F-35A、F-35B 和 F-35C,功能各有些微差異。搭載了一具普惠 F135 型引擎的 F-35 雖無法真正進行超音速巡航,但在關閉後燃器時,可短暫維持 1.2 馬赫的速度。它的設計也可散射電磁波,在雷達螢幕上保持隱形。儘管延遲服役,F-35 仍被視為世上最頂尖的先進戰機之一,因可攜帶更多的強力炸彈,比 F-22 更適合執行空對地作戰。F-35 雖於 2006 年首度試飛,但至 2015 年才開始服役。

> 「F-35 仍被視為世上最頂尖的先進戰機之一」

纖維墊 Fibre mat
F-22 以電磁波吸收材料(如纖維墊)打造而成,因此不易被雷達偵測到。

頂尖對決

讓這兩款先進戰機來場較量吧!

F-22 關鍵數據

機身長度	18.9公尺
翼展	13.6公尺
最大航程	2960公里
最高速度	2馬赫以上

機翼 Wings
前後機翼的邊緣排列整齊,這樣較不易被雷達偵測到。

熱源 Heat
機尾的水平安定翼能隱藏雙引擎的熱源訊號。

超音速巡航 Supercruise
F-22 能以 1.5 馬赫的速度巡航,這表示可不用後燃器,並省下更多燃料。

Lt Col. Anita Coumansingh Pang

隱藏式武器 Hidden weapons
F-22 的武器可隱藏於機身內,讓武裝不致曝露在外,破壞其匿蹤能力。

F-22 猛禽戰鬥機

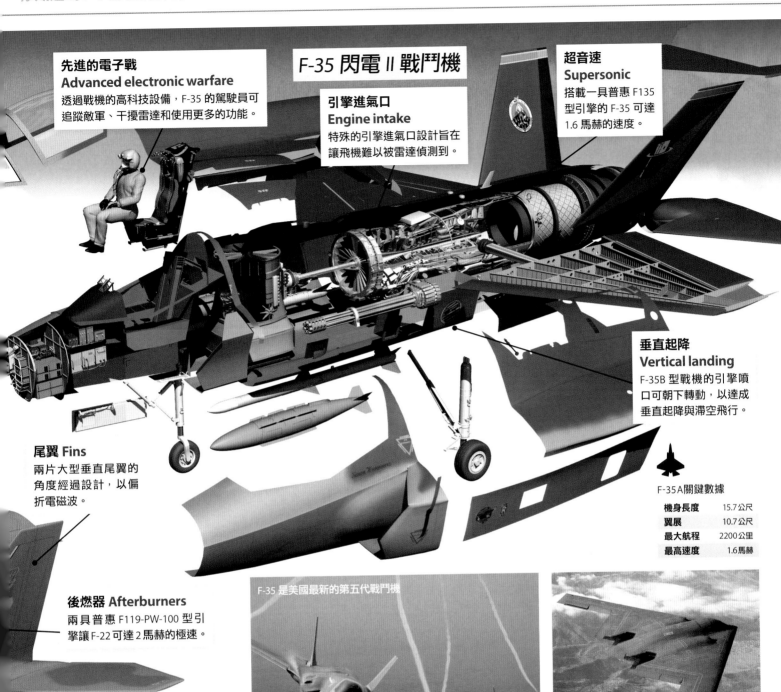

F-35 閃電 II 戰鬥機

先進的電子戰
Advanced electronic warfare
透過戰機的高科技設備，F-35 的駕駛員可追蹤敵軍、干擾雷達和使用更多的功能。

引擎進氣口
Engine intake
特殊的引擎進氣口設計旨在讓飛機難以被雷達偵測到。

超音速
Supersonic
搭載一具普惠 F135 型引擎的 F-35 可達 1.6 馬赫的速度。

垂直起降
Vertical landing
F-35B 型戰機的引擎噴口可朝下轉動，以達成垂直起降與滯空飛行。

尾翼 Fins
兩片大型垂直尾翼的角度經過設計，以偏折電磁波。

後燃器 Afterburners
兩具普惠 F119-PW-100 型引擎讓 F-22 可達 2 馬赫的極速。

F-35 A 關鍵數據

機身長度	15.7公尺
翼展	10.7公尺
最大航程	2200公里
最高速度	1.6 馬赫

F-35 是美國最新的第五代戰鬥機

極具代表性的 B-2 幽靈戰略轟炸機透過匿蹤科技避開雷達，以執行轟炸任務

匿蹤科技

藉由向飛機發射電磁波，再測量電磁波觸及飛機後回彈的時間，雷達系統便能確認飛機的位置，發現其蹤跡。倘若電磁波一去不返，又會如何？此即隱形戰機的基本概念，透過反射或散射雷達波來隱匿行蹤。有些戰機會透過設計來達成匿蹤——相連的機身邊緣與平滑表面可降低雷達截面積（面積越小，效果越好）。有些則由材料著手，採用能吸收雷達訊號的材質，以產生類似的功效。雖然隱形戰機的雷達截面積各異，但每架第五代戰鬥機皆能在出擊前隱匿行蹤。

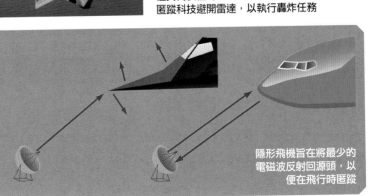

隱形飛機旨在將最少的電磁波反射回源頭，以便在飛行時匿蹤

蘇愷–57

首架俄羅斯隱形戰鬥機如何與美國分庭抗禮

蘇愷–57 是俄羅斯首架服役的隱形戰鬥機

俄羅斯的蘇愷–57 戰鬥機由蘇愷公司所開發，已在 2018 年 2 月部署於敘利亞。該戰機號稱第五代戰鬥機，為俄羅斯首架採用匿蹤科技的機種。其設計亦能散射和偏折電磁波——鋸齒形機身邊緣與斜角機翼可讓飛機處在雷達視線之外。蘇愷–57 搭載了兩具 117 型引擎，速度可達 2 馬赫，並以 1.6 馬赫進行超音速巡航，比 F-22 和 F-35 都快。

和前述兩者一樣，蘇愷–57 的武器位於機身艙室之中，因此雷達無法偵測。除配備了雷達阻波器外，機身也以可吸收和遮蔽電磁波的材料與塗裝製成，以降低雷達截面積。經由特殊塗層處理的座艙罩則讓駕駛艙與駕駛員發出較少的雷達訊號。相較於 F-22 和 F-35 的 0.0001 與 0.001 平方公尺，蘇愷–57 仍有 0.3 至 0.5 平方公尺的雷達截面積，故匿蹤能力似乎並不出眾，因而遭受一些批評。即便如此，蘇愷–57 仍為強大的戰鬥機種，其極速非美國同級機種可比擬。

蘇愷–57 內部構造

一窺讓俄羅斯戰機可望與美國抗衡的相關科技

蘇愷–57關鍵數據

機身長度	22公尺
翼展	14.2公尺
最大航程	3500公里
最高速度	2馬赫

一飛沖天 High flier
蘇愷–57 的飛行高度可達 2 萬公尺。

長程飛行 Long range operations
蘇愷–57 的最大航程號稱達 3500 公里，大幅超越 F-22 與 F-35。

引擎 Engines
蘇愷–57 由兩具 117 型引擎所驅動，速度可達 2 馬赫左右。

一架蘇愷–57 的造價約 5000 萬美元

引擎間距 Engine spacing
蘇愷–57 的兩具引擎刻意隔開一段距離，以騰出空間設置武器艙。

一名俄羅斯高官曾表示,蘇愷-57 有望升級成第六代戰鬥機

「蘇愷-57 搭載了兩具 117 型引擎,速度可達 2 馬赫,並以 1.6 馬赫進行超音速巡航,比 F-22 和 F-35 都快」

尺寸 Size
機身達 22 公尺、翼展則有 14.2 公尺,蘇愷-57 比一般噴射戰機略大。

駕駛艙 Cockpit
蘇愷-57 的駕駛艙經過塗層處理,以隱藏駕駛員發出的雷達訊號。

飛彈感應器 Missile sensor
飛彈感應器位於駕駛艙後方,當戰機上方有飛彈來襲時,會向駕駛員示警。

殲-20 戰機

中國向第五代戰鬥機領域叩關的機種為成都飛機工業集團所開發的殲-20 隱形戰機。略顯神祕的殲-20 為中國首架隱形戰鬥機,極速可達 2 馬赫,由具有後燃功能的兩具渦輪扇引擎所驅動,且機身內有三個用來隱藏武器的艙室。據傳,殲-20 具備了有助於匿蹤的「電場訊號降低」(field signature reduction)技術。殲-20 的外形與 F-22 類似,以便將自身的雷達反射訊號降至最低,但其引擎噴嘴仍存有遭雷達偵測的疑慮。殲-20 於 2011 年首度試飛,但直至 2017 年 9 月才開始服役,成為世上第四個第五代隱形戰鬥機種。

隱藏式武裝 Hidden arms
與 F-22 和 F-35 雷同,蘇愷-57 的武器也藏於機身內。

隱形塗層 Cloaking coating
蘇愷-57 的塗裝為可吸收和遮蔽電磁波的材質。

殲-20 戰機的諸多功能大多仍屬未知

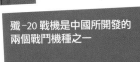
殲-20 戰機是中國所開發的兩個戰鬥機種之一

匿蹤型機體設計 Stealth silhouette
蘇愷-57 的機身邊緣連成一線,以降低反射的雷達訊號。

未來的隱形戰鬥機

本專題所介紹的數種飛機或許已令人驚嘆不已,但在未來的第六代戰鬥機身上,我們勢必會見識到更加不同凡響的科技應用。隨著世界各國致力於空軍的現代化,部分的未來戰機將會搭載先進的人工智能,甚至可能毋須駕駛員操控。

這些未來戰機號稱能飛得更遠,以便攻擊遠程目標;部分機種甚至可能納入第二名駕駛員,好協調額外的無人載具編隊。有些機種的機身可能內建了感應器,藉此躲避雷達偵測;有的機種甚至可能攜帶極音速武器(速度達 5 馬赫或以上)。

英國航太系統公司的雷神(Taranis)無人機為一款令人印象尤為深刻的研發中機種,機上的科技專為洲際任務而設計。由地面人員進行操控的雷神無人機於 2013 年首度試飛,極速可逾 1 馬赫。而拜遠端操控功能所賜,此機種才能真正成為令人畏懼的未來武器。雖然雷神無人機標榜兼具了匿蹤科技和超音速飛行能力,但卻無緣親上戰場。然而,結合雷神無人機科技而開發的後繼機種將於 2030 年代開始服役。

與此同時,波音公司則是全力進行第六代戰鬥機——為 F/A-XX 戰鬥機計畫的一環——的研發。目前,F/A-XX 戰機尚未命名,且性能大多仍未公開,我們僅知此機種將無尾翼,且搭載與 F-35 類似的感應器系統。設計上,則兼顧速度與匿蹤性,機翼幾乎斜置成菱形,以降低其雷達訊號。F/A-XX 戰機希冀能於 2030 年代開始服役,取代美國海軍現役的 F/A-18E/F 超級大黃蜂戰鬥攻擊機。

另外,還有由美國諾斯洛普‧格拉曼公司所設計的隱形轟炸機:B-21 突襲者戰略轟炸機。目前仍不曉得 B-21 是否為超音速戰機,但已確知它旨在世上任何地點發動精準空襲。B-21 將擁有蝙蝠翅膀般的機翼設計,並具備匿蹤能力。初期的版本由人員操作,但未來亦可能出現自主機型。

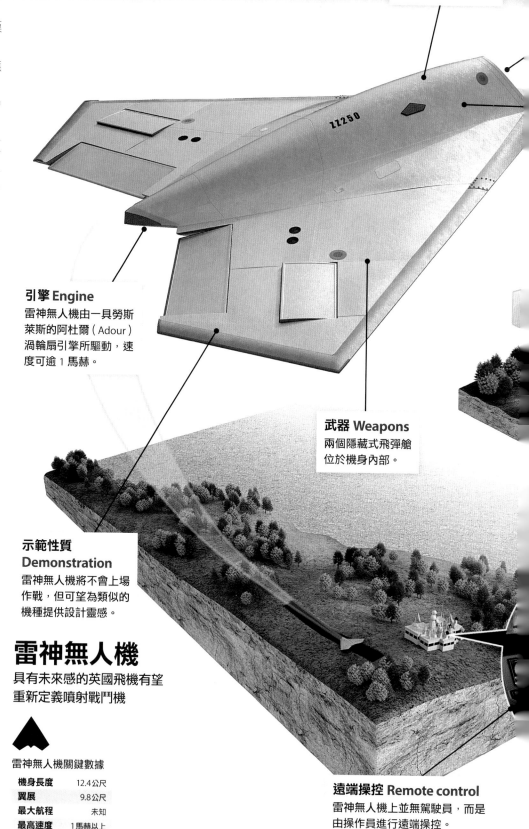

匿蹤性 Stealth
線條流暢的斜角機身設計可確保飛機不被雷達發現。

引擎 Engine
雷神無人機由一具勞斯萊斯的阿杜爾(Adour)渦輪扇引擎所驅動,速度可逾 1 馬赫。

武器 Weapons
兩個隱藏式飛彈艙位於機身內部。

示範性質 Demonstration
雷神無人機將不會上場作戰,但可望為類似的機種提供設計靈感。

雷神無人機
具有未來感的英國飛機有望重新定義噴射戰鬥機

雷神無人機關鍵數據

機身長度	12.4公尺
翼展	9.8公尺
最大航程	未知
最高速度	1 馬赫以上

遠端操控 Remote control
雷神無人機上並無駕駛員,而是由操作員進行遠端操控。

洲際任務
Intercontinental operations
雷神無人機所採用的科技令其得以攻擊遠程目標，同時保持匿蹤。

尺寸 Size
全長 12.4 公尺、翼展近 10 公尺，雷神無人機的大小約與英國航太系統公司旗下的鷹式教練機（下圖之綠色機）相當。

自主駕駛
Autonomous
雷神無人機亦能自主飛行，無需任何人員介入。

B-21 突襲者戰略轟炸機的設計旨在能攻擊世上的任何目標

實地測試 Field test
雷神無人機可望能依照預設的 3D 飛行路線，飛往指定的搜索區域。

鎖定目標
Target acquired
目標的位置一經確認，雷神無人機便可就地等待進攻命令。

雷神無人機於 2013 年在澳洲首度試飛

返回基地
Return to base
向目標模擬開火後，雷神無人機依照預設的路線，返回基地。

波音的 F/A-XX 戰機是率先公開的第六代戰鬥概念機種之一

「未來的戰機
可能攜帶極音速武器」

© Illustration: Nicholas Forder; BAE Systems; 2018 Northrop Grumman; Boeing

塞考斯基 MH-60 黑鷹直升機

Sikorsky MH-60 Black Hawk

旨在惡劣環境中行動的新型戰爭機器

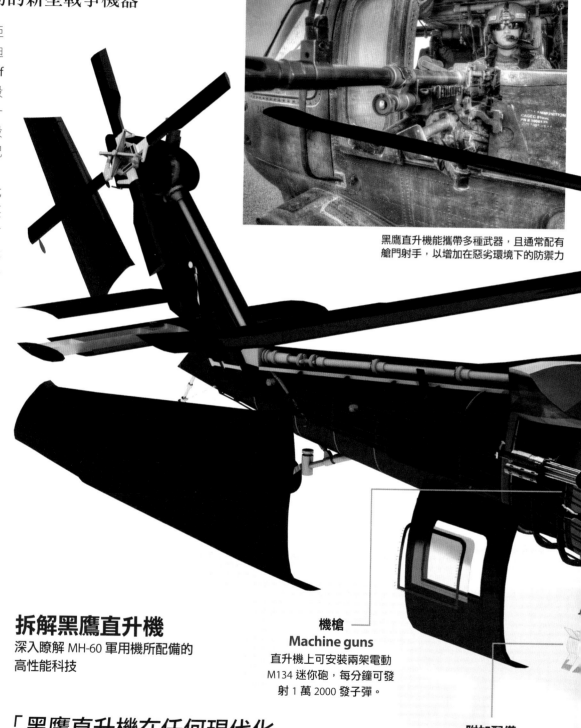

從 1993 年在索馬利亞上空交火的摩加迪休之戰（Battle of Mogadishu），到 2011 年暗殺賓拉登的祕密行動，黑鷹直升機在任何現代化軍隊中都是殺傷力最強、最有效率的一項配備，可謂扮演著要角。

美軍從 1960、1970 年代的越戰經驗中學到，軍隊得要有堅固且多功能的直升機才行，因為這些飛行器不僅能快速運送作戰人員往返戰場，甚至還能留在前線，提供直接支援。不過，當時的休伊（Huey）直升機如今已然過時。

波音垂直起降飛機公司（Boeing Vertol）和塞考斯基（Sikorsky）這兩家美國公司，搶破頭地競爭新型戰鬥直升機的設計，最後由塞考斯基以其 S-70 原型機贏得合約。這款直升機自 1974 年升空以來，已產生大量變形機種，每種都有其特色，能在戰區發揮不同功能。例如，負責攻擊蓋達組織首腦的 MH-X 就具有強大的隱藏功能，傳言其配有隱形技術，雷達幾乎無法偵測。

本文所展示的 MH-60 是從標準的 UH-60 黑鷹發展而來，以利執行特殊任務。在增加高效燃料箱、安裝空中加油系統，以及提高全機的安全性能之後，這台飛行器的任務執行範圍已大幅提升。這些配備後來在「黑鷹計畫」（Black Hawk Down）這項特殊任務中，面臨最終極的考驗。

黑鷹直升機能攜帶多種武器，且通常配有艙門射手，以增加在惡劣環境下的防禦力

拆解黑鷹直升機

深入瞭解 MH-60 軍用機所配備的高性能科技

> 「黑鷹直升機在任何現代化軍隊中都是殺傷力最強、最有效率的一項配備」

機槍
Machine guns
直升機上可安裝兩架電動 M134 迷你砲，每分鐘可發射 1 萬 2000 發子彈。

附加配備
Optional extras
黑鷹可配備地獄火反坦克導彈、火箭吊艙，以及執行長途任務用的額外燃料箱。

雙引擎
Twin engines

兩台通用電氣製造的引擎組合起來可產生 3988 軸馬力，讓直升機的最高時速達 280 公里。

摩加迪休之戰

1993 年 10 月 3 日，美軍飛入索馬利亞首都摩加迪休上空，以捉拿遭通緝的恐怖分子首腦。他們搭直升機突擊，攻入敵方基地；MH-60 黑鷹直升機則在上方盤旋，提供支援。然而，其中兩架直升機中彈著火後，迫降到下方錯綜複雜的巷弄。原本順利的任務旋即變成混戰，美軍在巷弄中開戰，試圖找到墜落的直升機和機組員。這場戰鬥後被稱為「黑鷹計畫」，取自 1999 年出版的書名，這本書於 2001 年改編成同名電影，並獲奧斯卡獎。

摩加迪休之戰的前一年，黑鷹曾在執行「重建希望」任務時飛過摩加迪休上空

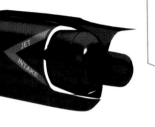

夜視（紅外線）技術讓飛行員即使在完全黑暗的環境中也能安全地進行特別行動

安全性 Safety features

燃料箱、起落架和機身邊框都經過加強，以保護飛行員在遭遇碰撞時的安全。就連飛行員座椅都經特別設計，可吸收並消除任何強烈的撞擊力道。

雷達 Radar

除了配有 GPS 功能，MH-60 也裝有能偵測下方地形的多模式雷達，即使在惡劣的天候條件下也能運作。

乘客
Passengers

直升機後艙最多可運送 18 人，任務航程可超過 2200 公里。

夜視 Night vision

前視紅外線熱像儀能讓飛行員辨識周遭的環境，這樣就算在一片黑暗中亦能安全飛行。

重裝堡壘
攻擊直升機
ARMED & DANGEROUS ATTACK HELICOPTERS
從空中一舉殲滅敵人的高科技致命兵器

AH-64 阿帕契直升機（AH-64 Apache）為極具代表性且完美的攻擊直升機之一

「鑑於冷戰情勢惡化，多種新型攻擊直升機更應運而生」

V-280 勇氣號直升機（V-280 Valor）試圖成為比以往更快、更強的攻擊直升機

現代的攻擊直升機是五臟俱全的軍事武器，除了以鈦製旋翼升空飛行、滿載飛彈外，駕駛艙更搭載了先進科技。攻擊直升機確實是令人膽寒的空中武力，不僅讓坦克聞之色變，戰場也因其崛起而風雲變色。

軍用旋翼飛機的概念在二戰初期首度實測，但直到 1942 年才受重視。美國戰爭部於該年提出建制「陸軍航空兵」（Army Aviation）單位的新構想，此單位不受美國陸軍航空兵團管轄，專責於直升機的開發。多種新機型（如劃時代的塞考斯基 R-4 直升機）皆是在此時期誕生，但直至韓戰，直升機才能真正升空作戰。自此，步兵與物資得以快速進出戰場；進攻部隊也能以別具效率的方式從空中對敵軍發動攻擊。韓戰時，直升機與美軍密切合作，克服了朝鮮惡劣的地勢；越戰時，更廣泛採用了貝爾公司所生產、極具代表性的 UH-1 伊洛魁直升機。隨著直升機軍備的發展益發精密，別名「休伊」的 UH-1 直升機就此開啟了直升機的新時代。

當時也出現了純為攻擊而設計的軍用直升機——攻擊直升機。鑑於冷戰情勢惡化，多種新型攻擊直升機更應運而生，如美軍皮亞塞茨基 H-21 直升機、貝爾公司的 AH-1 眼鏡蛇直升機與蘇聯 Mi-24 雌鹿直升機。1986 年，波音公司的 AH-64 阿帕契直升機成為各國軍隊爭相仿效的樣板機種，並終結了坦克稱霸戰場的局面。隨著攻擊直升機的種類越加多變，其多元用途顯然能給予軍隊多方奧援，這也促成了兩用、多用途直升機的出現。

近來攻擊直升機配備了超先進的系統，除提升性能外，其中的科技更令人驚嘆。且隨本文探索未來的頂尖攻擊直升機。

各型軍用直升機
直升機是現今戰爭要角，從偵察到攻擊一手包辦

攻擊型 Attack
一般稱為攻擊直升機，能攜帶火箭、飛彈和機砲等多種武器。作戰時，AH-64 阿帕契直升機專門對付坦克。

運輸型 Transport
運輸直升機能讓補給與部隊快速進出戰場。常用機種為 CH-47 契努克直升機，主要任務是負責運送重裝部隊與補給。

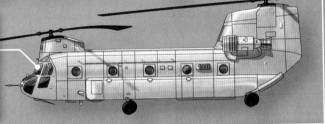

多用途型 Multi-role
多用途直升機搭載了最尖端的導航與通訊系統，幾乎能協同執行任何任務，從觀測到搜尋、救援等工作皆能勝任。

海事型 Maritime
海軍直升機為海軍提供寶貴的空中支援。塞考斯基公司生產的 SH-60 海鷹直升機可從航空母艦與護衛艦起飛作戰，並以 MK 54 魚雷摧毀潛水艇。

偵察型 Scout
偵察直升機（如瞪羚直升機）可用於勘查未知區域。往往身處最前線，為地面部隊先行探知敵情。

虎式直升機
現代空戰中的全方位攻擊直升機

空中巴士公司旗下的虎式攻擊直升機火力兇猛、殺傷力強,集武裝與性能於一身,足以制霸戰場。冷戰時期,西歐國家為因應蘇聯潛在的進攻威脅,虎式直升機於焉誕生。隨後蘇聯解體,西歐在當時已無戰事發生的可能,但法、德仍持續改良虎式直升機。在虎式直升機上,匿蹤科技、高

準確度的全球導航系統和電子反制系統一應俱全。虎式直升機擅於執行反坦克作戰,但因泛用性高,亦可承接多樣任務。下方圖解為虎式支援型攻擊直升機,其他機型包含多用途火力支援型、武裝偵察型等。虎式直升機曾派駐阿富汗等地作戰;在法、德等國仍為現役機種。

旋翼主軸上的偵測設備
Mast-mounted sight
旋翼主軸上裝有電子公司 SAGEM 出產的 Osiris 前視紅外線(FLIR)攝影機與雷射測距儀。

旋翼 Blades
四片以纖維複合材料製成的旋翼既輕又耐用。

目標追蹤 Target tracking
機身頂部裝設的偵測設備為攝影機、熱成像儀,以及雷射追蹤儀。且以陀螺儀維持穩定,飛行中仍能瞄準目標。

武器發射系統
Firing systems
射擊員可選擇以目視或自動追蹤的方式來搜尋目標。

現代攻擊直升機
虎式直升機所搭載的驚人科技能令敵軍聞風喪膽

操作介面 Interface
駕駛員與後座射擊員各有一組液晶顯示器,除可顯示各感測資料外,亦能與虎式直升機上的系統互動。

虎式直升機扁平狹長的機身,在戰場上較不易遭受攻擊

「虎式直升機的油箱有自封和抑爆功能」

先進的駕駛艙科技
Advanced cockpit
自動飛控系統可協助駕駛員操控直升機,於長途飛行或天候不佳時,減輕駕駛員的負擔。

駕駛艙 Cockpit
虎式直升機的駕駛艙為前後雙座式,駕駛員與後座射擊員皆能操作飛航與武器系統,必要時可互換職務。

一架 AH-64D 直升機發射熱焰彈,反制敵方飛彈的紅外線尋標器

AH-64D 阿帕契長弓攻擊直升機

戰力依舊強大的指標性攻擊直升機

AH-64D 阿帕契長弓攻擊直升機可謂現今最富盛名的多用途攻擊直升機。服役多年來,在諸多戰役中,證明了其具備即時戰力,更可肩負重任。

AH-64D 於 2008 年進行升級,包括提升電腦化程度、引入聯合戰術無線電系統 (joint tactical radio system)、強化引擎與驅動系統、增加操控無人飛行載具功能(美軍在伊拉克、阿富汗戰爭中曾廣泛應用),亦改良了起落架設計。AH-64D 現於美國、以色列、日本和阿拉伯聯合大公國等國服役;另外亦有多國使用舊型阿帕契直升機。

動力 Power
虎式直升機由兩具 960 瓩渦輪軸引擎來提供動力;油箱有自封(self-sealing)和抑爆功能,即使遭遇敵軍砲火或墜機,仍不會輕易爆炸。

機身 Fuselage
80% 的機身是由克維拉(Kevlar)纖維、碳夾層和 Nomex 耐高溫纖維所構成,並將機身上會導致雷達反射的表面減至最小。

1. T700-GE-701C 引擎
這種渦輪軸引擎使 AH-64D 阿帕契長弓攻擊直升機的巡航時速達 284 公里。

2. 自動機砲
30 公釐口徑的機砲能發射大口徑的高爆燃燒彈。

3. 地獄火飛彈
雷射導引的地獄火飛彈能有效摧毀敵軍的裝甲部隊與建物。

4. 高爆火箭彈
阿帕契直升機搭載高射速的 70 公釐口徑火箭彈,能支援地面部隊攻擊敵方士兵等。

5. 駕駛艙
阿帕契直升機的駕駛艙能容納兩名乘員,寬廣的視角提供戰場上極佳的視野。

6. 複合材料旋翼
四片主旋翼以複合材料製成,相較於舊型機種,其載重量、爬升率及巡航速度均有提升。

7. 機身
機身設計考量了機動性與匿蹤性,並以迷彩塗裝。

8. 雷達天線罩
此系統能偵測出障礙物背後的目標。

西北風飛彈 Mistral missiles
彈頭重三公斤、射程達六公里,讓虎式直升機在遠距離時,能造成強大的空對空殺傷力。

武器 Weaponry
虎式直升機可依機型裝載各種組合的武器,不論是空對地和空對空作戰皆宜。

藍色直升機

空中巴士推出的節能高效直升機具創新設計,有望提升直升機的匿蹤性

藍色尖端科技
Blue Edge technology
藍色直升機的五片旋翼可減少噪音汙染,但不影響性能。

減少排放
Reduced emissions
二氧化碳排放量與燃料消耗量可分別減少約 40% 與 10%。

尾舵 Rudder
T 型尾舵能穩定機身,降低機頭向上的情況。

藍色脈衝科技
Blue Pulse tech
透過控制襟翼擺動,能減少旋翼運轉時彼此作用所產生的氣流擾動,進而降低噪音。

尾旋翼 Tail rotor
將尾旋翼裝設於一隔音導管中,即為導管式尾旋翼,此設計可降低風阻與噪音。

後機身設計
Aft-body concept
機身後半部的設計讓藍色直升機更符合空氣動力學。

節能模式 Eco-mode
藍色直升機的其中一具引擎可暫時關閉,以減少排放。

起落橇 Skids
起落橇上特製的整流罩可降低藍色直升機的風阻。

空中巴士開發的藍色直升機可測試創新且環保的新科技

匿蹤直升機 如何以科技打造更安靜的直升機?

機動性是軍用直升機的一大強項。攻擊直升機可在地勢險惡處起降,並能全方位地移動與盤旋,因此得以在作戰時發揮奇效。然而,這項優勢也有代價——旋翼運轉時的聲音幾乎令直升機毫無匿蹤性可言。旋翼渦流擾動效應(blade-vortex interaction,簡稱 BVI)為直升機旋翼產生噪音的成因。當旋翼達到特定轉速時,會產生不少氣流擾動,導致旋翼附近出現大量的空氣流動,並形成密集渦流(旋轉的氣流,類似旋風)。當旋翼逐一掃過渦流時,便會產生聲能(acoustic energy)與振動,發出典型的直升機噪音。直升機旋翼噪音的問題雖存在許久,但目前已開始運用多項可降低噪音的科技。

空中巴士公司所出產的「藍色直升機」(Bluecopter)配備了應用藍色尖端科技(Blue Edge technology)的新型旋翼。創新的雙向掃掠(double-swept)旋翼設計可藉由減少旋翼掃過渦流時的接觸面積,來降低多達四分貝的噪音。再輔以藍色脈衝科技(Blue Pulse technology)——每片旋翼上裝有三片襟翼,並以一個襟翼控制器(採用微型壓電晶體馬達)來控制襟翼擺動,使其每秒可擺動多達 40 下,進而讓旋翼渦流擾動效應減弱,並降低風壓——如此一來,旋翼所造成的噪音便得以降低,亦可減少駕駛艙內的振動,讓飛行過程能更為平穩順暢。

另一個讓藍色直升機更加環保且安靜的方式,就是採用導管式尾旋翼(Fenestron):將尾旋翼置於隔音導管中,並增加旋翼數量,好提升推進力及降低風阻與振動。在藍色直升機上,匿蹤科技與符合空氣動力學的起落橇整流罩(landing skid fairing)和 T 型平衡尾舵相輔相成,以提升運作效率並減少排放。

「創新的雙向掃掠旋翼設計可降低多達四分貝的噪音」

「海神之矛」行動

2011 年 5 月 1 日，美國總統歐巴馬向全球宣布蓋達組織首腦賓拉登的死訊。此攻擊行動代號為「海神之矛」，由兩架黑鷹直升機負責執行；兩架 CH-47 契努克直升機擔任支援。任務中，其中一架黑鷹直升機因陷於險境而迫降。據報導，參與任務的海豹部隊於撤離前，將該直升機摧毀。此舉令飛航分析家臆測，任務用直升機配備了機密的匿蹤科技。美國對此三緘其口，但直升機殘骸照片顯示尾旋翼經改裝，好降低噪音並避開雷達。

UH-60 黑鷹直升機已成為美國陸軍的頂尖多用途直升機

軍用直升機任務大觀

虎式直升機強大、敏捷且適應力極佳，因此成為因應多種狀況的首選

地面火力支援
Ground fire support

步兵與裝甲部隊仰賴虎式直升機的支援。30 公釐口徑的機砲奇準無比，最大射程達 2000 公尺。

兩棲作戰
Amphibious operations

在海上同樣難纏的虎式 HAD 型直升機能在航空母艦上起降；不須常保養，可於海上長期作戰。

護衛 Escort

虎式直升機在阿富汗、利比亞和馬利的護衛任務中，表現神勇，能輕易地消滅威脅，並帶領友軍進入安全地帶。

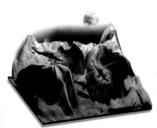

武裝偵察
Armed reconnaissance

虎式直升機配備日夜兩用識別感應器，偵察力極強，能飛掠惡劣地形，必要時也能與敵軍交戰。

空中戰鬥
Aerial combat

虎式直升機具有雙重攻擊火力：30 公釐口徑的機砲塔與西北風飛彈；其他直升機種難以匹敵。

反坦克作戰
Anti-tank warfare

虎式直升機攜帶了強大的長程反坦克飛彈，可在安全距離內摧毀坦克；發射距離可達 8000 公尺。

專家來解惑

專訪空中巴士公司專案經理馬琉斯·巴貝薩（Marius Bebesel），一探藍色直升機的特別之處

藍色直升機屬於何種類型的直升機？

以 H135 直升機為雛形而開發的藍色直升機演示機型是輕型雙引擎直升機。它是我們的飛行科技測試平台，讓空中巴士直升機公司得以試驗新世代的環保科技，以應用於旗下的直升機生產線。藍色直升機是獨一無二的實驗機型直升機。

藍色直升機有多環保、節能效率有多高？

空中巴士直升機公司利用藍色直升機來測試性能與燃料管理科技（如在標準巡航模式時，關閉其中一具引擎的「節能模式」），好減少 10% 的耗油量，並有助於降低 40% 的二氧化碳排放量。

藍色直升機演示機運用了數種設計方法，來減少機身的風阻，包含加裝主旋翼轂與起落橇上的整流罩，以及新研發的後機身低風阻設計。此外，藍色直升機吸睛的機身圖案採用了最新的水基塗料科技，因此也很符合環保訴求。

有開發電動直升機的計畫嗎？

空中巴士直升機公司透過 LifeRCraft 混合直升機與高壓縮引擎（輕型直升機所採用的先進柴油引擎，藉以取代渦輪引擎），來研究低排放科技。空中巴士集團已與西門子公司達成合作協議，好共同研發電動飛機。希冀於 2030 年，就能開發出座位數低於 100 的油電混合動力客機。

V-280 勇氣直升機

貝爾直升機公司與洛克希德·馬丁公司的創新
之作，擁有無人能及的速度、飛行航程與載重量

垂直起降科技
VTOL technology
先進的傾斜式旋翼幾乎能在任
何地形上垂直起降。

傾斜式旋翼 Tilt-rotor
反向旋轉的雙旋翼推進器
讓機動性大為提升。

感測科技 Sensor technology
狀態感知（situational awareness）系統
經過升級，以確保執行轟炸任務時可
更準確地投彈。

運量 Capacity
寬敞的裝甲機艙
能容納 14 名士兵
與四名機組員。

速度與續航力
Speed and endurance
直升機的最高時速可達 500 公
里；作戰航程近 1500 公里。

旋翼下沖氣流
Rotor downwash
旋翼的下沖氣流減少，讓執行繩索
吊掛任務時變得更容易且安全。

突擊者直升機上應用了創新科技，
其速度比一般直升機快上許多

次世代軍用直升機

新一代超級直升機上將出現哪些未來科技？

波音公司的 AH-64 阿帕契直升機與塞考斯基公司的 UH-60 黑鷹直升機仍是極具戰力的攻擊直升機，但更先進的升級機種即將登場。上述兩家公司在未來的直升機設計上引領風騷，其目標為研發速度與航程皆為現行機種兩倍的直升機。這兩家飛航業巨擘合作開發 SB-1 無畏直升機；貝爾直升機公司與洛克希德·馬丁公司則攜手研發 V-280 勇氣直升機分庭抗禮。上述兩架演示機隸屬於美軍的「未來直升機」（Future Vertical Lift，簡稱 FVL）計畫，試圖發展出未來直升機可能採行的設計。未來直升機

計畫包含了五種全新的直升機，以取代現有機種，成為新一代的攻擊直升機。新型直升機除具備了一流的作戰能力，還將引入半自主操縱科技，足以勝任城市維安、

> 「新型直升機除
> 具備了一流的作戰
> 能力，還將引入
> 半自主操縱科技，
> 足以勝任多元任務」

災害救援、病患撤離等多元任務。每架新型直升機將採用新的主動式偵測系統——能主動建議機組員何時須更換駕駛艙內的零組件，同時提供駕駛員最大程度的協助。新型直升機與其他載具的相容性也會是設計上的重要考量。這些直升機未來將能在船艦上起降，並由運輸機載運。這些超先進的直升機預計於 2030 年開始生產，並於美國陸海空軍與海軍陸戰隊中服役。

如同所有的攻擊直升機，經典的契努克直升機也會接受徹底的改造。在布拉克

SB-1 無畏直升機

塞考斯基與波音聯手開發的機種，可能有助於改變直升機科技的面貌

大型油箱 Full of fuel
無畏直升機採大型油箱設計，以因應未來強力引擎的燃油需求。

同軸式旋翼 Coaxial rotors
反向旋轉的雙旋翼能大幅提升動力，同時不失敏捷，直升機仍可於航空母艦上起降。

推進式螺旋槳 Pusher propeller
無畏直升機使用推進式螺旋槳；即便天候惡劣，最高時速仍可逾 450 公里。

半自主式輔助駕駛 Autonomous assistance
當駕駛員受傷時，機上的線傳飛控（fly-by-wire）科技便會啟動，將直升機駛向安全之處。

先進的駕駛艙科技 Advanced cockpit
認知決策輔助科技可協助駕駛員區分導航資訊的優先次序。

寬敞機艙 Spacious fuselage
無畏直升機的重量逾 13 噸，能載運 12 名士兵與四名機組員。

防禦機制 Defense mechanism
機上裝設的高科技雷射干擾器能令瞄準直升機的飛彈轉向。

© Boeing; Sikorsky

二式契努克直升機開發計畫中，波音公司旗下深具代表性的雙旋翼直升機會經過現代化的改造；雖仍沿用相同的基本設計，但配備了各式現代科技。透過各式直升機的開發計畫，便能一窺直升機的大好前景；這些計畫也會以目前直升機現有的尖端科技為基礎，持續發展。無人機依然是空戰前線的要角，但攻擊直升機未來將以更先進的工程設計與武器，再度稱霸天際。

突擊者直升機的駕駛艙可容納兩名駕駛員；機艙則可容納六名士兵

S-97 突擊者直升機

塞考斯基公司致力於研發新一代的直升機。新機種 S-97 突擊者（Raider）直升機採用創新科技，搭載了兩具反向旋轉的同軸式旋翼。這兩具旋翼共用同個旋翼軸，但卻朝相反的方向轉動。除搭載先進的旋翼科技，機尾亦裝設了推進式螺旋槳；於惡劣天候的飛行高度仍可達 3000 公尺，飛行速度更是現今最快直升機的兩倍。突擊者直升機不只性能優越，迴轉半徑與旋翼所產生的噪音也比現有的直升機還小。若投入軍事用途，突擊者直升機雖較可能成為輕型戰術載具，但仍有與敵一戰的實力，且可攜帶地獄火飛彈。機上的收放式起落架與振動控制等設備也使其適於執行武裝偵蒐和搜救任務。

突擊者直升機於 2015 年進行首次飛行

百年戰爭演化史

坦克大進擊

100 YEARS OF WAREFARE TANKS

重裝戰爭再進化──自第一次世界大戰至今的機械創新

古希臘重裝步兵手持盾牌，齊步向前；迦太基的漢尼拔大軍以戰象迎敵；洞悉未來的達文西則在 1487 年畫下一輛武裝車輛。雖然坦克的概念——能制霸戰場的武裝載具——幾乎與人類的戰爭史一樣古老，但直到 100 年前左右，無堅不摧的坦克才正式上場服役。

一戰時的坦克有如嘎吱作響的浴缸，但自那時起，這種武裝載具便是軍隊克敵致勝的祕密武器。其角色十分多元，從突破防線、摧毀堡壘、偵察敵情，到作為支援火力都可。

為了順利完成任務，坦克有三大基本要素：火力、行動力與防禦力。坦克的火力集中，能衝破敵軍陣線，還能在任何地形上快速前進、深入敵軍陣營。重裝甲更能保護士兵，讓他們能無後顧之憂地勇敢完成任務，在前線以更專業、有效的方式迎敵。

坦克首次上戰場便身負眾望，前線戰士期盼從此不必再陷入壕溝戰的僵局。隨後，坦克逐漸進化為武裝系統，成為主導戰場的決定性武器。現今，坦克既是潛在的致勝關鍵，也可能是已過時的昂貴機器。無論如何，坦克的技術演進與對戰爭的影響確實讓人歎為觀止。

毫無疑問地，光是坦克的存在，就足以繼續影響所有戰事的決策，以及各種的陸上保衛戰。因此，在可預見的未來中，坦克依然會穩坐軍隊的頭號資產寶座。

坦克家族演進史

經過數百年的戰事，坦克技術大躍進，戰力無敵

馬克 5 號（雄型）
生產國家：英國
生產年分：1917
使用狀態：已退役

B1 bis 重型坦克
生產國家：法國
生產年分：1937
使用狀態：已退役

百夫長
生產國家：英國
生產年分：1945
使用狀態：已退役

M60
生產國家：美國
生產年分：1959
使用狀態：服役中

PT-76
生產國家：蘇聯
生產年分：1950
使用狀態：服役中

T-54
生產國家：蘇聯
生產年分：1948
使用狀態：服役中

T-72
生產國家：蘇聯
生產年分：1971
使用狀態：服役中

豹 2
生產國家：德國
生產年分：1979
使用狀態：服役中

M1A1 艾布蘭
生產國家：美國
生產年分：1979
使用狀態：服役中

挑戰者 2
生產國家：英國
生產年分：1993
使用狀態：服役中

阿瓊
生產國家：印度
生產年分：2004
使用狀態：服役中

K2 黑豹
生產國家：南韓
生產年分：2013
使用狀態：服役中

T-90
生產國家：俄國
生產年分：1993
使用狀態：服役中

© WIKI; Thinkstock; Illustration by Nicholas Forder

挑戰者 2 擁有高度精準的發射系統

T-72 已出口至 30 多國

坦克的過去與現在

坦克的設計如何因應現代戰場的需求？

在第一次世界大戰之前，其他領域的研發工作已為坦克的設計帶來了許多實際效益。例如，當時履帶已用於某些重型牽引機上，效果比輪胎還好，且當時大家認為「功率重量比」會大幅影響移動力與效能表現。

經過全面性的研究，研發人員打造出基本的內燃機，並在牽引機或底盤上方鉚接鋼板外殼。坦克中的士兵可勉強透過觀察孔查看外部狀況，並以操作桿組來操控方向。原供步兵與砲兵使用的機槍與大砲經改良後，亦裝上車體。

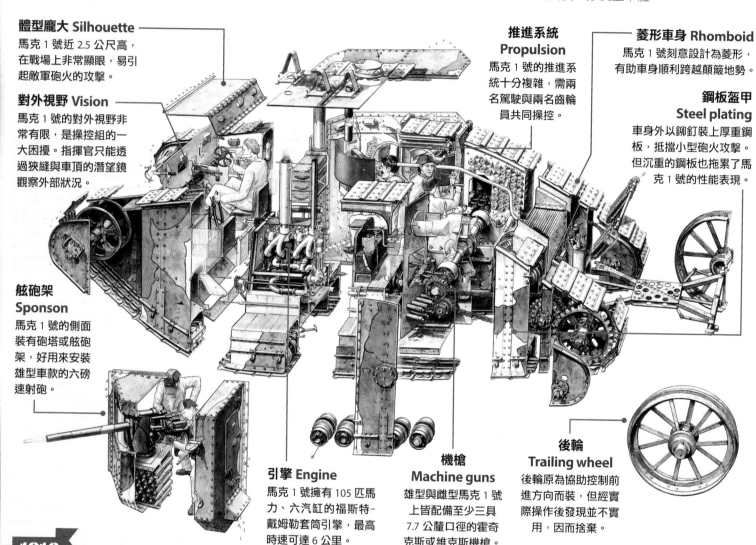

體型龐大 Silhouette
馬克 1 號近 2.5 公尺高，在戰場上非常顯眼，易引起敵軍砲火的攻擊。

對外視野 Vision
馬克 1 號的對外視野非常有限，是操控組的一大困擾。指揮官只能透過狹縫與車頂的潛望鏡觀察外部狀況。

舷砲架 Sponson
馬克 1 號的側面裝有砲塔或舷砲架，好用來安裝雄型車款的六磅速射砲。

推進系統 Propulsion
馬克 1 號的推進系統十分複雜，需兩名駕駛與兩名齒輪員共同操控。

菱形車身 Rhomboid
馬克 1 號刻意設計為菱形，有助車身順利跨越顛簸地勢。

鋼板盔甲 Steel plating
車身外以鉚釘裝上厚重鋼板，抵擋小型砲火攻擊。但沉重的鋼板也拖累了馬克 1 號的性能表現。

引擎 Engine
馬克 1 號擁有 105 匹馬力、六汽缸的福斯特-戴姆勒套筒引擎，最高時速可達 6 公里。

機槍 Machine guns
雄型與雌型馬克 1 號上皆配備至少三具 7.7 公釐口徑的霍奇克斯或維克斯機槍。

後輪 Trailing wheel
後輪原為協助控制前進方向而裝，但經實際操作後發現並不實用，因而捨棄。

1916

馬克 1 號 打破壕溝戰僵局的首輛坦克

壕溝戰讓一戰的戰況陷入了膠著，當時各界極力希望能突破僵局，因此催生出世上首輛主戰坦克——英國的馬克 1 號（Mark I）。當時的英國海軍大臣為溫斯頓·邱吉爾，他在 1915 年設立了陸舟委員會（Landship Committee），並負責製造裝甲載具。馬克 1 號坦克因而就此誕生。

馬克 1 號僅重 28 餘噸，使用福斯特-戴姆勒六汽缸引擎作為動力系統。當時共打造兩款，雄型款搭載了兩具可發射 6 磅砲彈的霍奇克斯速射砲；雌型款則搭載兩架維克斯重型機槍。兩款坦克皆另外配備三架輕型機槍。

單艙內共乘載 8 名組員。英國陸軍於 1916 年 2 月訂購了 100 輛馬克 1 號，並於索姆河戰役首次啟用，其中幾輛雖在戰中損毀或動彈不得，但仍展開了現代戰爭之序幕。

36 輛坦克所組成的車隊於索姆河戰役帶領士兵進攻

雖然現代的一般步兵若是遇上坦克，幾乎是兇多吉少，但早期的坦克卻是笨重、動不動就故障的滑稽機器。那時的引擎根本無法推動沉重的機身前進；過熱的引擎則是發出陣陣濃煙，燻得操控人員動彈不得。

第二代裝甲車則從一戰的經驗中汲取教訓，將戰時開發出的多項新技術投入二戰之中。車底盤已依照用途進行改良；柴油引擎與汽油引擎的馬力提升，並從飛機製造業借引擎來用。機槍與大砲接上可旋轉砲塔、裝甲升級；車間通訊則以可靠的無線電來取代過去的信號與方向旗。

20 世紀後半葉之後，科技日新月異，坦克因此改頭換面，成為現代機械戰爭中的制霸武器。有了 GPS 導航系統，坦克間的通信協調有如神助。技術成熟的遠紅外線目標獲取與穩定系統讓坦克能同時追蹤多個目標，即便在移動中也能精準發射武器。動力系統亦採用最新科技，使用包覆了複合裝甲的渦輪引擎，此款裝甲比鋼板來得更輕巧、堅固，大幅提升了速度與安全性。

馬克 1 號艙內又熱又吵，8 名機組人員身處危險之中

1945 年的德國科堡，美國輕型坦克的組員正等待指示

1945 年硫磺島戰役中，美軍出動了可噴射火焰的 M4 雪曼坦克

史上首輛坦克的任務便是穿越敵營前線的鐵絲刺網

© WIKI; Getty

現代
挑戰者 2 英國陸軍的主戰坦克

許多軍事分析師讚譽英國的挑戰者 2 為當今全球最優良的主戰坦克之一。挑戰者 2 於 1986 至 1991 年間開發而成,雖然與前身(挑戰者 1)的名字相同,但其實兩者相容的設備不到 5%。挑戰者 2 是精良的主戰坦克,重量不到 70 噸,且是二戰以來,首款由英國航太系統公司旗下軍火供應商「陸地系統分部」所獨家設計、研發並量產的坦克。

挑戰者 2 的主要武器為口徑 120 公釐的 L30 CHARM 坦克砲,塔台與槍身透過固態電子系統操控。

車上也配有小型武器,包括一挺口徑 7.62 公釐的 L94A1 同軸機槍與一挺口徑 7.62 公釐的 L37A2 指揮官機槍。有了第二代查布漢(Chobham)複合裝甲的保護,挑戰者 2 在伊拉克戰爭中的戰績特別輝煌。

目標獲取 Target acquisition
挑戰者 2 擁有以陀螺儀穩定的 360 度全景視角,搭配熱成像、雷射測距技術,提供指揮官與砲手絕佳視野,以便精準鎖定目標。

英國挑戰者 2 坦克產於 1993 至 2002 年間,當時共生產了 450 輛左右

駕駛座 Driver position
挑戰者 2 共需 4 名組員,其中一名坐在前方駕駛座,使用潛望鏡與夜視系統來操控坦克的前進方向。

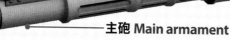

主砲 Main armament
挑戰者 2 的主要武器為口徑 120 公釐的 L30 坦克砲,並配有保溫套以防扭曲變形。

日本 T-90 坦克擁有 1500 匹馬力,與布加迪的 Chiron 超跑相當

懸吊系統 Suspension
油氣壓式懸吊系統可讓挑戰者 2 在執行越野任務或於路面上前進時保持車身穩定。

履帶 Tracks
駕駛可透過液壓調整挑戰者 2 的履帶張力,無論遇到何種地勢,都能移動自如。

「隨著科技日新月異,坦克成了現代戰場上的制霸武器」

次要武器
Secondary armament
裝填手位置上的兩挺 7.62 公釐口徑機槍可為挑戰者 2 提供近距離防衛能力。

砲塔 Turret
挑戰者 2 的砲塔設計符合空氣動力學，並搭載精良的對外透視、目標獲取以及防衛系統，指揮官與砲手皆有專屬座位。

M1 艾布蘭主戰坦克的身影可見於冷戰、伊拉克戰爭與阿富汗戰爭，預計 2050 年才會退役

引擎 Engine
挑戰者 2 使用 12 汽缸的帕金斯康達 CV12 柴油引擎，擁有 1200 匹馬力，時速可達 60 公里。

2007 年，加拿大向德國借了 20 輛豹 C2 坦克，用來支援其於阿富汗的軍隊

現代的坦克雖然擁有高科技防禦力，仍可能毀於敵軍砲火

裝甲疊層
Layered armour
挑戰者 2 擁有改良的複合式裝甲，保護力強，其詳細技術至今仍未公開。

挑戰者 2 於 1998 年隨著英國陸軍登上戰場

現代戰場

進可攻、退可守,坦克功能大解密

自初上戰場至今,坦克在戰爭裡擔任過各種角色。世界重要軍事組織對於坦克車的潛力評估各有所見,有人積極開發,有人看壞前景,坦克在此同時則發展出各種角色、積極分工。

有的坦克搭載了重裝甲與武器,戰力驚人。有些坦克則設備精簡,追求速度與操控能力。早在坦克的初期——即一戰期間——英國的步兵便已開始同時使用重型的馬克 4 號與馬克 5 號,以及相對敏捷輕巧的「惠比特」小靈犬坦克(Whippet)。重型坦克用以突破德軍壕溝防線,為輕型坦克開路,以利長驅直入,強攻敵軍陣營。

重型坦克發出猛烈砲火;輕型坦克則有如現代騎兵。此戰略一直沿用至二戰,由輕、中、重型三種坦克延續前代的分工。坦克戰變得越來越普遍,而隨著任務越來越多元,裝甲載具的樣式也越發繁複,有些甚至專用於摧毀敵軍的坦克。

從冷戰至 21 世紀間,為了節省開支,加上科技進步,出現了主戰坦克。主戰坦克擁有推進力十足的高效能引擎和複合裝甲,速度也更上一層樓。不同類型坦克間的效能差距也因此縮小。現代主戰坦克結合了各種早期設計,整合成單一且致命的戰爭機器。

德軍的豹 2A6 坦克在平坦地面上能移動神速

相互支援
Mutual support
在空間開闊的鄉間地區,坦克車隊可能以梯形、楔形、V 形或列縱隊等各種隊形前進,並掩護彼此移動至前方、側方與後方。

溫度控制
Climate control
現代坦克的特殊設計與裝備能抵禦任何極端氣溫,無論是冰凍極區還是中東沙漠,都不成問題。

戰火最前線
Tip of the spear
主戰坦克有時擔任攻擊部隊的先鋒,將其速度、火力與裝甲防護力發揮到極致。

戰場司機
Battle taxi
輕型坦克與裝甲步兵載具負責接送步兵隊至戰場前線。

偵察隊 Recon point
輕型坦克常用於偵察,為裝甲與步兵戰隊鎖定敵軍位置。

清除地雷
Clearing mines
特殊坦克肩負了關鍵的維安角色,例如以專用裝備清除地雷等。

德國虎式坦克能摧毀遠在 2 公里外的敵軍

Python 地雷清除系統
Python minefield breaching system
坦克上配有滿載炸藥的軟管,好為車隊打頭陣,並沿途炸毀 90% 的地雷。

戰場上的多變角色

「有些坦克專門用來摧毀敵軍的坦克」

坦克藏身在預先挖好的坑中，只露出砲塔，便能安全地與敵軍對戰

主指揮坦克 Command tank
坦克艦隊的主指揮負責在場上發號施令，協調艦隊。

坦克對戰 Tank vs tank
對戰雙方的坦克在場上互相攻擊，砲彈專門設計來摧毀敵軍的坦克。

防禦機制 Defence mechanism
為了擊退敵軍，坦克配備機槍與榴彈發射器，可製造煙幕與施展其他防禦手段。

反空襲防禦 Anti-aircraft defence
主戰坦克配備重裝機槍，能防衛無人機與飛行機的低空攻擊。

移動式大砲 Mobile artillery
坦克亦能扮演移動式大砲，以巨型砲口鎖定遠方目標，向敵軍發射砲彈。

架橋車 Bridgelayer
有些坦克不裝砲塔，而是裝載架橋裝置，以液壓系統由車底延伸而出，在遇水或其他障礙時搭建橋面。

高牽引力 Gaining traction
大面積履帶可分散坦克的重量，使其能駕馭任何地勢。

水陸兩棲 Amphibious capability
這些沙灘上的坦克怪獸具有兩用履帶，入水時也能提供如船槳般的推進力。

© WIKI; illustration by Ed Crooks

未來重裝戰

坦克隨著科技的進步不斷演化

能夠碾壓爆破、突破重圍的坦克已然成為20世紀戰爭的代表。而未來，也許一切將有所不同。有些分析師認為重裝坦克的黃金時期不再；有的則認為坦克會不斷演化與適應，繼續稱霸明日戰場。

科技持續改造著坦克與反制武器。裝載了地獄火飛彈的阿帕契直升機能在短短幾秒內快速鎖定目標，粉碎敵軍坦克。無人飛行器亦具備相同的性能。即便不考慮科技的進步，陸軍也能以肩射武器朝坦克快速發射彈藥，再馬上躲回藏身處。

在此同時，坦克也因科技的創新而增添不少新戰力，如可進入狹巷中與叛亂者對戰，或在荒漠中鎖定敵軍身影。火力強大的武器與特製彈藥無堅不摧；複合裝甲更提供了空前的保護。反制系統則能阻擋並擾亂所有逼近的「智慧型」武器。

在未來戰場上，坦克再也不是昔日跛行於荒原、不斷噴射火焰的古怪機器，而將成為革命性的戰鬥系統。隱形科技能逃過雷達與熱成像系統偵測，自動無人坦克的操縱者也不須再親赴前線。如「獵豹機器人」（Cheetah）這類的精密機器人系統也在不斷發展，並由美國國防部評估效能。有了劃時代的科技，坦克仍將馳騁戰場多年。

多功能鏟臂 Multi-role arm
坦克車鏟臂（或稱鏟斗）能承載任何建築材料，也能挖土與移除殘骸。

坦克的未來

「瑞士刀」坦克

英國航太系統公司的力作「Terrier」坦克與其說是坦克，倒不如說像變形金剛。Terrier坦克如瑞士刀那般功能多元，既可探測潛藏的爆炸物、抵擋2公尺高的海浪衝擊，更能輾過堅實的水泥建物。說它是新世代的機器怪獸也不為過。

坦克底部有雙層保護，不怕受地雷攻擊，鋼質車身能保護艙內兩名組員不受小型武器與彈殼碎片所傷。Terrier坦克更能從遠至1000公尺外進行遙控，且儘管重達30噸，仍能透過巨型運輸機往返戰地。

車體前方的鏟斗能移除障礙物或舉起重物；鏟臂能運送土堆；破土犁則能破壞地面，斷去敵人的來路。Terrier坦克還擁有一架可360度旋轉的電子煙幕榴彈發射器，與一挺多用途防禦用機槍。

照相機 Cameras
照相機搭配熱成像系統，日夜提供艙內組員360度的清晰視野。

Terrier 坦克

解構 Terrier 坦克的升級系統與機械

指揮操控
Command and steering
Terrier坦克內建包含視覺定位與系統狀態的顯示螢幕，並以操縱桿控制方向。

空中運輸
Airmobile
30噸重的Terrier坦克可用C-17「全球霸王」運輸機或空中巴士A400M運輸機來運送。

遠端遙控
Remote control
控制人員能在1公里外遠端遙控Terrier坦克。

水陸兩棲 Amphibian
Terrier坦克得以深入水下，並抵擋兩公尺高的浪花衝擊。

主動防禦 Active defence
Terrier坦克擁有極具保護力的裝甲，並配備了核子與生化防禦性武器和機槍，還能製造煙幕。

鏟土斗 Earth mover
Terrier 坦克前方的鏟斗能舉起數噸重物，並能挖土製作砲座。

Terrier 輕型坦克已銷至多國

PL-01 坦克使用英國航太系統公司開發的自適應科技，讓每片裝甲都能改變溫度，以打造出不同的紅外線輪廓

隱形坦克

隱形科技首見於戰艦，可望改造新一代的裝甲武器。「波蘭機械產品研發中心」（Polish Research and Development Center）與英國航太系統公司協力開發了 PL-01 坦克。

PL-01 配備一挺口徑 105 公釐或 120 公釐的主砲，組員共三人。其隱形科技包含外層的可控溫「晶片」，能減低車體的紅外線輻射強度。

晶片同時具有像素功能，可模仿周遭環境，以達成偽裝效果。也就是說，晶片裝甲會將溫度調節至環境溫度，並顯示預先設定好的影像，使坦克完全換裝。

© BAE

破土犁 Road ripper
鏟臂上的破土犁與碎石錘能粉碎岩石與水泥，破壞路面讓人無法通行。

混合坦克的優勢

一天約需 80 公升的燃料來運送一名士兵與相關設備。燃料效率將是未來軍事應變計畫中的關鍵要素，而混合坦克正符合此趨勢。經過多年研發，英國航太系統公司與諾斯洛普·格魯曼公司（Northrop Grumman）發表了心血結晶「地面戰鬥載具」（GCV）——使用混合電子推進系統，燃料效率比早期的裝甲載具提高達 20%。鋼板外殼下，則保護著三名組員與九名備戰步兵。然而，沉重的車體仍是一大挑戰。

清除地雷 Mine clearing
Python 除雷系統能預先引導爆炸物啟動，藉此迅速清除地雷。

節省燃料
混合科技能在長途的地面布署行動中省下數百萬公升的燃料。

維修容易
混合坦克機械零件數量較少，大幅降低維修成本。

節省開支
油電混合引擎可讓坦克減少高達20% 的燃料成本。

速度更快
時速達 69 公里，並可在八秒內從靜止加速至時速32 公里。

防護更強
多元裝甲組合可保護車內人員不受爆炸物與小型武器所傷。

降低噪音
混合坦克的動力系統較安靜，有助於執行匿蹤行動。

揭開裝甲列車的面紗

What were armoured trains?

瞭解19與20世紀的鐵路如何加入戰場

戰爭的樣貌因 19 世紀鐵路運輸的蓬勃發展而改變。軍隊的動員和補給都要仰賴鐵路，包括派遣部隊與車輛到前線，以及為前線補充軍火、藥品和其他物資。因此，鐵路成為戰爭的要角，必須要妥善保護才行。

史上首列裝甲列車於 1848 年問世，用於奧匈帝國國軍的鎮壓行動，那時的革命軍席捲了整個帝國。近 20 年後，裝甲列車在 1861 至 1865 年的美國南北戰爭中證明了自身的戰略價值，裝甲列車保護了北軍的巴爾的摩鐵路，使其不受南軍破壞。

1862 年 6 月，南軍的李將軍（General Lee）下令在一節列車車廂上架設一挺加農砲，讓列車開始演化成裝甲車。除了作為保護鐵路的工具，裝甲列車也是攻擊武器，可快速向戰線挺進，並展開猛烈的砲火攻擊。

裝甲列車在開闊的空間最能發揮真正的實力，大英帝國也以裝甲列車來保護遙遠的殖民地，例如 1882 年的埃及、1885 年的蘇丹跟 1886 年的印度，還有 1899 至 1902 年波爾戰爭期間的南非。一戰期間，英國與歐陸鄰國認為裝甲列車最適合用來對付非正規部隊（如殖民時碰到的反抗勢力），碰到專業軍隊或有組織的民兵時則不管用。

儘管只有幾款裝甲列車曾在西方戰線服役，但因俄羅斯帝國的基礎建設不佳且幅員遼闊，便讓裝甲列車在東方戰線扮演了關鍵角色。而蘇聯亦繼承了前帝國以裝甲列車作戰的熱愛，因此裝甲列車便參與了俄國內戰、波蘇戰爭與二次大戰的東方戰線，它們被用來架設前線的火砲與防空砲。✿

蘇聯的鐵路工人在二戰時維修裝甲列車

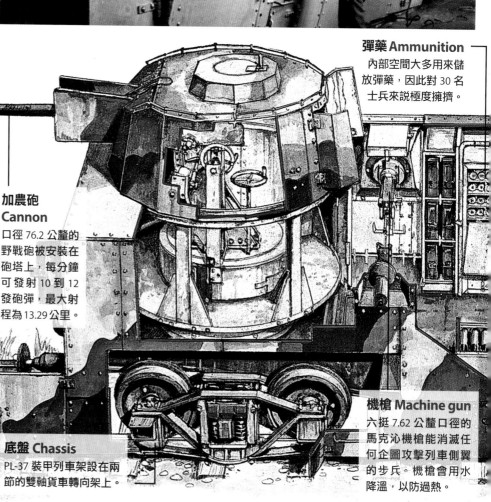

彈藥 Ammunition
內部空間大多用來儲放彈藥，因此對 30 名士兵來說極度擁擠。

加農砲 Cannon
口徑 76.2 公釐的野戰砲被安裝在砲塔上，每分鐘可發射 10 到 12 發砲彈，最大射程為 13.29 公里。

機槍 Machine gun
六挺 7.62 公釐口徑的馬克沁機槍能消滅任何企圖攻擊列車側翼的步兵。機槍會用水降溫，以防過熱。

底盤 Chassis
PL-37 裝甲列車架設在兩節的雙軸貨車轉向架上。

裝甲列車與中國鐵路軍閥

共產黨在俄國內戰取得勝利之後，許多戰敗的保皇黨「白軍」逃到中國，還把裝甲列車也一併帶走。

中國幅員廣大，加上 1911 年辛亥革命推翻帝制後延燒的戰爭風氣，讓中國成為適合裝甲列車大顯身手的地方。其中與裝甲列車關係最密切的軍閥是北洋軍閥張作霖。張作霖除了統領白軍的列車與志願者（包括至少三名將軍和一整支騎兵團），他還雇用了俄國工程師為自己的軍隊製造類似的裝甲列車。1928 年 6 月 4 日，張作霖在乘坐自己的列車時遭到暗殺，他被一枚放置在鐵路橋上的炸彈炸死。

張作霖遭暗殺後留下的列車殘骸

身著軍裝的邱吉爾，攝於在南非遭俘的前四年

邱吉爾的裝甲列車

踏入政壇前，年輕的邱吉爾從騎兵團軍官變成戰地記者。他乘坐的裝甲列車在南非遭波爾民兵伏擊，他和 50 名英國士兵遭俘。

1899 年 11 月 15 日，民兵用石塊堵住鐵軌，再用兩挺野戰砲攻擊，破壞了裝甲列車的艦砲。《曼徹斯特衛報》在 11 月 17 日的報導中寫道：「這些在無望戰爭中展現勇氣的士兵們被制伏。邱吉爾拿著步槍，跟著都柏林燧發槍兵團一起前進。據信，他以投降來掩護撤退行動。」此事證明了面對有組織且帶著火砲的敵人時，裝甲列車毫無招架之力，但同時也讓邱吉爾成為國民英雄。一年後，26 歲的邱吉爾當上國會議員。

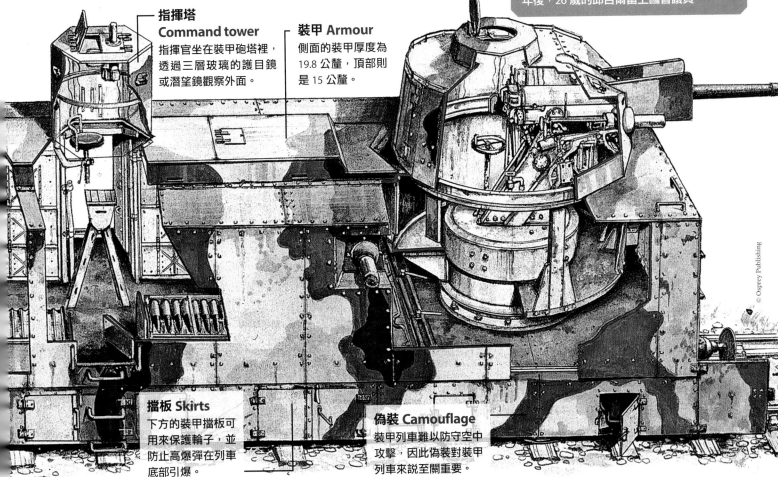

指揮塔 Command tower
指揮官坐在裝甲砲塔裡，透過三層玻璃的護目鏡或潛望鏡觀察外面。

裝甲 Armour
側面的裝甲厚度為 19.8 公釐，頂部則是 15 公釐。

擋板 Skirts
下方的裝甲擋板可用來保護輪子，並防止高爆彈在列車底部引爆。

偽裝 Camouflage
裝甲列車難以防守空中攻擊，因此偽裝對裝甲列車來說至關重要。

A7V 坦克 Sturmpanzerwagen A7V tank

德國首輛投入使用的坦克於 1918 年的「皇帝會戰」中初次登場

在 1916 年時，英製坦克出現在一戰中的索姆河（Somme）戰場上，令德軍震驚不已。即使德國早在 1911 年便有意發展坦克，但在一戰中遭英軍當頭棒喝之前，其他優先選項降低了發展裝甲戰鬥車輛的重要性。

一戰中唯一登場的德製坦克源自一項始於 1916 年秋季的倉促開發計畫，負責單位為德國戰爭部新成立的「總戰部第 7 交通分部」（Allgemeines Kriegsdepartement Abteilung 7 Verkehrswesen），旗下所研發的首部量產戰車——33 噸級的 A7V 攻擊裝甲坦克（Sturmpanzerwagen A7V）——名稱亦來自該部門的部分名稱。

此外，德軍設計了一款火力十足的龐大重裝坦克——有望掃蕩協約國（英、法），並摧毀任何阻礙步兵進軍、易於攻擊的目標（如步兵團和機槍架設點）。德軍亦構思了兩種輕型坦克，著重在速度與機動性，以迅速把握進攻的突破點。

雖然上述三種坦克的原型車皆已完成，卻從未進展至初步評估以後的階段，原因若非即將到來的《康邊停戰協定》（Armistice of 11 November 1918），就是設計存在明顯的漏洞。隨著戰爭的結束，120 噸級 K-Wagen 超重型坦克（Grosskampfwagen）開發計畫遭擱置；輕量級的 7 噸級 LK I 坦克與 8 噸級 LK II 坦克則於 1918 年初完成構思。德軍雖訂購了 580 輛 LK II 坦克，卻沒有一輛完工。1916 年 11 月，在索姆河遭遇令人膽寒的英軍坦克後僅僅數週，德國便投入 A7V 坦克的限量生產。

「德軍設計了一款火力十足的龐大重裝坦克——有望掃蕩協約國（英、法），並摧毀任何阻礙步兵進軍、易於攻擊的目標」

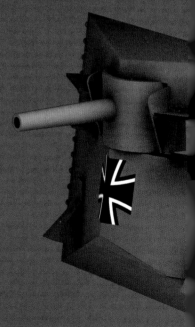

一輛名為「沃坦」（Wotan）的 A7V 坦克於 1918 年開始服役

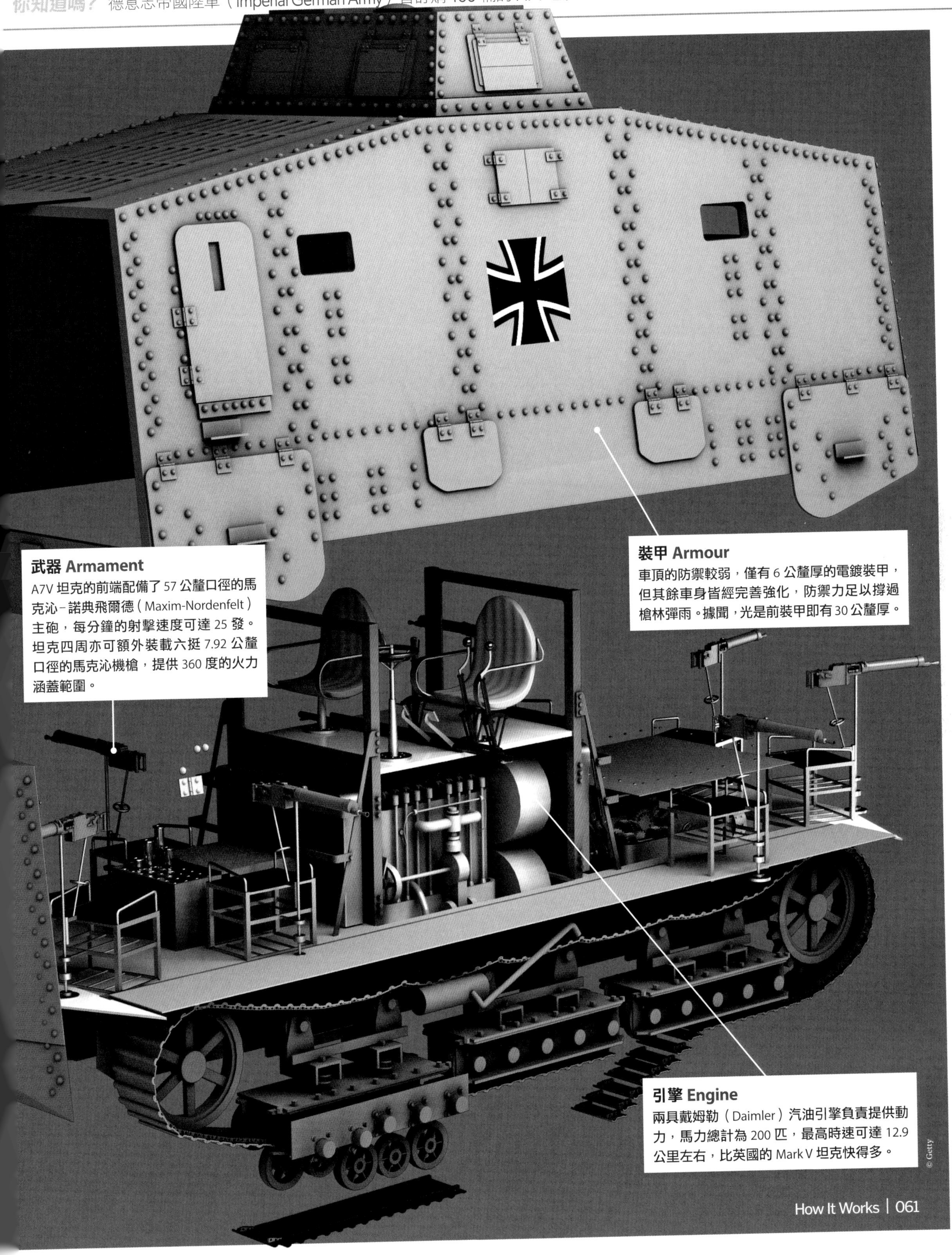

武器 Armament

A7V 坦克的前端配備了 57 公釐口徑的馬克沁–諾典飛爾德（Maxim-Nordenfelt）主砲，每分鐘的射擊速度可達 25 發。坦克四周亦可額外裝載六挺 7.92 公釐口徑的馬克沁機槍，提供 360 度的火力涵蓋範圍。

裝甲 Armour

車頂的防禦較弱，僅有 6 公釐厚的電鍍裝甲，但其餘車身皆經完善強化，防禦力足以撐過槍林彈雨。據聞，光是前裝甲即有 30 公釐厚。

引擎 Engine

兩具戴姆勒（Daimler）汽油引擎負責提供動力，馬力總計為 200 匹，最高時速可達 12.9 公里左右，比英國的 Mark V 坦克快得多。

© Getty

虎式坦克構造解析
Tiger tank anatomy

於1940年代初期開發的六號戰車（Panzerkampfwagen VI）常被稱為虎式一號坦克（Tiger I），旨在成為德軍的無敵裝甲殺戮兵器。當時軍方找上了保時捷與亨舍爾這兩家互相競爭的工程公司，欲打造出符合重量、成本、武器性能等規格的原型車。最終，亨舍爾的設計勝出，草圖立即送上生產線，好打造出可迅速布署至東方戰線（Eastern Front）的坦克部隊，支援希特勒對蘇聯的侵略行動。

虎式坦克需五人才能操作：駕駛、砲手、裝填手、指揮長和無線電操作員各一名。主武器是口徑88公釐的大砲（原本是防空砲）。虎式坦克初上戰場，就帶著寬口徑的大砲，從遠處便可射穿敵軍的裝甲。時隔多年，到了1944年的諾曼第之役，虎式坦克仍得以遠距伏擊盟軍，出其不意地以重砲轟擊敵人。

虎式坦克的正面裝甲厚度約為100公釐，足以抵擋或彈開幾乎任何還擊。虎式坦克的前線作戰報告指出，不管受了多少砲火攻擊，這款坦克仍不會被擊穿。然而，不同於德軍另一款量產的豹式五號坦克（Panther V），早期虎式坦克的鋼板並無角度，防護力較差。傾斜裝甲後來為虎王坦克——King Tiger，正式名稱為虎式二號坦克（Tiger II）——所採用，可惜這款新型坦克於二戰的最後數月問世，出現時機太晚，無法挽救納粹德國的頹勢。

儘管虎式一號坦克在戰場上令人聞風喪膽，盟軍最終仍以數量、策略和火力擊敗這款威風一時的戰車。直至今日，它仍是二戰時期最具代表性的坦克之一，也是裝甲武器發展史上的重要里程碑。

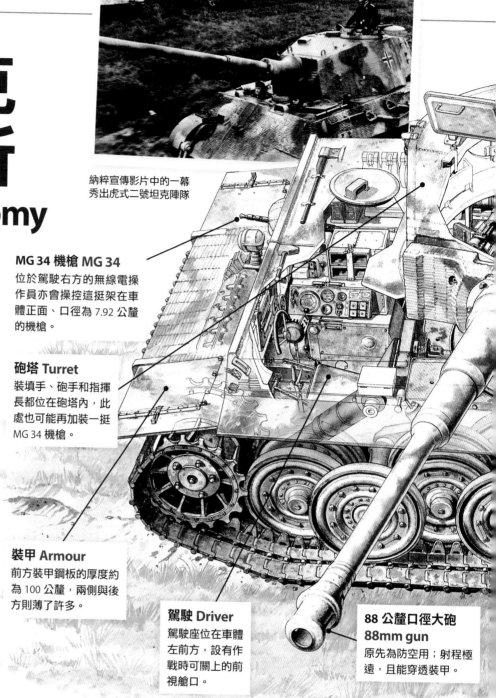

納粹宣傳影片中的一幕
秀出虎式二號坦克陣隊

MG 34 機槍 MG 34
位於駕駛右方的無線電操作員亦會操控這挺架在車體正面、口徑為7.92公釐的機槍。

砲塔 Turret
裝填手、砲手和指揮長都位在砲塔內，此處也可能再加裝一挺MG 34機槍。

裝甲 Armour
前方裝甲鋼板的厚度約為100公釐，兩側與後方則薄了許多。

駕駛 Driver
駕駛座位在車體左前方，設有作戰時可關上的前視艙口。

88公釐口徑大砲 88mm gun
原先為防空用；射程極遠，且能穿透裝甲。

紙老虎？

即便虎式坦克的裝甲和火力在戰場上令人膽寒，卻從未實際發揮德軍高層所期盼的決定性戰力。主要阻礙之一為可布署的虎式坦克數量有限。德軍兵工廠被同盟國列為轟炸目標，製造坦克的關鍵材料也難以及時湊齊，導致能實際上陣的坦克數量不如預期。

此外，體積大、設計過於精密（包括創新的懸吊系統）亦讓生產坦克的經費與時間大幅增加。耗油也是一大問題，越野行駛的距離受限於110公里左右。

一台遭摧毀的虎式二號坦克，其生產成本也扼殺了後繼坦克的發展

殺戮機器

精密工程讓德軍旗下的
虎式坦克成了致命戰車

引擎 Engine
搭載了重新設計、
高達 700 匹馬力的
引擎,有四個燃料
槽,足以攜帶 534
公升的油料。

履帶 Tracks
虎式坦克的履帶比一般坦克更寬,
可提供額外的抓地力,且搭載了懸
吊系統以克服崎嶇地形。

車輪 Wheels
早期款式採用 48 個鋼輪加上
橡皮胎,兩側各 24 個輪子,
改版後變成 32 個純鋼車輪。

其他巨型坦克

在納粹德國的重型坦克中,虎式一號數量最
多且最知名,但為了因應不同類型的戰鬥需
求,亦開發了其他幾款坦克。虎戰車驅逐車
(Panzerjäger Tiger,別名「象式坦克」)雖採
用虎式坦克的底盤,但旨在摧毀敵軍的載具;
採用固定式砲塔,搭載的 88 公釐口徑大砲
則如象鼻般向前伸出。 另一款短命的虎式坦
克變體為「突擊虎式」(Sturmtiger),開發
這款突擊砲的目的在於摧毀眼前的事物。突
擊虎式配備了 380 公釐口徑的巨型加農砲,

象式坦克搭載了架在虎式坦克底盤上的
固定式 88 公釐口徑大砲,旨在摧毀坦克

發射的火箭彈能掃蕩敵軍,或將建物夷為平
地。突擊虎式的總產量僅有 19 輛,可謂虎
式坦克開發史中的有趣小插曲。

德軍坦克演進史

一號戰車
1934
小巧又敏捷,僅配有兩挺機槍,這款坦
克僅需兩人便可操控。

四號戰車
1937
配備 75 公釐口徑的加農砲塔,在二戰
時最常見,總計逾 8000 輛。

虎式一號
1942
配備了 88 釐口徑大砲,相較於機動性更
佳的豹式坦克,虎式一號更重視火力。

豹式五號
1943
為了扭轉東方戰線的局勢而開發,採傾
斜鋼板,更能抵禦水平式砲擊。

虎式二號
1944
承襲了豹式坦克的高效斜角裝甲,還配
備改良版的 88 公釐口徑大砲。

「虎鼠式」八號
1944-1945
原設計為搭載 128 公釐口徑的加農砲和
250 公釐厚的斜角裝甲,但從未完工。

雪曼坦克 The Sherman Tank

這輛著名的坦克如何在二戰中帶領同盟國進行作戰？

史上首次以坦克作為軍事武器是在一戰中的索姆河戰役，但直到二戰時，裝甲車才真正成為不可或缺的一環。在同盟國軍隊的所有坦克中，最舉足輕重的便是雪曼坦克。

又稱 M4 中型坦克的雪曼坦克是以美國南北戰爭中的聯邦軍將軍威廉·雪曼為名，除取代了 M3 坦克，更作為美國《租借法案》的一部分，以提供盟國援助。1942 年，英國首度讓雪曼坦克加入戰局，與德國的三號和四號坦克（Panzer III and IV）角逐戰場霸主的地位。

雪曼坦克的優勢在於速度與操控性。與德國對手相比，它的裝甲強度較低且配備也較少，加上軸心國後來所引進的虎式與豹式坦克，導致其在戰場上居於劣勢。然而，藉由引進雪曼的衍生車種——螢火蟲、巨無霸和 E8 坦克——局勢很快便改觀了。這類坦克的主要戰略是發射穿甲彈，使無裝甲保護的敵方坦克燃燒焚毀。雪曼發動攻擊時總是陣仗龐大，並與 M10 反坦克殲擊車合作無間。有些型號可加裝火焰噴射器、火箭發射器或推土機鏟刀，也有曾參與諾曼第登陸的兩棲版本。

即使在二戰結束後，雪曼坦克仍常能派上用場。它既可靠、運轉費用又低廉，因此被布署於韓戰戰場。澳洲、巴西和埃及等的許多國家也擁有這輛經典坦克的改造款。

統計數據

M4 雪曼坦克

開始服役年分：1942 年

生產數量：5 萬輛

操作組員：5 人

長：5.84 公尺

寬：2.62 公尺

高：2.74 公尺

最高車速：每小時 48 公里

最遠行程：193 公里

搭載武器：75 公釐口徑的主砲、3 挺機槍

引擎輸出功率：317 千瓦（425 匹馬力）

內部構造
深入探究雪曼坦克的車體結構

引擎 Engine
引擎位於坦克的後方，並依型號而各有不同，主要由三家美國公司（通用汽車、福特和克萊斯勒）所製造。

砲塔 Turret
雪曼具有能以電動系統在導軌上旋轉 360 度的砲塔。部分版本的雪曼並無砲塔，如獾式雪曼（Sherman Badger）。

履帶 Tracks
採用垂直螺旋彈簧懸吊系統（簡稱 VVSS），此坦克具有以 78 片履塊所組成的履帶，旨在使地面承受的壓力最小化，讓它在各種地形都能輕盈靈巧地移動。

雪曼家族成員

1 M4A3E2 巨無霸
為了解放歐洲所設計的巨無霸，總重 38 噸，防禦力良好，能抵抗德國所有的反坦克砲。

2 M4A3E8 E8
改用新式懸吊系統並加寬履帶，機動性因此大幅提升，經常於二戰後的戰役中出現。

3 M4A3R3 打火機
俗稱「噴火坦克」，旨在將敵人由地上和地下碉堡驅趕出來，主要用於遠東戰區。

4 T34 希神
搭載了火箭發射器，雖然直到二戰接近尾聲才上戰場，但很適合用來對付強化的防禦工事。

T-34

T-34 由蘇聯研發，是具有強大火力的重裝甲坦克，至今仍在某些國家服役。

1.強

2.更強

豹式坦克

擁有固若金湯的防禦力，在戰後被全球數國視作坦克的標準。

3.超強

螢火蟲

由英國設計，同盟國軍隊中唯一能與德國的豹式與虎式坦克對抗且有勝算者。

你知道嗎？ 雪曼坦克衍生出十種以上的款式

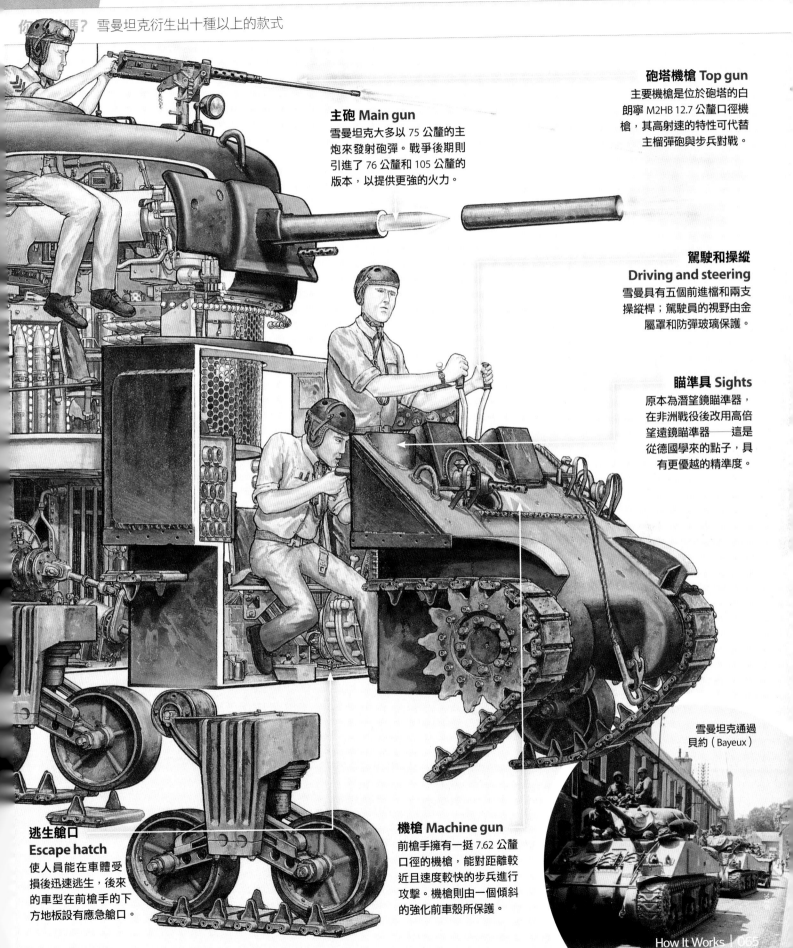

主砲 Main gun

雪曼坦克大多以 75 公釐的主炮來發射砲彈。戰爭後期則引進了 76 公釐和 105 公釐的版本，以提供更強的火力。

砲塔機槍 Top gun

主要機槍是位於砲塔的白朗寧 M2HB 12.7 公釐口徑機槍，其高射速的特性可代替主榴彈砲與步兵對戰。

駕駛和操縱 Driving and steering

雪曼具有五個前進檔和兩支操縱桿；駕駛員的視野由金屬罩和防彈玻璃保護。

瞄準具 Sights

原本為潛望鏡瞄準器，在非洲戰役後改用高倍望遠鏡瞄準器——這是從德國學來的點子，具有更優越的精準度。

雪曼坦克通過貝約（Bayeux）

逃生艙口 Escape hatch

使人員能在車體受損後迅速逃生，後來的車型在前槍手的下方地板設有應急艙口。

機槍 Machine gun

前槍手擁有一挺 7.62 公釐口徑的機槍，能對距離較近且速度較快的步兵進行攻擊。機槍則由一個傾斜的強化前車殼所保護。

飛行者軍車
The Flyer

美軍是十分挑剔的客戶。現代戰場上的地面用車不僅要能以運輸機載運;一旦進入戰場,它們更被賦予了偵察地形、運送部隊、支援友軍和迎戰敵軍等任務。美軍的要求條件繁多,對試圖供貨給軍方的國防企業來說,無疑是一大難題。不過,通用動力公司(General Dynamics)不走運輸型或作戰型軍車的生產路線,選擇研發「一體適用型」的軍車,並設計出「飛行者」(Flyer)——一款能自由改裝,好在戰場上擔任各式角色的軍車。

飛行者軍車可視軍方需求來裝載機槍,成為具高機動性的作戰軍車;或拆除大部分內裝,騰出空間來載運士兵和物資。狹長的車身適合用軍機載運至戰場;精密的設計則讓它60秒內即可整裝出動。

現有兩款飛行者軍車在戰區服役:「飛行者60型」軍車寬152公分,機動性極高,且易於載運;「飛行者72型」軍車則為60型的放大版,車寬多了約30公分,能載運更多的士兵,並搭載更大量的火力或更厚的裝甲,其先進程度儼然已是歷代輕量型軍車中的佼佼者之一。

百搭萬用
飛行者72型軍車的設計極其巧妙:
適應性強、機動性高且致命

穿過惡地、遠離道路而行,對飛行者軍車來說是家常便飯

多重組態
Multiple configurations
飛行者72型軍車的武器能加以改裝,好符合各種戰術需求。

機動性 Mobile
飛行者72型軍車能克服崎嶇地形、對抗惡劣的氣候,且最高時速可達160公里。

狹長車身 Narrow
飛行者72型軍車寬183公分,因此能置於軍機中載運。

飛行者60型軍車的狹長車身內,能攜帶大量的火力

乘員 Crew
飛行者 72 型軍車最多能載運九名士兵或受保護的平民。

「飛行者軍車能裝載機槍，或拆除內裝，騰出空間來載運士兵和物資」

重裝出擊 Armoured
若可能遭遇敵方重火力攻擊時，可於車身外側裝上裝甲板，以增強防禦力。

高載運量 Heavy payload
飛行者 72 型軍車的載運量超過兩噸；載運乘員與物資時極具效率。

長途出征 Long distance
輕量型的飛行者 72 型軍車以時速 64 公里在平地上行駛時，僅靠一個油箱內的燃油即能行進逾 1000 公里。

各路軍車大會戰

為了滿足現代戰場的需求，多種輕量型軍車應運而生

輕型戰鬥戰術全地形車 L-ATV
此車被生產商 Oshkosh Defense 喻為「輕型戰鬥軍車的未來」，可裝載柴電混合傳動系統，以提升性能與效率，且更省油。

沙漠巡邏車 Desert Patrol Vehicle
此巡邏車為馬力加強版的沙灘車，可載運多達六名乘員，並輕鬆迅捷地穿越沙漠地形。其突擊車型更加現代化，且配有武器。

眼鏡蛇裝甲車 Otokar COBRA
此種裝甲軍車可勝任多種角色，從戰鬥車到救護車皆可，也能改裝為水陸兩用車。

獵狐犬巡邏車 Foxhound patrol vehicle
此軍車的重量雖比其他軍車來得重，但在多了能加強防禦路邊炸彈的裝甲外殼後，仍能保持甚為理想的防禦與重量比；防禦力高卻相對輕量，行進時速可逾 120 公里。

阿賈克斯裝甲車
AJAX armoured fighting vehicles

想像一下：你是一名置身沙場的士兵，你乘坐的裝甲車正因敵方的火力猛攻而受損嚴重。若你曉得受損的零件可立即更換，或許你對自身的存活率會更具信心。這正是英國陸軍新型裝甲偵蒐車——阿賈克斯（AJAX）裝甲車——的設計初衷。

此款裝甲車搭載了一些極其先進的戰地偵蒐科技。多用途與靈活性是阿賈克斯的設計重點，除了基本型外，還有依不同目的所打造的五種衍生型。每款改造型皆以阿賈克斯裝甲車的基本型為設計基礎，因此各個改造型皆裝載了相同的模組化裝甲系統，以及可擴展式電子架構（Electronic Architecture）。換言之，車上重要的軟硬體零件若是受損，或有零件待更新，皆能輕鬆替換或升級。

阿賈克斯的先進之處不僅限於其裝甲與電腦系統。車上裝載的 40 公釐口徑主砲可發射五種砲彈，並採側部裝填的方式填彈，因此駕駛室內得以騰出更大的空間，最多可容納四名人員，還裝得下備用零件與彈藥。

阿賈克斯裝甲車將在英國陸軍扮演要角，負責情報、監視、目標獲取與偵察（簡稱 ISTAR）任務。此種整合性的國際策略旨在幫助指揮官制訂更佳的作戰決策。

解析阿賈克斯裝甲車

探究 AJAX 為何貴為英國陸軍的先進戰鬥載具之一

作戰不斷線
Connected conflict
可連線上網的數位通訊設備能迅速、確實地分享情報。

廣角視野
Wide-angle vision
主視野（Primary Sight）系統可提供周遭區域的寬廣全景視野。

就地維修
On-site repair
若某片模組化裝甲於作戰時受損，可能得以就地更換，毋須返回基地。

通用動力公司（General Dynamics）將製造 589 輛阿賈克斯裝甲車，造價為 44 億美元

底部受襲
Attacks from below
若地雷於車底下爆炸，將會有多種措施可保護乘員，包括將座椅懸掛於車頂。

阿賈克斯的衍生型 五款改造型各司其職

阿瑞斯 Ares
可載運兩名乘員，靠近敵方目標以執行偵察任務；此款搭載了遙控武器系統。

阿特拉斯 Atlas
用於載送傷兵，此衍生型配備有回收設備，包含兩具絞盤及一具錨。

阿格斯 Argus
可載運兩名乘員，以蒐集工程學相關資料（如周遭地形的測繪資料）。

雅典娜 Athena
此衍生型搭載了地圖繪製與監視器材，所獲取的情報能讓上級同步制訂作戰決策。

阿波羅 Apollo
此款配備了一組起重機與拖吊器具，可回收受損的軍隊車輛。

火力 Firepower
40 公釐口徑的伸縮式主砲可發射訓練彈、高爆空炸彈、高空爆炸彈、穿甲彈與彈尖引爆砲彈。

非傳統彈藥 Unconventional ammunition
主砲發射的砲彈較一般砲彈來得小，每秒的飛行速度可達 1500 公尺。

柴油引擎 Diesel engine
阿賈克斯搭載 805 匹馬力的柴油引擎，最高時速逾 70 公里。

重量承載 Load bearing
阿賈克斯在分類上屬於中型裝甲車，行動時可承重達 42 噸。

「多用途與靈活性是阿賈克斯的設計重點」

© General Dynamics UK

認識 U 艇
U-boats explained

這種設計精良的德國潛水艇如何在
兩次世界大戰期間大殺四方呢？

解構 VII-C 型 U 艇
一探這種 U 艇靠哪些法寶打遍
四海無敵手

導航 Navigation
有了這套包含潛望鏡、雷
達天線和磁羅經的導航暨
偵測系統，U 艇便能瞄準
海面和水底下的目標。

空氣櫃
Air tank
U 艇上從魚雷發射器
到潛浮艙等各式設備
幾乎都需要空氣才能
運作，因此許多部位
都設有大型空氣櫃。

魚雷 Torpedoes
U 艇設有五具 533 公釐
的魚雷發射管。其中四
具在船艏、一具在船艉
武裝待命，能迅速攻
擊。U 艇最多每次能裝
載 14 枚魚雷。

主砲 Main gun
VII-C 型 U 艇配備了一
具能於海面上進行攻
擊的 88 公釐 SK C/35
艦砲，能發射穿甲彈、
高爆彈和照明彈。

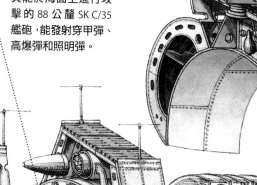

相關數據

VII-C 型 U 艇

載員：	44 人
長度：	67.3 公尺
直徑：	6 公尺
重量：	761 噸
水面續航力：	1 萬 5739 公里
水下續航力：	141.9 公里
最高水面航速：	30.5 公里／小時
最高水下航速：	13.5 公里／小時
軍備：	14 枚魚雷、60 枚水雷、88 公釐主砲

水平舵
Hydroplane
U 艇在水中的行動由一
組水平舵控制，這種短
小如機翼般的附屬結
構能調整角度，向上收
時 U 艇就會下潛。

潛浮艙
Dive tank
U 艇的前端下側設有
數個壓載潛浮水艙，U
艇在海面上時，潛浮
艙會排空並注滿空氣，
下潛時則灌注海水。

信號台 Signal station
即使潛到 9 公尺深，這種 U
艇仍能接收和發送長波無線
電訊號；信號代碼經加密後
才會傳輸。

主控室
Control room
主控室是 U 艇潛
至水下時的指揮中心，關於操舵、
導航和發射的指令都由此發出。

集體獵殺
1 U艇出名地愛用「狼群戰術」，顧名思義，就是集體對敵人發動致命攻擊。

資深老兵
2 最初的一批U艇早在一戰時就已登場，擊沉了許多軍艦和民船。

藐視規定
3 雖然《凡爾賽條約》禁止建造潛水艇，但德國到二戰開打時已擁有65艘U艇。

大西洋僵局
4 U艇在大西洋戰役中使用最密集，在二戰時主要為奪取控制往返美國的補給路線。

唯一倖存
5 今天唯一保存完好的VII-C型U艇是U-995潛艇，於德國的萊博海軍博物館展出。

你知道嗎？ 據估，二戰期間共有3000多艘同盟國船艦遭U艇擊沉

指揮艦塔 Conning tower
每艘U艇中央架有一座指揮艦塔，U艇浮上海面時，指揮官便在此指揮全船。

防空砲 Flak cannon
少數VII-C型U艇配有防空砲，如果有敵方攻擊機準備從空中轟炸U艇，這些20公釐口徑的機砲就能反擊。

儲物 Storage
U艇的空間設計狹窄緊密，沒有專門的儲物空間，肉類、麵包和農產品都儲存在起居艙。

燃油艙 Fuel tank
由於內部空間有限，VII-C型U艇的燃油艙為設置於艇身後方兩側的鞍型艙。

U艇的德文是Unterseeboot，意為「海底船」，是德國在兩次大戰期間所用的潛艇，因偷襲敵營船隻的高超本領而知名。橫行無阻的U艇會採取集體圍攻的「狼群戰術」，對敵軍展開致命的攻擊。光在一戰期間，這些來無影去無蹤的狼群就擊沉了430艘協約國和中立國的船隻。

若説U艇在1917年攀上了巔峰，那麼1939年二戰開打時，U艇的威力可謂進入了全新境界，因為這時已有超過50艘U艇建造完畢或正在建造中。這支威震四海的潛艇艦隊繼續橫掃八方，突襲補給線並擊沉同盟國船隻，而這批新一代潛艇中最重要的就是VII-C型U艇——當時最先進的潛艇。

VII-C型U艇能在海面行駛數千公里，然後潛進海底襲擊鎖定的敵方，攻擊範圍達142公里，是德軍潛艇艦隊的主力。這種U艇裝載了大量的魚雷、水雷和火砲，在海面和水中都能發揮殺傷力，也能靠陷阱和封鎖來箝制關鍵地帶。VII-C型U艇極其威猛，有多達568艘在1940到1945年間服役。

與這支蓋世無雙的德國艦隊相比，一戰協約國和二戰同盟國的艦隊無論在數量和科技上都輸了一截。但有趣的是，記錄顯示，被擊沉的U艇數量卻較多——有好幾艘在地中海被英國的一艘U級潛艇「支持者號」（HMS Upholder）所擊沉。

儘管如此，這些數據無法完全呈現U艇在二戰中的整體影響力，因為U艇不只是戰場上的武器，其主要目標為展開經濟戰，即切斷補給線。✿

電池組 Battery array
U艇中段下方設有大組電池，負責供電給馬達和照明設備。

船員起居艙 Crew quarters
U艇各處遍布起居艙，最多可容納44人，艙壁固定著狹窄的上下臥舖。

引擎 Engine
在海面航行時，U艇會由兩套六汽缸、四衝程的M6V 40/46機械增壓柴油引擎所驅動，功率最高可達2400千瓦（3200匹馬力）。

馬達 Motors
潛航時，U艇由一對功率有560千瓦的電動馬達所驅動，因為柴油引擎無法在沒有空氣的環境中運作。

© DK Images

不可思議的力量
一窺俄亥俄級尖端潛艇的構造

船員住艙
Crew quarters
由於每間艙房各容納九
位船員，因此船員住艙
相當狹隘，每位水手只
能用自己舖位下的夾層
擺放私人物品。

引擎艙 Engine room
引擎艙內放置了傳動裝置、發電機
和渦輪引擎。核子反應器則提供足
夠動力，讓潛艇的水下航速可超過
20 節，相當於時速 37 公里。

核子潛艇
內部大公開
Inside a nuclear submarine
揭開美國最強武器背後的祕密

核子反應器
Nuclear reactor
S8G 核子反應器重達 2750
噸，長 17 公尺，可提供 4
萬 4742 千瓦的龐大動力，
相當於 6 萬軸馬力。

俄亥俄號潛艇（USS Ohio）安靜地巡邏著世界各大洋，且能完全不被發現；這艘潛艇的長度比華盛頓紀念碑的高度更長，而華盛頓紀念碑已高達 170 公尺。

俄亥俄號是俄亥俄級潛艇（Ohio class）中最重要的一艘；俄亥俄級潛艇共有 18 艘，是美國最大的核子潛艇。這個級別的潛艇原本每一艘都裝載了全副的核子彈道飛彈，但在 2002 至 2008 年間，美國海軍將包括俄亥俄號在內的四艘最資深俄亥俄級潛艇改裝成導彈潛艇，簡稱 SSGN。

改裝後的潛艇裝載了非核導彈，至於其他 14 艘潛艇則載有約 50% 美國現有的熱核彈頭。原本用來存放核彈的儲艙之一現已改裝成海豹部隊（Navy SEAL）出入潛艇時的艙口，以便他們進行祕密任務。

俄亥俄號原本就屬於可高度自給自足的設計，能自行產生所需的動力、飲用水和氧氣。這艘潛艇會透過一套巧妙的流程，從海水中電解出氫氣和氧氣，再製成可供呼吸的空氣，這使得俄亥俄號最長可在水底潛伏達 90 天之久。俄亥俄號唯一的限制便是食物的供給，因為操作俄亥俄號需要大量船員，除了 15 位軍官外，還有其他 140 位水手——全是自願登船的優秀水手。

美國海軍已宣布了「哥倫比亞級核子潛艇計畫」（Columbia-class program）——原稱「俄亥俄級潛艇替代計畫」——預計於 2021 年開始打造新潛艇。但每艘替換潛艇的預估造價將逾 49 億美元，對國家財政亦會是一大問題。因此，在新潛艇具體成型前，俄亥俄號與其他俄亥俄級潛艇仍是美國軍事上的強大資源。

指揮管制中心
Command control centre
這裡相當於潛水艇的腦部，所有控制裝置都位於此處，也是使用潛望鏡之處。

「這艘潛艇的長度比華盛頓
紀念碑的高度更長，而華盛
頓紀念碑已高達 170 公尺」

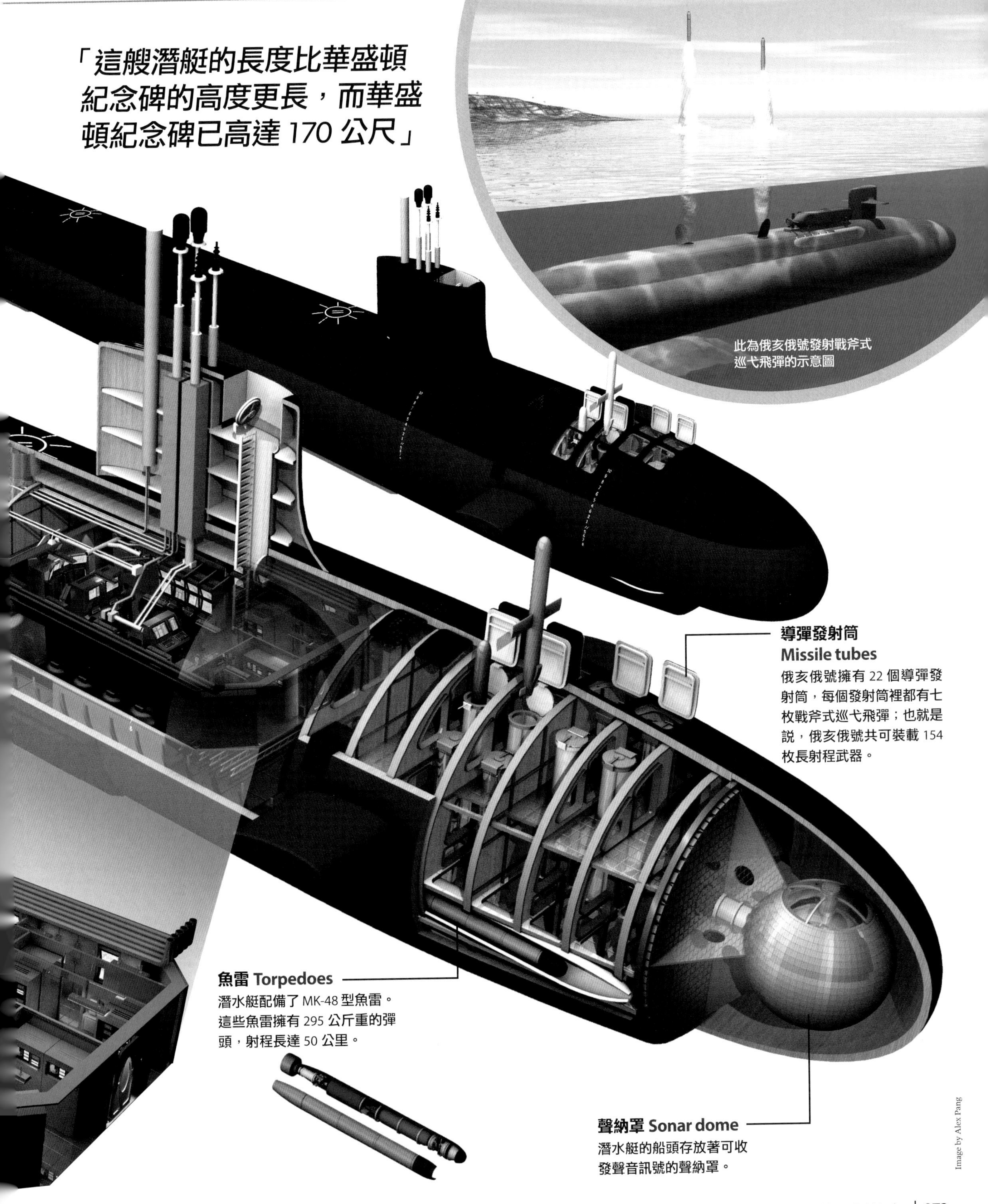

此為俄亥俄號發射戰斧式
巡弋飛彈的示意圖

導彈發射筒
Missile tubes

俄亥俄號擁有 22 個導彈發
射筒，每個發射筒裡都有七
枚戰斧式巡弋飛彈；也就是
說，俄亥俄號共可裝載 154
枚長射程武器。

魚雷 Torpedoes

潛水艇配備了 MK-48 型魚雷。
這些魚雷擁有 295 公斤重的彈
頭，射程長達 50 公里。

聲納罩 Sonar dome

潛水艇的船頭存放著可收
發聲音訊號的聲納罩。

Image by Alex Pang

水面下的低調霸主

超級潛水艇
SUPER SUBMARINES

增進水下作戰實力的神奇科技

上 百艘潛艇正潛伏於深海中，巡弋全球海域，執行極重要且往往十分機密的任務。這些行蹤隱密的潛艇在一戰期間首次被廣為使用；當時德國以 U 型潛艇摧毀了數艘英軍補給船，就此改變了海戰的形態。

　　基於海軍的傳統，潛水艇被稱為「艇」而非「艦」。從最初人力驅動的潛艇發展

至今，潛水艇有了長足的進展。大部分的現代潛艇都採用柴油電動推進或由核子反應爐提供推進力。浮出海面時，前者會以柴油引擎帶動推進器，並為電池充電；下潛時，這些電池會驅動電動馬達，使推進器旋轉，潛艇因此能在水中前進。

　　這類潛艇因電池須充電且引擎燃料亦須補充，故行進範圍有限，因此許多國家

Echo Voyager 為波音研發
的無人潛水器

的海軍偏好核子潛艇。核子潛艇一次能待在水下數星期，利用核分裂釋放的熱能產生蒸氣，藉此推動渦輪機、帶動推進器。

現今海軍無論規模大小，潛艇都是極其重要的載具，可用來運送組員往返世界各地、跟蹤敵船、發射飛彈，以及潛藏於幽暗的深海中蒐集情報。潛艇大致分兩類：攻擊型潛艇用於搜索和摧毀敵艦；彈道飛彈潛艇則攻擊陸上目標。美國海軍現有 72 艘在役潛艇，其中 54 艘為攻擊型潛艇。

但並非只有海軍使用潛艇。科學家對全球海洋的瞭解尚不及外太空，因此潛水艇也很適合用於研究海洋環境，尤其是潛水夫無法隻身抵達的海洋深處。

由於新型無人水下載具（簡稱 UUV）的問世，組員因此能安全地在海岸或鄰近船隻中，操控 UUV 執行危險任務。這些載具體積雖小，且航行範圍有限，但未來有望取代今日的潛艇。

「組員因此能操控 UUV 執行危險任務」

英國皇家海軍的
機敏號核潛艇
（HMS Astute）
發射巡弋飛彈

深入海中的潛水艇
潛艇的發展里程碑

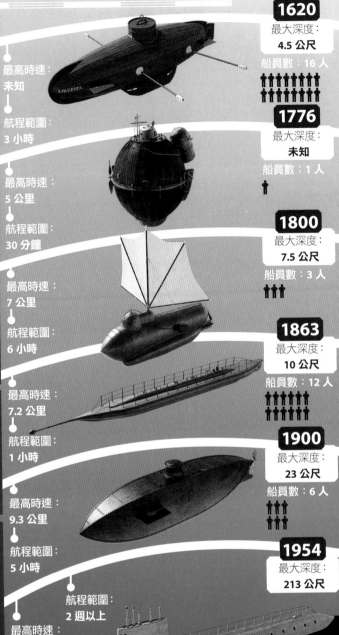

德雷貝爾一號 Drebbel 1
史上首艘潛艇；這艘封閉的木製划槳船外層包覆了防水的油面皮革，還有探出水面的空氣管，好輸送氧氣至船艙。

最高時速：未知
航程範圍：3 小時

1620
最大深度：4.5 公尺
船員數：16 人

海龜號 Turtle
據記載，首次發動攻擊的潛艇是美國獨立戰爭時期的海龜號。當時本想炸毀英國皇家海軍的鷹號風帆戰艦，但船員沒能把炸彈固定在船殼上。

最高時速：5 公里
航程範圍：30 分鐘

1776
最大深度：未知
船員數：1 人

鸚鵡螺號 Nautilus
美國發明家羅伯特·富爾頓所打造的潛艇。雖使用手動推進器，但折疊式的船槳與船帆亦能提供推進力。

最高時速：7 公里
航程範圍：6 小時

1800
最大深度：7.5 公尺
船員數：3 人

潛水者號 Plongeur
法國海軍的潛水者號以壓縮空氣引擎推動船體，是首艘以機械動力推進的潛艇。船上裝有撞鎚與魚雷，但因引擎運作失常，而無法通過測試。

最高時速：7.2 公里
航程範圍：1 小時

1863
最大深度：10 公尺
船員數：12 人

美國海軍霍蘭號 USS Holland
約翰·菲利浦·霍蘭首度使用電動馬達與內燃機推動潛艇。其設計由美國海軍購入，對日後的潛艇設計影響深遠。

最高時速：9.3 公里
航程範圍：5 小時

1900
最大深度：23 公尺
船員數：6 人

航程範圍：2 週以上
最高時速：54 公里

1954
最大深度：213 公尺

船員數：116 人

美國海軍鸚鵡螺號 USS Nautilus
這是首艘核動力潛艇，速度敏捷且神出鬼沒，徹底改變了海戰的形態。全長 97 公尺的鸚鵡螺號核動力潛艇，由美國海軍上校海曼·李高佛（Hyman G Rickover）指導建造，是首艘潛航至北極的潛艇，且服役時間長達 25 年之久。

潛艇上的生活

潛艇組員如何在數百公尺的海面下生存？

潛艇人員的工作對生理、精神與情緒皆是一大考驗，因潛艇員一次得在狹窄的空間裡待上好幾個月，且只有船上其他 100 多名船員相伴。在過去，潛艇人員在整個任務期間都無法與外界通聯，但現在已能用電子郵件與家中至親聯絡。

當然，海中並非人類的棲息環境，要讓人體適應水下生活，便得仰賴聰明的科技與工程設計。為了讓船員不受水下高壓影響，潛水艇除了有流線型的外部船殼外，還有另一層堅實的內部船殼。

氧氣會經由加壓槽供應；或是在船上透過電解海水，分解出氫氣和氧氣的方式取得。船員呼出的二氧化碳會經過洗滌器，被其中的鹼石灰捕捉，而後排除。船內亦能製造淡水，方法是將海水加熱以去除鹽分，再將水蒸氣降溫，凝結為飲用水。

現已退役的美國海軍奧古斯塔號（USS Augusta）船員將潛水艇繫泊於碼頭

深海救援

若潛水艇因擦撞或船上發生爆炸而損壞，船員便會透過無線電發出求救訊號，並放出浮標，以標示所在位置。搜救隊將搭乘深海救援潛艇（簡稱 DSRV）前來；DSRV 是一種迷你潛艇，可由卡車、飛機、船或其他潛水艇運送。接近待救援潛艇後，DSRV 便潛入海下，以聲納找到目標，再連接其艙口。確認連接處密實無縫後，才會將艙口打開，讓船員進入 DSRV 內；DSRV 一次可以容納 24 人。

美國海軍的深海救援潛艇神祕客號（Mystic）與攻擊型潛艇拉荷亞號（USS La Jolla）相接

核子潛艇如何運作？

一揭現代深海潛艇在海中前進的祕密

推進器 Propeller
推進器將水向後送、產生推力，令潛艇前進。

舵 Rudders
調整舵以改變水流方向，讓潛艇得以朝各方前進。

核子反應爐 Nuclear reactor
反應爐產生熱能、製造蒸氣，以驅動連接推進器的渦輪機。

導彈管 Missile tubes
導彈經由潛艇頂端的艙口往天際發射，朝敵軍目標飛去。

潛艇如何下潛？

通常潛艇之所以能浮在水面上，是因為潛艇排開的水重與艇身等重。潛艇若要下潛，艇重就必須比排開的水還重，以創造負浮力。此時，就得把水注入夾在潛艇外殼與內殼之間的壓載艙。為了保持在一定深度，壓載艙內的水與空氣得達到精準平衡，讓潛艇的密度與周圍的水相等。

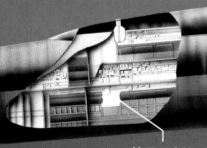

上浮 Surfacing
將壓載艙內的水排出，以艙內儲存的壓縮空氣取代，潛艇重量隨之減輕，得以上浮。

下潛 Diving
打開艙口，讓水流入壓載艙，使艇重大於其排開的水重，因而開始下沉。

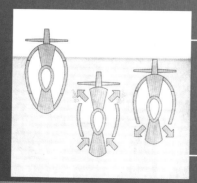

英國皇家海軍核動力潛艦伏擊號（HMS Ambush）正駛進母港──克萊德海軍基地

「要讓人體適應水下生活，得仰賴聰明的科技與工程設計」

海下航行

光線幾乎無法到達海面下 200 公尺之處，因此潛艇員得靠其他方法尋找方向。慣性導引系統能透過陀螺儀與加速器來偵測艇身動向的變化，以追蹤潛艇自標定的起始點出發後的航行軌跡，但須時常重新校正，才能確保沒有偏離航道。在水面上時，有 GPS、無線電與雷達衛星導航系統可用；潛入水下後，則改用聲納導航。聲納可用來偵測海床特性，讓組員知道潛艇現在位於何處。

通氣管 Snorkel
潛艇浮於海上時，空氣經由通氣管進入艙內。一旦潛入水下，便由艙內提供氧氣。

天線 Antenna
低頻無線電波能穿透水，因此水下通訊都靠它。

壓載艙 Ballast tanks
此構造能控制艇身的浮力，確保潛艇的穩定性。

聲波 Sound waves
球型聲納送出的陣陣聲波脈衝，可在水中傳導。

潛望鏡 Periscope
光透過多面鏡子反射至另一端的觀察口，以利船員觀察水上動靜。

計算距離 Calculating distance
藉由測量聲波回傳至聲納發送處的時間，來計算潛艇與物體間的距離。

彈回 Bounce back
聲波撞上物體後，會朝聲納發送處彈回。

船員艙 Crew Cabins
潛艇內約有 100 名船員，換班時就睡在狹窄的床鋪上；執行一次任務就是數月不出水面。

魚雷室 Torpedo room
潛艇兩側的導管可在海中朝敵方發射魚雷。

控制室 Control room
控制室如同潛艇的神經中樞，舉凡航行、通訊與武器系統都由此控制。

新船員在康乃狄克州的美國水兵潛艇學校熟悉潛艇操作

© Getty; WIKI; Dreamstime

超音速潛水艇

環繞地球一圈只要半天！

液體的阻力大於空氣，所以要在水中快速前進十分困難，得耗費大量能量才能在水中迅速行進。大部分的現代潛艇最多只能達到時速 75 公里；不過，中國哈爾濱工業大學的研究員致力於研發新科技，好讓潛艇未來能以音速（時速約 5400 公里）在海裡前進。

研究員以「超空泡技術」（supercavitation，由蘇聯於 1960 年代的冷戰時期所開發，用於製造高速魚雷）為依據。該技術的原理是打造一個能包覆整艘潛艇的大氣泡，以降低阻力，大幅提升速度。透過這項科技，蘇聯研發出時速可達 370 公里的「暴風」魚雷；不過，實際上當時僅能前進幾公里，且無法控制其方向。

方向的控制之所以成為問題，是因一般水下導航都由舵來操縱；但舵是靠水的阻力控制方向，所以無法用於無水的大氣泡中。為了克服這個困難，中國科學家開發出一種液態薄膜，藉此把潛艇包覆起來，透過降低其中一側的阻力，好讓潛艇轉向另一側。不過，可支援長程超音速航行的水下推進技術仍未問世，想在 100 分鐘內從上海抵達舊金山，可得再等一等。

水底衝刺
超音速潛艇如何以音速前進？

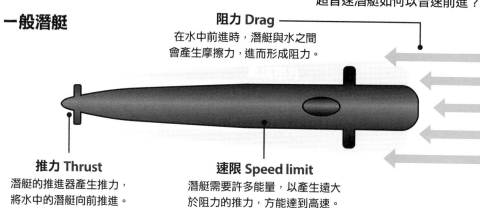

一般潛艇

阻力 Drag
在水中前進時，潛艇與水之間會產生摩擦力，進而形成阻力。

推力 Thrust
潛艇的推進器產生推力，將水中的潛艇向前推進。

速限 Speed limit
潛艇需要許多能量，以產生遠大於阻力的推力，方能達到高速。

超空泡潛艇

操控方向 Steering
潛艇兩側能覆上不同分量的液態薄膜，以改變前進方向。

降低阻力 Less drag
空氣比水來得輕薄且不易附著，阻力因此降低，而不致讓潛艇慢下來。

火箭馬達 Rocket motor
火箭馬達能使潛艇加速到足以形成空氣氣泡的高速。

液態薄膜 Liquid membrane
潛艇初航時，全艇覆蓋著一層液態薄膜，以便降低阻力，衝出高速。

空化器 Cavitator
潛艇達到高速後，空化器前端噴口會噴出氣體，在潛艇四周形成空泡。

美國海軍波芬號潛艇（USS Bowfin）的魚雷室內部；此艇現已退役

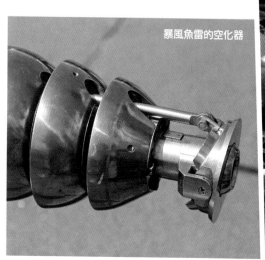

暴風魚雷的空化器

無人潛水器

不需船員就能自動駕駛的潛水器

要維護船員在海中的安危，可是件風險和成本均高的事，無怪乎全球各國海軍都開發了 UUV，好替船員執行危險的任務。UUV 特別適合用來獵雷，船員只須安穩地待在附近的船艙內，毋須下水參與搜尋、執行摧毀水下爆裂物的工作。美國海軍採用伍茲霍爾海洋研究所（簡稱 WHOI）所研發的遠距環境測量裝置（簡稱 REMUS）來執行此類任務，一台 REMUS 可完成原需 12 名潛水夫的工作。

可不只有軍方在使用 UUV，因能搭載各種相機與感測器，UUV 也能用於科學研究，前往人類難以到達之處，執行研究與探測任務、在海底生物生長的環境中蒐集資訊。例如，WHOI 的 SharkCam 無人潛水器讓科學家終於能探究大白鯊的獵食行為，並發現大白鯊善用深海環境的黑暗特性，避免獵物發現他們準備展開攻擊。

海洋機器人
身負重責大任的無人潛水器

無人水面載具

偵測潛艇 Sub hunting
美國海軍的海上獵人號（Sea Hunter）是全球最大的無人艇，一次能自動航行達三個月，使用短距雷達來偵測柴電動力潛艇。

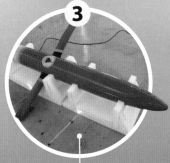
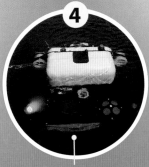

無人水下載具

深潛 Deep diving
ECHO Ranger 由波音公司製造，能潛入海中 3000 公尺處。原用來為石油天然氣公司捕捉高解析的海床影像；現則執行水下情資、監測與探勘任務。

遠距滑行 Long-distance gliding
WHOI 的 Spray Glider 透過微幅調整浮力，加上側翼所提供的上升力推動潛艇；一次能前進 3600 公里。

檢測船殼 Hull inspections
美國海軍的自主式水下載具可檢測船殼有無爆裂物或受損。以聲納蒐集高解析影像，再透過光纖纜線即時回傳至船上。

運送貨物 Cargo delivery
Proteus 兩用潛艇能人工控制，亦能自動操作。運送潛水夫或酬載橫越數百公里，全程不須人為介入。艙內可容納六人，最高時速 18 公里。

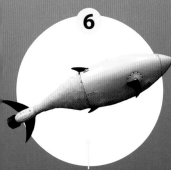

無人水下載具

守衛港口 Harbour protection
美國國土安全部用 BIOSwimmer 無人潛水器巡邏港口與檢查船艦。潛水器後段與鰭板可伸縮，身處險境也能活動自如。

追蹤動物 Animal tracking
WHOI 為遠距環境測量裝置加上能定位、追蹤與拍攝海中生物的裝備；SharkCam 可追蹤動物身上詢答機所發出的訊號。

水陸兩棲 Amphibious missions
Naviator 是史上首架兩棲無人潛水器，雖須以纜線與操作員聯繫，但仍能協助軍方偵測、定位水雷和參與海上搜救。

尋獵水雷 Mine hunting
紳寶集團的 Double Eagle SAROV 無人潛水器專門設計來為船艦開道，除能偵測、辨識和卸除鄰近水雷，還可遠端遙控或自動操作。

未來潛艇

未來的潛艇將會是什麼樣子？

隨著科技的日新月異，用不了多久，我們就能知道未來的潛艇是否會以音速前進、無人駕駛，還是脫胎換骨成另一種型態。事實上，防禦安全科技企業紳寶集團（Saab）試圖徹底改造潛艇的樣貌，並為瑞典海軍打造兩艘具超隱匿能力的嶄新 A26 型潛艇。隨著沿岸情蒐與監控越形重要，這兩艘高科技潛艇能在淺水區執行任務，更採用了號稱全面隱形的「幽靈」（GHOST）科技，行動無聲無息，幾乎不太可能被偵測到。

A26 型潛艇的專案經理佩爾·尼爾森（Per Neilson）表示：「A26 比一般潛艇安靜得多，且使用更先進的感測器來偵測與記錄海底沿途的所有資訊。此外，還有幾項新功能，像是船艏的多功能結構可裝載潛水夫和小型載人或無人載具。A26 可望成為最棒的情資蒐集平台。」這艘潛艇能潛至 200 公尺深處，乘載 26 名船員，預計在 2022 年問世。

A26 型潛艇預計全長 62 公尺、重約 1800 噸

「幽靈」潛艇

瑞典海軍的全新高科技潛艇將能在水中隱形行動

聰明塗層 Clever coating
潛艇外殼的塗層能吸收噪音，並使紅外線相機難以偵測到潛艇。

耐久潛航 Endurance
新一代絕氣引擎使用液態氧與柴油燃料，潛艇因此得以在海中潛伏上數週而不被偵測到。

無聲運行
Silent operation
橡膠減振座將引擎與其他機械所發出的噪音降至最低，且有助於吸收衝擊力道。

探索海底世界

高科技潛艇並不僅供海軍與科學家使用，DeepFlight 公司推出私人潛水器，讓任何人都能探索海底世界。Super Falcon Mark II 是艘電動潛艇，最多可潛至 120 公尺深，且僅需簡單的訓練即能學會操作。艙內可容納兩人（駕駛員與乘客），且潛艇體積夠小，可放在標準遊艇上，任人載往世界各地，想潛就潛。這艘潛艇也能安全地靠近海底生物；若遇到任何麻煩，無論是否與鯊魚相關，潛艇都會自動返回海面。

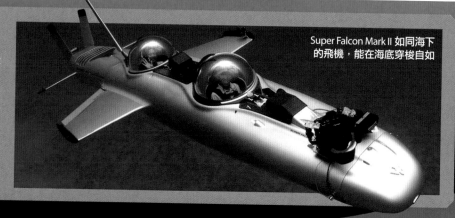

Super Falcon Mark II 如同海下的飛機，能在海底穿梭自如

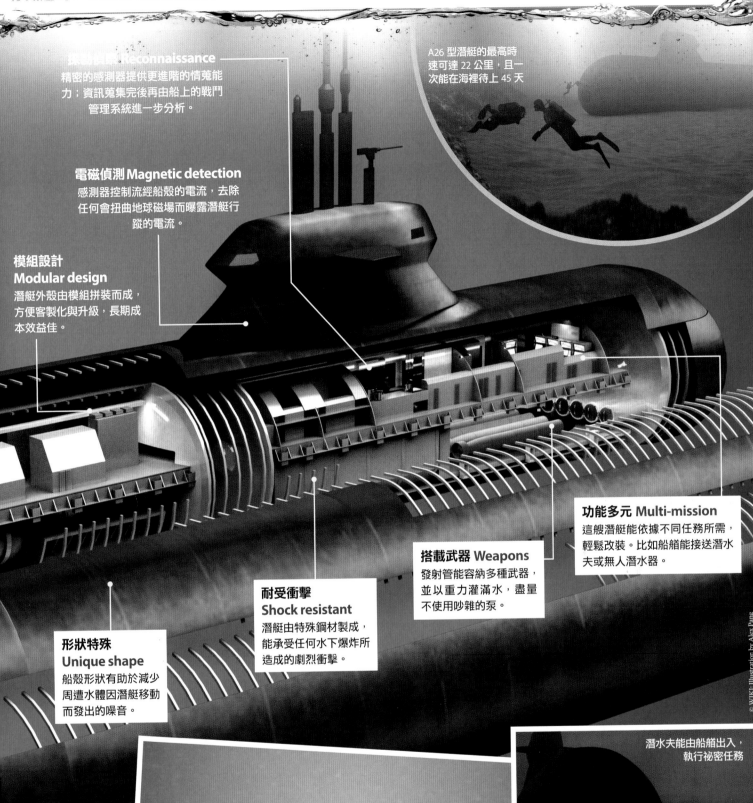

偵測敵蹤 Reconnaissance
精密的感測器提供更進階的情蒐能
力；資訊蒐集完後再由船上的戰鬥
管理系統進一步分析。

A26 型潛艇的最高時
速可達 22 公里，且一
次能在海裡待上 45 天

電磁偵測 Magnetic detection
感測器控制流經船殼的電流，去除
任何會扭曲地球磁場而曝露潛艇行
蹤的電流。

**模組設計
Modular design**
潛艇外殼由模組拼裝而成，
方便客製化與升級，長期成
本效益佳。

功能多元 Multi-mission
這艘潛艇能依據不同任務所需，
輕鬆改裝。比如船艏能接送潛水
夫或無人潛水器。

搭載武器 Weapons
發射管能容納多種武器，
並以重力灌滿水，盡量
不使用吵雜的泵。

**耐受衝擊
Shock resistant**
潛艇由特殊鋼材製成，
能承受任何水下爆炸所
造成的劇烈衝擊。

**形狀特殊
Unique shape**
船殼形狀有助於減少
周遭水體因潛艇移動
而發出的噪音。

潛水夫能由船艏出入，
執行祕密任務

A26 型潛艇將能忍受攝
氏 -2 度的低溫環境

© WIKI; Illustration by Alex Pang

未來戰艦
WARSHIPS
一探未來的海上生力軍如何衝破激浪

Illustrations by Tobias Roetsch

真正的海戰不像海戰桌遊那麼簡單，並非喊喊敵方座標就能殲滅敵艦。如何運籌帷幄並利用火力壓制才是戰艦交鋒時的重頭戲。

早期戰艦現身於 19 世紀末、20 世紀初，當時的艦上搭載火力強大的砲彈，能擊中幾千公尺以外的目標。面對擁有相同火力的敵艦，必須採用重裝防衛，以厚重的鋼板包覆船體。

第一次世界大戰期間，戰艦發展成叱吒風雲的海戰武器。一戰爆發前，德國即以當時最強大的艦隊來挑戰英國的皇家海軍，英軍則派出劃時代的無畏號（HMS Dreadnought）戰艦還以顏色；這就是海戰軍備競賽的起點。然而，到了二戰時，性能優越的飛機與潛艦武器很快就令戰艦顯得過時，航空母艦因而取代戰艦，成為艦隊要角。

各國海軍自此能從更遠處攻擊目標，作戰距離遠勝當時的海戰火砲，因為只要派出戰機即能以強大火力痛擊敵軍。戰艦的功能因此轉為近戰攻擊：驅逐艦與巡洋艦的火力規模較小，船身因而更輕盈、機動性更高，追擊敵艦目標也更為容易。

今日各國海軍都擁有各式船艦，以應付各式狀況，無論是護衛友船、人道救援或攻擊水面下的敵軍潛艦皆能勝任。這些新式軍艦以速度、效能和成本效益為發展重點，並提升自動化程度，以減少船員人數。

未來的軍艦只需要一小隊船員，困難的危險任務就交由電腦、無人機和無人船來執行。科技的進步也能讓戰艦重拾過去的強大火力，以磁軌砲與雷射武器取代昔日沉重、昂貴的火砲。

如果未來軍艦的願景能成真，敵方只會更難以追擊，甚至連邊都還沒摸到，就會被航母發射的雷射砲給擊沉了。✿

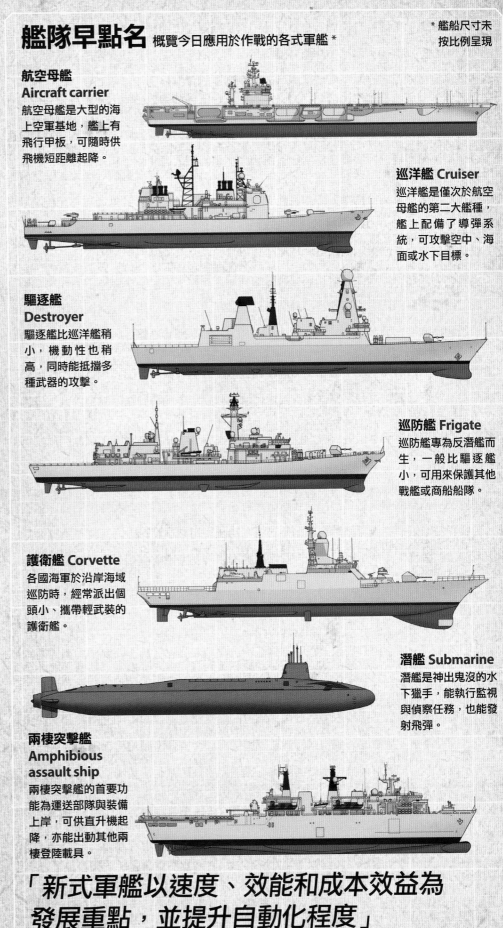

艦隊早點名 概覽今日應用於作戰的各式軍艦 *

* 艦船尺寸未按比例呈現

航空母艦 Aircraft carrier
航空母艦是大型的海上空軍基地，艦上有飛行甲板，可隨時供飛機短距離起降。

巡洋艦 Cruiser
巡洋艦是僅次於航空母艦的第二大艦種，艦上配備了導彈系統，可攻擊空中、海面或水下目標。

驅逐艦 Destroyer
驅逐艦比巡洋艦稍小，機動性也稍高，同時能抵擋多種武器的攻擊。

巡防艦 Frigate
巡防艦專為反潛艦而生，一般比驅逐艦小，可用來保護其他戰艦或商船船隊。

護衛艦 Corvette
各國海軍於沿岸海域巡防時，經常派出個頭小、攜帶輕武裝的護衛艦。

潛艦 Submarine
潛艦是神出鬼沒的水下獵手，能執行監視與偵察任務，也能發射飛彈。

兩棲突擊艦 Amphibious assault ship
兩棲突擊艦的首要功能為運送部隊與裝備上岸，可供直升機起降，亦能出動其他兩棲登陸載具。

「新式軍艦以速度、效能和成本效益為發展重點，並提升自動化程度」

Illustrations by Tom Connell/Art Agency

未來戰艦的樣貌

海軍艦隊到了 2050 年會呈現何種面貌？

英國皇家海軍要求科學家與工程師描繪艦隊的願景。這些專家因此提出無畏號 2050（Dreadnought 2050）概念戰艦——一艘標榜速度、穩定性和效能的高科技三體軍艦。這艘風格簡約的戰艦承襲了 1906 年無畏號的名號和開創精神，全艦幾乎完全以自動化控制，可將今日軍艦所需的 200 名船員減至 50 到 100 名。

再生能源科技賦予無畏號 2050 無限的航行里程，不須加油便能航遍世界。先進武器能在作戰時提供強大的火力支援。至於有望出現在無畏號 2050 上的科技，部分仍尚未出現，有些則會實際裝設於次世代戰艦上，以降低成本和人力需求。

無畏號 2050 概念戰艦

英國皇家海軍計劃打造高科技未來軍艦

制敵妙計
Disarming technique
由低溫冷卻奈米碳管製成的電纜可傳輸電力至四軸旋翼機的雷射武器，以擊落敵機。

繫纜無人機
Tethered drone
艦上並不裝設傳統雷達天線，取而代之的是裝配有雷達等偵測器的四軸旋翼機，並以纜索與母艦相連。

飛行甲板上的機庫可容納多台武裝無人機與一架直升機

飛行甲板
Flight deck
位於艦艉的「伸縮飛行甲板」能供武裝無人機起降。

半透明船殼
Translucent shell
艦體以高強度丙烯酸複合材料製成，電流通過時顏色即會轉為半透明。

3D 列印技術 3D printing
如果要增加艦上無人飛行載具的數量，可就地利用 3D 列印科技製造。

極音速飛彈
Hypersonic missiles
艦體兩側的飛彈發射管攜帶了極音速飛彈，其飛行速度為音速的五倍以上。

位於艦艉的艇庫可容納一支由較小船艇組成的編隊

可浸水艇庫

伸縮飛行甲板與無人機隊的下方是滿載特殊用途船艇的艇庫。無人水下載具可偵測海底水雷的位置；兩棲登陸艇則負責運送部隊上下岸，執行突擊任務。當艇庫門在海上開啟時，水便會注入艇庫底部，成為船艇進出的平台。艇庫地面上設有小型船井（moon pool），艇庫門關閉時仍可出動潛水器。

技術規格

無畏號 2050

船長：155 公尺
船寬：37 公尺
最高時速：時速 92 公里
船員人數：50 至 100 人
航行里程：可能無限制

全像投影指揮中心

攤開地圖用模型船進行兵棋推演的時代已經過去。未來的海軍將使用 3D 全像投影指揮台掌控全局。指揮台位於船艦中心的指揮艙，指揮官可將全像投影圖旋轉、放大，以便更仔細檢視千里之外的戰局狀況。成排的 2D 多功能顯示畫面可即時顯示、傳輸資料，運作原理類似 Google 眼鏡的指揮艙壁可 360 度角顯示周遭的情況。

> 「無畏號 2050 是一艘標榜速度、穩定性和效能的高科技三體軍艦」

艦上的磁軌砲利用電磁原理來發射砲彈

強固船壁 Tough exterior
艦體外壁以石墨烯塗裝；這種強度高又輕量的材料能減少高速航行時所產生的阻力。

超空泡魚雷 Torpedo bubbles
兩側艦體中的發射管可發射時速達 556 公里的魚雷。魚雷皆用氣泡包覆，以降低摩擦阻力。

電流 Electric current
電流流經上方正磁軌，通過電樞，再回流至下方負磁軌。

相斥磁場 Opposing magnetic fields
電流在兩磁軌周圍產生磁場，一邊為順時針方向，一邊為逆時針方向。

瞄準發射 Aim and fire
磁力將電樞向前推，朝目標發射砲彈。

勞侖茲力 Lorentz force
電流與磁場在交互作用下，會產生勞侖茲力，使砲彈加速。

磁軌砲

位於船艏的強力磁軌砲不使用化學炸藥推進劑，而是利用電磁效應發射砲彈。美國海軍的磁軌砲能以時速 8644 公里發射砲彈，捨棄傳統爆炸的形式，改以動能攻擊並摧毀目標。

電樞　正磁軌　砲彈　負磁軌

第三磁場 Third magnetic field
電樞周圍會產生方向與磁軌垂直的第三磁場。

次世代航空母艦
一睹美國海軍艦隊的新式主力巨艦

航空母艦往往是各國海軍的主力艦種，結合了空中與海上武力，並在世界各地投入空戰。美國海軍艦隊雖有多艘核子動力超級航空母艦，但千呼萬喚的裝備升級才剛開始。

第一艘新型福特級（Ford-class）航空母艦福特號（USS Gerald R. Ford）已於2017年進入美國海軍服役。福特號航空母艦的舷號為CVN-78，大小與前一代尼米茲級（Nimitz class）航母相仿，但這艘首次

完全以3D電腦建模打造而成的航空母艦不僅重量更輕、造價更便宜，戰力也更強。

由於操作自動化程度提升，艦上人員數減少500至900名，且破天荒地裝設了空調系統，讓海上生活更舒適。福特號一次能搭載90架飛機，且有別於現代航母以蒸氣式彈射器來彈射飛機，改用了電磁彈射系統。此種彈射器的運作原理類似磁軌砲，只是砲彈換成了飛機。

福特號航空母艦的指揮中心（又名「艦島」）位於飛行甲板上

「福特號為首艘完全以3D 電腦建模打造而成的航空母艦」

福特號航空母艦裝填武器與出動戰機的速度無可比擬

重量逾
9萬噸
相當於
400座
自由女神像

大約20萬加侖
的油漆只能用來粉刷一艘福特號，卻足以粉刷
白宮
350次

1000萬呎
長的電纜被鋪設於福特號上，長度約為地球到國際太空站距離的
8倍

220架次
的飛機每日從福特號的飛行甲板出動，比尼米茲級航母多出
25%

福特號駐艦人力更為精簡，維修成本較低，可望為美國海軍省下逾
40億美元
且服役壽命長達
50年

福特號最重的零組件重
1026噸
相當於
6架波音747
該零組件由一架
1050噸級
的起重機吊掛上船

沉默潛艦

人稱「黑洞」的潛艦行蹤神鬼莫測

改良型基洛級（Kilo class）潛艦在陸上甚為吸睛，但一下水就沒人看得見了。這種柴電動力潛艦被公認為世上最安靜的潛艦之一；因其低噪音與極佳的匿蹤性，北大西洋公約組織便戲稱它為「黑洞」。儘管重達 4000 噸，改良型基洛級潛艦的時速可達 37 公里，加油一次可航行 45 天。

一旦悄悄靠近敵人，八枚紅外線導引地對空飛彈或電腦控制的魚雷即可從水下發射。改良型基洛級潛艦的陣列式聲納可掌握敵艦動向，偵測範圍比敵方大三至四倍。偵測所得的資料會傳輸至艦上電腦，再計算出射擊參數後，便會建議最佳的戰術和武器配置。改良型基洛級潛艦共有六艘，於 2016 年加入黑海艦隊。

斯塔里·奧斯科爾號（Stary Oskol）為俄羅斯海軍六艘改良型基洛級潛艦的第三艘

無人船

這種無人駕駛的小艇讓海員不須執行高風險任務

無人機現已應用於作戰中，無人船的登場只是時間問題。英國皇家海軍旨在開發一支由改良型硬式充氣艇組成的編隊，好執行高難度的監視與偵察任務，且不須海員親身犯險。此種小艇使用多種偵測器（如一具導航雷達、一組 360 度角紅外線攝影機陣列，以及一具雷射測距儀），可自動駕駛且不會發生碰撞。

美國海軍也同樣在開發無人船編隊，以便在未來可群集整隊戰力、攻擊目標。美國國防部轄下的國防高等研究計劃署（簡稱 DARPA）甚至開發「反潛作戰連續追蹤無人載具」（簡稱 ACTUV），旨在以人工智能與偵測裝置來獵殺敵方潛艦。

雷射武器

加強版雷射能摧毀無人機，彈無虛發

美國海軍已將科幻情節化為現實，開發出一種雷射砲，能瞬間摧毀目標。雖然用雷射武器系統打外星人還言之過早，但在海上測試成功，已充分證明其攻擊移動中無人機與小型艦艇的能力。該系統已裝設於龐塞號船塢登陸艦（USS Ponce）之上，由六組工業用雷射焊槍組成，發射出的能量為一般雷射筆的 3000 萬倍。雷射武器透過類似 Xbox 遊戲主機的控制器操控，能癱瘓目標的偵測器與其他裝置，抑或完全摧毀目標。除了準確度改善，雷射武器系統的另一大優勢在其成本：發射一次僅要價 59 美分，相較於一枚 200 萬美元的傳統飛彈，可謂相當低廉。

航行里程長 Long range
硬式充氣無人艇一次出動時間可長達 12 小時，並在離母艦 40 公里遠處作業。

執行高難度任務 Complex missions
硬式充氣無人艇可用於偵察重點區域、執行監視任務，護衛艦隊中的大型艦種。

頂尖速度 Top speed
硬式充氣無人艇的速度可達時速 71 公里。

操控靈活性高 Flexible control
硬式充氣無人艇可依照預先設定的路線自動駕駛，亦可由陸上或母艦上的人員遙控操作。

改良型艦艇 Modified vessel
硬式充氣無人艇由載人的太平洋 24 型硬式充氣艇（Pacific 24 RIB）改良而成，太平洋 24 型充氣艇仍配置於英國 23 型巡防艦與 45 型驅逐艦上。

雷射武器系統已裝設於美軍龐塞號船塢登陸艦上，可用於對抗無人駕駛載具

劃時代戰艦

一探無畏號戰艦如何開啟海上軍武的新時代

無畏號（HMS Dreadnought）戰艦於 1906 年開始服役，是當時世上速度最快、火力最強的戰艦。無畏號擁有劃時代的推進力、武裝和火砲控制系統；其影響力深遠到不只新一級別的戰艦被命名為「無畏級」，所有無畏號之前出現的戰艦更統稱「前無畏級戰艦」。這艘新型「全重型火砲」戰艦上的先進科技震驚了當時的世界，且再度引發英、德兩國間的海戰軍備競賽，甚至導致一戰爆發。各國亦爭相向無畏號的設計取經，進而開啟船艦發展的新時代，永久改變了海戰型態。

「這艘新型『全重型火砲』戰艦上的先進科技震驚了當時的世界」

光學測距儀
Optical rangefinders
無畏號是第一艘裝設電子測距儀的戰艦，能更準確地測定和目標船艦之間的距離。

發射台
Transmitting station
維氏鐘式測距儀（Vickers Range Clock）可持續計算無畏號與目標船艦間不斷變化的距離。

堅固裝甲 Tough armour
無畏號以克魯伯滲碳裝甲打造而成，其劃時代的成分組合使裝甲更富彈性，並降低破損的機會。

無畏號上兩門準備射擊的 12 吋
MK10 火砲（Mark X gun）

火力

無畏號是史上第一艘「全重型火砲」戰艦，火力驚人。艦體上部與兩側裝設了 12 磅砲，以阻擋 8.5 公里外的魚雷艇。遠距離攻擊武器則是五架 12 吋雙管砲塔，射程可達 23 公里。由於每架砲塔的彈道特徵皆相同，調整射程要比不同口徑的火砲要容易得多。另外，艦上還有五門 18 吋魚雷發射管，好抵禦潛艦的攻擊。

人員居住區
Crew quarters

相較於一般船艦，軍官與編制船員的居住區和艦橋離得更近，以便就近上工執勤。

技術規格

無畏號

船長：	161 公尺
船寬：	25 公尺
最高時速：	39 公里
船員人數：	700 至 810 人
航行里程：	1 萬 2260 公里

德國打造拿騷級（Nassau class）戰艦，與英國的無畏號分庭抗禮

燃料供應 Fuel supply

無畏號可攜帶近 3000 噸煤炭與逾 1000 噸的燃油。這些燃料可供其持續航行 1 萬 2260 公里。

無畏號的一生

儘管無畏號是當時最強大的戰艦，它卻從未擊沉任何戰艦。唯一的彪炳戰功是於 1915 年（即一戰期間）巡弋北海時，與一艘德國 U-29 型潛艇（SM U-29）狹路相逢，並展開一場追逐戰。最終，無畏號撞沉敵艦，成為史上第一艘擊沉潛艇的戰艦。

1916 年初，無畏號進廠整修，錯過了著名的日德蘭海戰（Battle of Jutland）。該戰役集合了史上最多師法無畏號設計的戰艦。無畏號於一戰結束後退役，最終走上報廢一途，但活躍期間仍是最具劃時代意義的戰艦，其指標性地位屹立不搖。

防火門
Fire doors

甲板底下各艙室間的通道在作戰時會撤走；通道門也會關閉，以防火災或淹水蔓延。

渦輪引擎 Turbine engines

無畏號是率先搭載蒸氣渦輪引擎的戰艦之一，時速可達到嘆為觀止的 39 公里。

Illustration by Alex Pang

★ 軍事菁英訓練營 ★

特種部隊
SECRETS OF THE SPECIAL FORCES

見識各國精銳戰士所受的魔鬼訓練和其採用的尖端科技

特種部隊誕生於殘酷的二戰時期，當時人稱「特種勤務單位」。在那個時期，若有同袍突然消失，轉而被納入這些祕密部隊時，大兵們便心裡有數，不會傻傻地四處打聽他們的下落。英國陸軍突擊隊（Commando）和美國陸軍遊騎兵（Ranger）等小型特種單位紛紛於二戰時期成軍，只為執行許多極度危險的特殊任務。

發生於 1942 年 8 月的法國厄普港（Dieppe）突襲戰是早期知名的任務之一，參戰者包括英國突擊隊與美國遊騎兵的聯軍。同盟國原先希望此役能證明其有實力突襲遭德軍占領的法國地區，但結果卻一敗塗地，參戰者半數戰死或被俘。

不過，英國的其他兩個特戰單位——長距離沙漠部隊（Long-Range Desert Group）、空降特勤隊（Special Air Service，簡稱 SAS）——在北非的戰果則較為豐碩。當時這些留著大鬍子的特戰隊員穿著貝都因人（Bedouin）的裝束，乘著掛載機槍的吉普車，竭力襲擊德國的飛機跑道與補給站。

早期特勤單位的任務取向其實與今日的特種部隊並無二致：與地方反抗軍合作或指導政府部隊平亂、進行長程偵察與監視，以及執行針對重要目標所制定的直接行動任務。

SAS、特種小艇部隊（Special Boat Squadron，簡稱 SBS），以及遊騎兵等部

隊在經歷二戰之後，各自以不同的方式存續，許多同期的特勤單位則在大戰結束後解散。不過，到了冷戰時期，神祕的特戰單位又重返世界舞台。綠扁帽部隊（Green Beret）與美國海軍的海豹部隊（Navy SEAL，SEAL 為 SEa-Air-Land 的縮寫）於 1950 年代紛紛成立，並陸續投入越戰的混戰當中。

時至今日，特種部隊裡的「特工」已經成為反恐戰爭的代名詞。不論是在敘利亞獵殺恐怖分子的首腦，或者是在法國巴黎、比利時布魯塞爾的街頭進行反恐任務，特種部隊時時刻刻都蓄勢待發，隨時準備好執行搶救人質的任務，或是反制最新的恐怖活動。

不是猛龍不過江

想通過海選，身心都必須異常地耐操

申請加入特種部隊的軍人通常比一般士兵年長，至少須服完第一期兵役，且無不良記錄。此外，申請者在原本所屬單位之中也必須是佼佼者。

一旦符合海選資格，光是要撐完訓練，體能就須維持在顛峰狀態。海選的重頭戲是背著重裝越野行軍，許多人在參加前就會花一年以上的時間先行鍛鍊。

但特種部隊或海豹部隊的候選士兵更須擁有一項重要特質：不論遇到任何阻礙都不輕言放棄的意志力。強韌的體能讓這些人得以踏上征途，但唯有堅強的心智才能忍受睡眠被剝奪之苦與肉體上的痛楚。

堅強且沉穩的士兵最有機會過關。熟悉英國特種部隊海選的資深老兵建議，申請者最好能行事低調、融入群體、多聽少說，雀屏中選後更是如此。

對大多數特種部隊來說，候選士兵可能得經歷長達一年的海選，才有機會真正被接納。在這個過程中，候選士兵隨時可能被「打入冷宮」，只有因傷退場的人才有機會再次嘗試。然而，再強大的候選人都有可能會失敗。遺憾的是，有人甚至在海選時丟了性命；2013 年有三位 SAS 的候選人不幸喪生，2016 年則有一名海豹部隊受訓學員於令人聞風喪膽的地獄週（Hell Week）溺斃。

一旦成為特種部隊的一員，體能技巧都須時時精進，不然就會面臨可怕的下場：遣返原單位。舉美國陸軍三角洲部隊（Delta Force）為例，隊員須自主訓練，並定期接受部隊心理師及訓練官的評鑑。

上圖：美國海軍海豹部隊的候選人按教官的指示在海浪中匍匐前進

左圖：在美國陸軍特種部隊資格測驗中，精疲力竭的學員正扛著模擬傷患

下圖：綠扁帽部隊隊員學習在零下的嚴峻環境中求生，並執行任務

軍事專家

作家雷‧奈斐爾（Leigh Neville）是軍事歷史學家，著有《特種部隊槍械百科》（Guns of the Special Forces）、《特種部隊的反恐之戰》（Special Forces in the War on Terror）及《現代狙擊手》（Modern Snipers）；上述英文書籍均已上市，中文書名暫譯。

© Shutterstock; WIKI

各國精銳戰士的
魔鬼訓練
成為頂尖戰力須面對的殘酷現實與辛酸血淚

「衝浪」訓練用來測試海豹部隊候選人的耐力與毅力

海豹部隊候選人正進行令人聞風喪膽的地獄週「圓木負重訓練」（Log PT）

一名 SERE 學員於冬訓時練習生火

地獄週

海豹部隊的候選人須撐過人稱「地獄週」的終極耐力考驗。地獄週為期五天，不斷地將受訓者的體能逼至極限，且整個過程中僅有幾小時的睡眠時間。受訓者除了須長途行軍和泅水、穿越重重障礙之外，還得扛著厚實的圓木負重奔跑，而且無時無刻身體濕黏、精疲力竭又渾身是泥！

生存、躲避、抵抗與逃脫

「生存、躲避、抵抗與逃脫技能訓練」（簡稱 SERE）教導士兵如何尋找掩護與求生、躲避敵方追捕（包括擺脫追緝犬），以及萬一被擄、受盡敵方折磨時該如何生存下去。最後一個階段，英國特種部隊稱之為抵抗拷問（Resistance-To-Interrogation，簡稱 RTI），許多人認為這個階段最難熬。

你知道嗎？
據傳地獄週是美軍最嚴苛的訓練。平均而言，只有 25% 的海豹部隊候選人能通過

鳥瞰特戰隊員勇闖美國陸軍的「殺戮屋」

殺戮屋

所有新進特戰人員都須接受室內近身作戰（close quarter battle，簡稱 CQB）的訓練。英國 SAS 在特別搭建的「殺戮屋」中進行大量的 CQB 訓練，屋內會投影出模擬情境，提供全方位的射擊練習。CQB 可以訓練直覺射擊與瞄準射擊，因為通常須開槍的位置與人質相距不過咫尺；也可練習散彈槍與炸藥破門法；還會教導利用「閃光彈」（flashbang）這種震撼手榴彈清場的方法。

戰鬥潛水

戰鬥潛水訓練與海豹部隊和 SBS 密切相關，這種「蛙人」訓練教導特戰人員使用封閉式循環水肺系統，因此不會產生氣泡、曝露所在位置。特戰隊員也會學習該如何使用「蛙人運輸艇」（Swimmer Delivery Vehicle，簡稱 SDV）這種微型潛艇。雙人座的魚雷 SDV 甚至可由核子潛艇的魚雷發射管彈射而出。

美國陸軍遊騎兵頭戴夜視鏡，於阿富汗進行急救訓練

「『弱點突破』等技能則用來在牆上開洞，好襲擊恐怖分子的陣地」

特種部隊隊員穿著蛙鞋，練習直接從直升機跳入水中

海豹部隊隊員登士與潛水艇對接的 SDV

波蘭與美國的特戰隊員於聯合軍演時從盤旋於空中的 MH-60L 直升機快速繩降

特種部隊第三大隊隊員於韓國進行 HALO 跳傘

高海拔低空開傘

除了固定拉繩式跳傘，特戰隊員也須學習高空（簡稱 HAHO）與低空（簡稱 HALO）開傘技巧。兩者都須靠氧氣罩輔助，人員也得從飛機巡航的高度跳傘。HALO 能讓飛機在高於敵方雷達偵測的範圍外進行高空飛行；HAHO 則可讓特戰隊員在跳傘後滑翔好幾哩。

城鎮戰

城鎮戰又稱「都會地形軍事行動」（Military Operations in Urban Terrain，簡稱 MOUT）或「建築區域作戰」（Fighting In Built-Up Areas，簡稱 FIBUA）。特戰隊員會學習如何由直升機空降至屋頂，接著以炸藥破門或攻堅至樓梯處，進而前往鄰近建物。其他如「弱點突破」（loop-holing）等技能則用來在牆上開洞，好襲擊恐怖分子的陣地。

© WIKI

王見王：美國海豹部隊與英國SAS大對決

誰技高一籌？原因何在？

海豹部隊與 SAS 的任務雖有部分重疊，本質上卻是非常不同的單位。SAS 有近 300 位「掛牌」的正式隊員；海豹部隊則有超過 8000 名隊員，正式編入十個大隊。

海豹部隊主要負責多元的海上任務，包括灘邊偵察、水文測量、短期突襲和沿岸目標伏擊等。許多弟兄的駐紮點都在海上，好支援海軍陸戰隊。

自 911 恐怖攻擊後，海豹部隊的任務範圍開始遠離水域，擴及阿富汗等內陸地區，以進行各種特殊行動，其中包含訓練當地軍事人員，以及進行長距離偵察任務，就如同電影與小說《紅翼行動》（Lone Survivor）所呈現的。

或許 SAS 和海豹六隊（SEAL Team 6）更適合拿來互相比較，各界常以官方名稱──美國海軍特種作戰研究大隊（Naval Special Warfare Development Group）──稱呼後者。海豹六隊是海豹部隊中的菁英，接受的許多技能訓練都與 SAS 相同，也常與 SAS 一同出任務。

事實上，在 2012 年時，海豹六隊便曾和英國 SAS 共同執行銀禧行動（Operation Jubilee），在阿富汗東部營救了許多人質。當時人質被關在兩座洞穴碉

關鍵裝備

海豹部隊與 SAS 在執行危險任務時會攜帶何種特殊裝備？

美國海豹部隊

頭盔 Helmet
Ops-Core FAST 戰術快速反應頭盔採用類似滑板頭盔的設計，能防彈、防爆裂物碎片。

AOR 迷彩 AOR camouflage
海豹部隊有專屬的數碼迷彩服（Area of Responsibility，簡稱 AOR）。圖中的 AOR1 為沙漠迷彩；AOR2 則是林地、叢林迷彩。

MP7A1 衝鋒槍 MP7A1 submachine gun
由赫克勒和科赫公司（Heckler and Koch）出品的 4.6 公釐 MP7A1 衝鋒槍雀屏中選，因為裝上消音器後幾乎完全靜音。

防彈戰術背心 Plate Carrier
克萊公司的防彈戰術背心可塞入足以抵擋 AK47 步槍子彈的防彈鋼板，也有許多小口袋可供攜帶彈藥、手榴彈和無線電。

備用彈匣 Spare magazines
海豹部隊執行突襲或攻擊任務時所攜的彈藥極少，許多人僅帶三個備用彈匣以減輕重量。

瞄準鏡 Aimpoint sight
海豹部隊的 MP7 衝鋒槍與 HK416 步槍搭載了紅點瞄準鏡──T-1 微型準星（Aimpoint Micro T-1）──以提升準度。

> 「自 911 恐怖攻擊後，海豹部隊的任務範圍開始遠離水域」

各國特種部隊大全

美國三角洲部隊
美國陸軍的一級特殊任務單位，戰績包括逮捕伊拉克前總統海珊，以及擊斃蓋達組織領袖。

德國 GSG9
世上第一個反恐專責單位。其功績包括 1977 年突襲遭劫機的漢莎航空班機，救出 86 名人質。

澳洲 SASR
空降特勤團曾被派駐在索馬利亞、東帝汶、伊拉克和阿富汗等地以執行任務。

法國 GIGN
國家憲兵特勤隊是法國的反恐單位，以掃蕩血洗《查理週刊》（Charlie Hebdo）的恐怖分子聞名。

© Thinkstock; Getty; Illustration by Art Agency

英國 SAS

頭盔 Helmet
SAS 配戴克萊公司的
Airframe 戰術頭盔，其
上還搭配了多地形迷彩
外罩。頭盔附有栓座，
可加裝照明燈與相機。

ACOG 瞄準鏡
ACOG sight
英國特種部隊偏好萃極鋼
公司（Trijicon）的先進戰
鬥光學瞄準鏡（ACOG）；
ACOG 具有四倍放大功能。

L119A2 突擊步槍
L119A2 assault rifle
SAS 使用的這款加拿大
製突擊步槍，特點是有
許多栓座，可加裝照明
燈、前握把與瞄準鏡。

多地形迷彩
MultiCam camouflage
SAS 與 SBS 兩支部隊率
先採用克萊公司的多地
形迷彩，隨後英國陸軍
的其他單位也開始使用
多地形迷彩的修改版。

Glock 19 手槍
Glock 19 pistol
小型的 9 公釐 Glock 19
手槍取代了以往的 Sig
Sauer P226 手槍；海豹
部隊也接著跟進。

登山靴
Hiking boots
和海豹部隊相同，SAS
偏好市售登山靴，因為
比軍方發放的戰鬥靴來
得輕，且更耐磨。

防毒面具能有
效抵擋有毒氣
體與煙霧

堡中，SAS 與海豹六隊聯手突襲，讓所有人質毫髮無傷地重獲自由，還擊斃全數 13 名叛軍。

海豹六隊和 SAS 接受的大量訓練都是以敵方領導階級為目標的直接行動，例如在 2011 年突擊巴基斯坦的賓拉登基地；他們也接受隱蔽偵察、反恐等訓練。這兩個單位在自家國境內會輪值不同勤務，並擔任反恐應變部隊，隨時準備營救人質或阻止恐怖分子取得大規模毀滅性武器。

「一般」海豹部隊也可執行人質營救任務，但其所學的近身作戰進階技巧有限。海豹六隊與 SAS 也接受完善的臥底訓練，有能力獨立進行臥底行動，因此國家在檯面上可完全與之撇清關係。

身著便服的英國 SBS 特戰隊員；2001 年 11 月攝於阿富汗

海軍版 SAS ？
SBS 的組織與訓練方式都與較出名的陸軍 SAS 相似，但主要負責海上區域。不過，SBS 的命運和海豹部隊一樣，隨著特種部隊的需求增加，以往分派給 SAS 的任務，也愈來愈常由 SBS 執行。

事實上，SBS 的許多受訓內容與海豹部隊相同，也擅長反恐，包括奪回被恐怖分子占領的郵輪或鑽油平台。目前陸地任務仍以 SAS 為主力，但在 SAS 鎖定伊拉克的期間，則由 SBS 負責阿富汗境內的特殊任務。

SAS 和 SBS 兩支部隊長久以來對彼此懷有嫌隙，起因可追溯到二戰時期。911 事件後，SBS 又「多分了一杯羹」，成為國家反恐應變部隊的一員；而應變部隊由 SAS 主導，自此兩支部隊間的敵意又更加深化。

義大利 NOCS
安全作戰中央大隊最著名的事蹟是從恐怖組織「紅旅」手中救回一名被綁架的美國將軍。

英國 SRR
特種偵察團是英國新成立的一支特種部隊。2005 年成軍，負責敵對區域內的偵察任務。

加拿大 JTF-2
第二聯合特遣部隊是一級特殊行動單位，目前駐紮在伊拉克以執行反伊斯蘭國的任務。

俄羅斯阿爾法小組
阿爾法小組隸屬俄羅斯聯邦安全局。在 2002 年的莫斯科劇院人質事件中一戰成名。

武器與科技

特種部隊使用最新科技來打擊恐怖分子與叛軍

特種部隊始於 1940 年代，自此之後，各支部隊便不斷地改良裝備，以因應身上肩負的特殊任務。現今的特種部隊不須遵照一般的政府採購流程，所以一有需求便可立即採購，也可將經費自由投入研發。

特種部隊所使用的科技中，有三大領域出現最驚人的進展：監視、防彈及誘敵裝置。各部隊運用各種地面或空中無人載具以進行目標偵察，也採用最新的奈米科技，即便在昏暗環境中也能提供即時串流影像。

鎖定敵方位置後，真正用來攻擊恐怖分子巢穴的科技也多有改良，例如防彈衣不但愈做愈輕巧、防彈係數也愈來愈高，頭盔甚至還能擋住 AK47 步槍的子彈。為取得關鍵的幾秒鐘來突破目標地點，特戰隊員使用萊茵金屬公司（Rheinmetall）製造的 MK13 等最新一代閃光彈，使敵人迷失方向並感到短暫地暈眩。

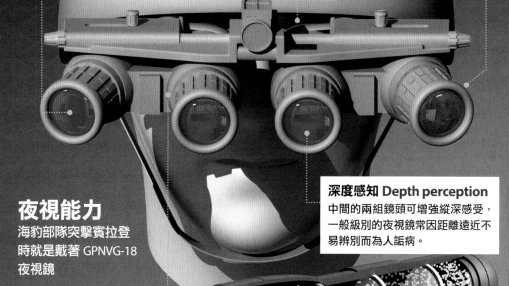

電池 Batteries
夜視鏡由電池供電，電池裝在頭盔背面，以平衡頭盔的重量。

四合一 Four into one
四組影像增強器會在穿戴者眼前拼接出一幅合成影像。

頭盔架 Helmet mount
GPNVG-18 裝在頭盔正前方的上翻式架桿上。

雙倍視野 Double vision
GPNVG-18 提供廣達 97 度的視野；SAS 使用的 AN/PVS-21 只有 40 度。

深度感知 Depth perception
中間的兩組鏡頭可增強縱深感受，一般級別的夜視鏡常因距離遠近不易辨別而為人詬病。

夜視能力
海豹部隊突擊賓拉登時就是戴著 GPNVG-18 夜視鏡

防彈頭盔主體 Armoured body
主體抗鏽蝕，禁得起雨淋、泥汙與敲擊。

手持觀測器 Handheld viewer
其鏡頭可拆下供單獨使用。

微型無人飛行載具

黑蜂無人機（Black Hornet UAV）是近來研發微型無人飛行載具的成功案例之一。這架迷你直升機全長只有十公分，搭載了一台動態攝影機，可將影像即時傳至特戰隊員的手持觀測器內。

黑蜂無人機目前於澳洲、英國、挪威以及美國等國的海陸特種部隊服役；最新一代還能在昏暗環境或夜間進行偵察，在阿富汗的特殊行動中也多有建樹。

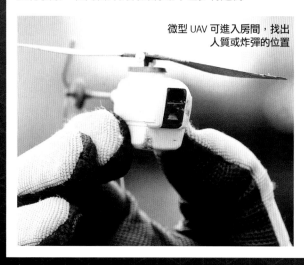

微型 UAV 可進入房間，找出人質或炸彈的位置

投入房間的閃光彈在特戰隊員攻堅之前引爆

閃光彈

SAS 於 1970 年代設計了閃光彈，但 1977 年時才由 GSG9 率先採用。閃光彈（flashbang）的名稱源於此非致命性手榴彈的兩大功能：引燃鎂粉，釋放讓敵人短暫失明四至五秒的閃光（flash）；引燃後會造成砰聲（bang）巨響（可達 175 分貝）。

最新的閃光彈會多次引爆、施放鎮暴氣體與多次釋放閃光。而舊版閃光彈會釋放高熱，其造成的火災意外就包含 1980 年的倫敦伊朗大使館脅持事件。

無人地面載具

最早的無人地面載具（簡稱 UGV）就是拆彈機器人，但過不了多久，人們就發現這種機器人也能勝任監視和偵察的任務。現今的 UGV 可提供串流影像（包括熱能與夜視影像），還有指向性麥克風可監聽恐怖分子的對話內容。最新一代的裝置還可上下樓梯，甚至連手榴彈都炸不爛、子彈也射不壞。

遙控 UGV 搭載低亮度攝影機（如圖所示）

特種部隊與特殊任務

人少、火力少、離家遠——特種部隊專門負責這種任務

海豹六隊隊員魚貫地從 CH-47 直升機下來

八度融合行動 2012 年 1 月

2012 年 1 月，海豹六隊進行了史上最大膽的人質救援行動。當時美國非政府組織人員潔西卡‧布坎南（Jessica Buchanan）與一名丹麥同事正於索馬利亞進行地雷識別訓練，結果卻遭海盜綁架。海盜拒絕了 150 萬美元的贖金，加上布坎南的健康狀況惡化，因此政府決定進行救援任務。海豹六隊於夜間跳傘，空降在索馬利亞鄉間的空投區。頭戴夜視鏡的海豹六隊害怕被發現後會錯失突襲先機，因此在空降後便行軍兩公里至海盜營地。破曉之前，海豹部隊便發起突襲，以閃光彈震暈敵人，將九名海盜全數殲滅，安全地救回兩名人質。

維京任務小組的美國陸軍綠扁帽部隊在 2003 年時與庫德族自由鬥士並肩作戰

維京戰鎚行動 2003 年 3 月

入侵伊拉克時期，伊拉克北部聚集了約 700 名伊斯蘭虔信者組織的恐怖分子，其中一名首領即是蓋達組織未來的領袖穆薩布‧扎卡維。當時摧毀其巢穴的任務是由第三與第十特種兵團的綠扁帽部隊負責。恐怖分子的營地先被巡弋飛彈轟炸；接著庫德族自由鬥士在綠扁帽部隊的支援下，從地面發動攻擊。這場與恐怖分子間的戰鬥持續了數天，期間 22 名庫德族戰士喪生，但綠扁帽部隊無人陣亡。夜間任務則有 AC-130 攻擊機從空中支援；伊斯蘭虔信者組織有 300 多人喪生、營地淪陷，且繳獲許多毒藥與生化服。

寧祿行動 1980 年 4 月

1980 年 4 月 30 日，六名伊拉克恐怖分子攻占位於倫敦的伊朗大使館。恐怖分子脅持 26 名人質，包括一名警察和幾名英國廣播公司（簡稱 BBC）的員工。當一名人質遭到殺害後，應變行動的指揮權一度轉移給英國陸軍的 SAS。其實脅持事件一發生後，SAS 就已進入待命狀態，以防其專業訓練與設備突然須派上用場。

　　SAS 的軍刀中隊進行了標準的攻堅行動：由屋頂繩降到定位，以框形炸藥炸開大使館的防彈窗，其他隊伍則從地面攻堅。突擊行動僅進行 17 分鐘，恐怖分子除一人外皆被擊斃；倖存的 19 名人質也毫髮無傷地獲救。

參與寧祿行動的 SAS 隊員準備引爆框形炸藥

你知道嗎？
雖然電視上常見，但現實生活中其實鮮少使用肉眼可發現的雷射瞄準鏡

上圖：美國陸軍遊騎兵頭戴夜視鏡，身旁跟著戰鬥攻擊犬；2012 年攝於阿富汗

左圖：澳洲突擊隊員與神學士組織進行猛烈槍戰；2011 年攝於阿富汗

最後的王牌

特種部隊如何解決恐怖分子挾持人質的危機

從巴黎的巴塔克蘭（Bataclan）劇場和莫斯科劇院等恐攻或挾持事件可知，不論是要攻堅恐怖分子的據點，還是要殲滅敵人、拯救人質，各個都是十分艱鉅的任務。

特種部隊無疑是解決人質挾持危機的最後王牌。進行談判或狙擊手的精準一擊，不但有可能讓危機順利落幕，還可避免攻堅建物時所帶來的危險。

不過，恐怖分子現在愈來愈常利用自殺炸彈背心或無差別射擊來造成大規模傷亡。若針對上述情況，可因應的措施並不多，其中之一就是由特種部隊即時介入。

人質營救必備戰術與技巧

特種部隊反恐小組如何營救政府大樓中的人質？

偵察 Reconnaissance
進攻期間會不斷進行偵察，包括使用偵察犬、伸縮桿加掛照相機、UGV 或是微型 UAV。

你知道嗎？
戰鬥攻擊犬有可能是德國牧羊犬或比利時瑪利諾犬。攻擊犬經特殊訓練，身穿防彈衣，並配戴低亮度攝影機

攻擊！ Attack!
各小隊會從不同的切入點進攻，讓恐怖分子感到混亂且應付不及。

近身作戰 Close quarter battle
有所節制地開火，以半自動「雙連擊」為主。遇到恐怖分子時會持續射擊，直到對方完全不具威脅性才會停止。

科技輔助監視 Technical surveillance
監聽器與熱像儀等監視科技可用來鎖定恐怖分子與人質的位置。

通訊 Communications
特戰隊員的防彈頭盔內建耳機，可放大低頻聲響，並減低開槍或爆炸時的音量。

「巴塔克蘭劇場恐攻事件中，有面衝鋒盾牌被 AK47 步槍掃射 20 多次」

狙擊手 Snipers
突擊行動由狙擊手掩護。狙擊手平日接受的訓練是越過突擊隊上方開槍，或負責使用催淚瓦斯。

營救人質 Hostage recovery
人質會送到接應區進一步識別身分，並接受治療。特戰隊員同時會搜索整棟建物，看是否有炸藥。

即刻行動（IA）計畫 Immediate Action (IA) plan
恐怖分子的行為若顯現出敵意（如處決人質），就會啟用 IA 計畫，立即展開攻堅行動以搶救人命。

擾敵裝置 Distraction devices
所有擾敵裝置都是為了爭取關鍵的幾秒鐘：不管是 CS 催淚瓦斯、閃光震撼彈，甚至是閃爍式高強度探照燈都是如此。

攻堅手法 Method of entry
攻堅手法分為四大類：機械（如氣壓破壞剪）、槍彈（包括散彈槍）、熱能（切割工具）和爆破。

防彈衝鋒盾牌 Ballistic assault shields
衝鋒盾牌能夠防彈。巴塔克蘭劇場恐攻事件中，有一面衝鋒盾牌被 AK47 步槍掃射了 20 多次。

縝密行動（DA）計畫 Deliberate Action (DA) plan
如果採用 DA 計畫，特種部隊就有機會詳細規劃進攻時間與位置，好降低風險與傷亡。

左圖：反恐小組身穿黑色 Nomex 飛行服，頭戴防毒面具，手持 MP5 衝鋒槍

上圖：反恐部隊搭乘黑鷹直升機，已準備好隨時快速繩降至目標地點

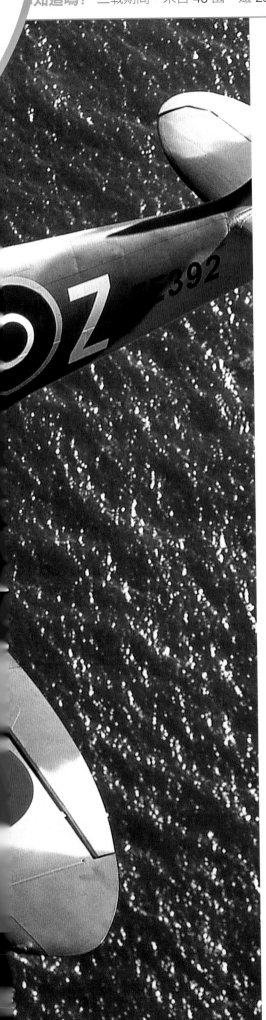

探究全球首支獨立空軍

英國皇家空軍演進史
EVOLUTION OF THE RAF

約一個世紀以來,在世上所有的重大戰事中——從不列顛戰役的英勇飛行員,到第一次波斯灣戰爭的迅捷奇襲——英國皇家空軍(簡稱 RAF)皆扮演了要角。該部隊的歷史幾乎與飛行史相當;RAF 持續走在航空科技的前端,適應了戰術上的巨大轉變,並不斷拓展人類在空中的極限。

源於一戰時期

於 1918 年正式成軍的 RAF 改革與簡化了當時混亂的體系,統合各自運作的英國皇家航空隊(原隸屬於陸軍)與英國皇家海軍航空隊(原歸屬於海軍)。這兩支航空隊各自為政,在飛機的設計、生產上難以協調合作,甚至無法制訂有效的國防戰略。

1917 年,英國「戰時內閣」的成員揚·史末資針對英國空軍機隊的編制與指揮,提出徹底的變革,打造出具獨自指揮架構的全新軍種。飛機改在單一預算下發包生產,以提高一致性與效能。新軍種亦可避免陸、海軍間的資源爭奪戰。

儘管經過重組,但對前線的飛行員而言,RAF 的成立並無太多立即性的影響。1918 年左右,在「無人區」的交戰國雙方飛行員發展出高效的偵察與攔截敵機方式。空中纏鬥已由 1914 年時的對陣,變為快節奏,甚至是特技連連的死亡交鋒。此時,航空攝影術已應用於偵察巡邏和引導砲擊;飛行員也常與地面部隊合作,展現陸空聯合作戰的破壞力。

RAF 成軍僅兩週後,德軍的空戰王牌終遭擊落。人稱「紅男爵」的曼弗雷德·馮·里希特霍芬在追擊 209 中隊的威弗立德·梅中尉時陣亡。一般認為,致命一擊應來自地面砲火,但該中隊仍採用下墜的紅鷹作為飾章,以紀念遭擊落的勁敵。

在一戰的倒數七個月裡,RAF 成為「西方戰線」最後幾場戰事的要角。1918 年 11 月停戰時,RAF 已是世上最重要的空中武力之一,各級人員逾 29 萬 3500 名,飛機約有 2 萬 2000 架。

「少數人」的風光年代

RAF 的戰力於兩次大戰之間(1919 至 1939

RAF 新購置的 F-35 閃電式匿蹤戰機成為 2018 年空中分列式慶祝活動的一大亮點

年）大減——1922 年左右，服役的飛機僅約 40 架。儘管如此，在持續控管帝國疆域的同時，英國仍繼續發展新式科技與戰術。1925 年，在瓦濟里斯坦（Waziristan，巴基斯坦的一個地區），RAF 展開首次獨立作戰。重要的是，這亦是空軍首次的單獨轟炸行動，預示了殘酷新戰略的出現。

1936 年，RAF 重新編組成各別的司令部——戰機、轟炸機、海防和訓練——以求高效協調不同的任務需求，如防禦性的攔截，以及進攻性的轟炸任務。在未來的戰事中，該組織架構證明了自身的必要性。

同年的另一項重大發展為噴火式戰機於南安普敦機場進行首飛，展現出驚人的速度與靈活性，且隨即投入實戰測試。

與納粹德國的戰事雖始於 1939 年 9 月，但開戰不過數月，RAF 便首度發揮了重要影響力：1940 年 5 至 6 月，逾 30 萬的英、法士兵從敦克爾克（Dunkirk）撤退，期間 RAF 戰機司令部提供了至關重要的空中掩護。雖兵力處於下風，RAF 旗下的中隊成功阻止「納粹德國空軍」（Luftwaffe）在敦克爾克上空取得優勢，避免受困部隊可能遭遇的慘劇。當時的英國首相溫斯頓·邱吉爾對此大表讚揚，其後更如此問道：「難道不能說，文明本身是由數千名飛行員的戰技與奉獻所捍衛的嗎？」

數週後，納粹德國空軍展開日間突襲，不列顛戰役就此開始。颶風與噴火戰鬥機組成了戰機司令部旗下中隊的骨幹，迎戰德軍的轟炸機與護航機。8 月 13 日，納粹德國空軍開始攻擊機場，以期摧毀 RAF 的戰力。然而，廣大的支援網和預警雷達系統讓戰機司令部的飛機得以持續滯空作戰。另一關鍵則是 RAF 的續戰力優於對手，因敵機得保留橫越英吉利海峽的返航油料。

來自大英帝國和同盟國的眾多飛行員加入戰機司令部中隊，其貢獻同為 RAF 致勝的關鍵。不列顛戰役期間，戰功最彪炳的單位為 303 中隊，其飛行員大多是 1939 年時流亡海外的波蘭人。

在此中隊裡，戰功最高的王牌飛行員是捷克人約瑟夫·佛朗奇歇克（共擊落 17 架飛機）。拜戰機司令部的飛行員所賜——邱吉爾在其著名演說中稱他們為「少數人」——納粹德國空軍於 9 月下旬放棄日間空襲。

旋風式空襲

1942 年，針對納粹德國遍及全歐的毀滅性轟炸行動，亞瑟·哈里斯爵士表示「他們會自食惡果」。1939 至 1945 年間，轟炸機司令部在全歐執行逾 36 萬次任務，對軍

WAAF 人員在戰機司令部基地接受檢查

英國皇家空軍的歷史軌跡

1918年4月1日
RAF 正式成軍，成為世上首支專職的空軍，獨立於陸、海軍之外。

1918年4月1日
英國皇家海軍婦女服務隊與英國婦女陸軍輔助軍團合併為英國皇家女子空軍。

1918年5月19至20日
84 架 RAF 戰機成功擊退對英國展開轟炸襲擊的德軍，擊落七艘敵軍飛船。

1919年6月14至15日
RAF 飛行員約翰·阿爾科克與亞瑟·懷特·布朗完成首次橫跨大西洋的不著陸飛行。

1920年1月1日
推出學徒制的培訓計畫，旨在培養年輕的技術員、工程師與輔助職務人員。

英國皇家空軍制服

一個世紀以來，空軍人員的配備已從簡陋走向高科技

保暖大衣
Warm coat
當年沒有封閉式駕駛艙，飛行員得穿著厚羊毛或毛皮襯裡大衣，始能在高空保暖。

頭部裝備
Headgear
汽車駕駛裝備曾廣為飛行員所用。這種頭盔在抵擋高速碰撞時的用處不大，但在崎嶇地形降落時，還算堪用。

氧氣面罩 Oxygen mask
為了避免高空症，飛行員須戴好頭盔上的面罩，以獲得穩定的氧氣供應。

頭盔顯示器
Helmet display
現代的飛行頭盔可直接於飛行員的護目鏡上顯示目標和其他資訊，且可安裝具備熱成像或夜視的裝置。

厚靴 Thick boots
在海拔逾 4500 公尺的高空，氣溫可能會降至攝氏 -30 度。得穿上厚皮革製、毛皮襯裡的長靴來阻絕寒冷。

保暖飛行服
Thermal suit
二戰期間，轟炸機的機組員穿著特製的電熱式飛行服，以因應長時間的高空飛行。

呼吸器
Respirator
透過對頭盔下方、密封於領口處的面罩施壓，現代的呼吸器便可抵禦生物與化學武器。

防火服 Flame-resistant
這套飛行服以防火材料製成，且設計成具有浮力，以因應跳傘時落入水中。

抗 G 力飛行服 Anti-G
特殊設計的現代飛行服可讓血流與呼吸狀態趨於正常，以抵銷高速飛行時 G 力所帶來的影響。

支援少數的眾多人員

職務 1 地面人員
每架戰機皆有專屬的地面組員，負責各出動間的加油、維修和重新武裝，讓飛機能重新投入作戰。

職務 2 雷達操作員
海岸沿線的多座站點均配置人員，以組成英國的島鏈雷達網，作用如早期的預警系統，會通報敵機的來襲。

職務 3 工廠員工
被徵召的百萬女性讓英國的軍事工業得以運轉。工廠裝配線 24 小時生產飛機、坦克、彈藥、火砲和武器等。

職務 4 防空人員
逾 1790 挺輕、中型防空機槍隨時準備迎戰；布署了 4000 多個探照燈與 1400 顆防空氣球，以捍衛主要城市。

1925 年 3 月 9 至 5 月 1 日 首次獨立行動是前往巴基斯坦的瓦濟里斯坦地區，以實施轟炸突襲。	**1925 年 10 月 29 日** 英國皇家防空偵察隊成立，會從地面識別英國空域所有飛機的動態。	**1936 年 3 月 5 日** 超級馬林（Supermarine）公司生產的噴火式戰鬥機首航成功。	**1936 年 7 月 14 日** 轟炸機、戰機和海防司令部成立，劃分出空軍的主要分支部門。	**1939 年 6 月 28 日** WAAF 成立。	**1940 年 7 月 10 日** 不列顛戰役開始，納粹德國空軍試圖摧毀 RAF 的防線。

事設施、工廠、基礎建設發動進攻,最終則是城市。這些任務旨在摧毀德國的軍事工業,同時使平民流離失所並打擊士氣。

在上述的襲擊行動中,每次有多達1000架的轟炸機出戰,以重挫敵軍的空防與戰機。一波波的戰機(多為蘭卡斯特轟炸機)會由一或二架小型導航機——能標記目標,供其餘的飛機瞄準——負責帶領。

大戰期間,轟炸機司令部發展出更新、更致命的載彈量(payload),以對付不同目標。針對工業設施,會以燃燒彈與2000公斤的炸藥進行空襲;十噸的炸彈則用來攻擊強化過的潛艇掩體。

在轟炸機司令部的旋風式空襲下,數座德國城市受損甚重,平民的死亡人數估計約30萬至100萬人,且有更多人無家可歸。在二戰時的歐洲戰區,科隆、漢堡、德勒斯登和其他主要城市嚴重毀損。據目擊者回憶,燃燒彈掠過街道,將鄰近區域炸成了煉獄。然而,轟炸機的機組員並未全身而退,逾5萬5000人陣亡,轟炸機司令部的人員傷亡率達44%。

噴射機時代

隨著冷戰開始,英國和盟友繼續發展軍備,以因應受核武威脅的新戰爭時代。雖然早在二戰時,納粹德國便已布署世上首架噴射戰鬥機,但RAF並未落於人後,格羅斯特流星戰鬥機於1944年夏天升空。

1950年代左右,RAF機隊歷經了近年來最徹底的革新:老式的噴火與颶風戰鬥機漸遭淘汰,改由高速的攻擊型戰機取代,如吸血鬼戰鬥機、毒液戰鬥轟炸機、霍克獵手戰鬥機。這些戰機的最高時速逾1100公里,專為更快速的作戰情境而設計。

轟炸機司令部也配備了噴射式動力機種,且新型轟炸機具備1萬6000公尺以上的高空飛行能力。轟炸機司令部也負責執行英國的核武攻擊,新型的「V式」轟炸機(「火神」、「勝利者」和「勇士」)經常保持備戰狀態,以備不時之需。

雖未出現必要的核武攻擊,但福克蘭戰爭期間,火神轟炸機參與了RAF有史以來最遠的任務之一。「黑公鹿行動」(Operation Black Buck)是一系列由阿森松島(Ascension Island,位於中部大西洋)所發起的轟炸作戰,目標為遠達6100公里、

索普維斯駱駝戰鬥機是RAF在一戰所用的雙層機翼戰機,於1918年擊落了德軍的齊柏林飛船

英國皇家空軍 vs 納粹德國空軍
雙方皆配備了先進的機種

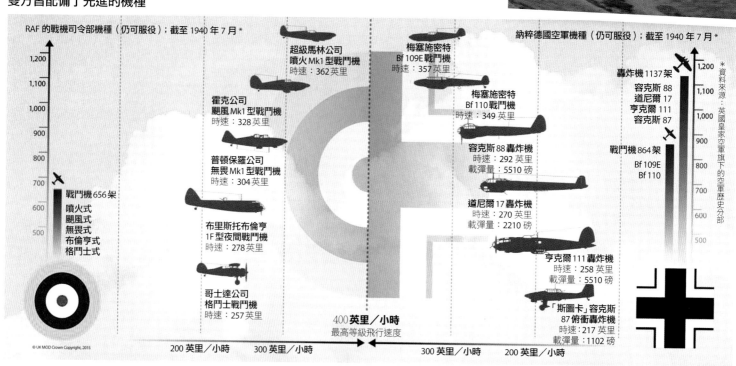

RAF的戰機司令部機種(仍可服役);截至1940年7月*

納粹德國空軍機種(仍可服役);截至1940年7月*

* 資料來源:英國皇家空軍旗下的空軍歷史分部

© UK MOD Crown Copyright, 2015

超級馬林公司
噴火Mk1型戰鬥機
時速:362英里

霍克公司
颶風Mk1型戰鬥機
時速:328英里

普頓保羅公司
無畏Mk1型戰鬥機
時速:304英里

布里斯托布倫亨
1F型夜間戰鬥機
時速:278英里

哥士達公司
格鬥士戰鬥機
時速:257英里

戰鬥機656架
噴火式
颶風式
無畏式
布倫亨式
格鬥士式

梅塞施密特
Bf 109E戰鬥機
時速:357英里

梅塞施密特
Bf 110戰鬥機
時速:349英里

容克斯88轟炸機
時速:292英里
載彈量:5510磅

道尼爾17轟炸機
時速:270英里
載彈量:2210磅

亨克爾111轟炸機
時速:258英里
載彈量:5510磅

「斯圖卡」容克斯
87俯衝轟炸機
時速:217英里
載彈量:1102磅

轟炸機1137架
容克斯88
道尼爾17
亨克爾111
容克斯87

戰鬥機864架
Bf 109E
Bf 110

400英里/小時
最高等級飛行速度

200英里/小時　300英里/小時　　　300英里/小時　200英里/小時

1940年9月15日
戰機司令部擊退德國史上最大規模的對英攻擊,擊落176架敵機。

1943年3月5日
英國首架噴射戰機——格羅斯特流星戰鬥機——成功首...

1943年5月16至17日
617中隊的蘭卡斯特轟炸機以特製的彈跳炸彈,成功摧毀兩座萊茵河河谷的水壩...

1944年3月30至31日
轟炸機司令部在一夜之間承受史上最慘重一役,於空襲紐倫堡時失去了95架飛機...

1945年10月31日
世上首款量產的塞考斯基R-4直升機於RAF的安德沃基地進行試飛...

1964年
英國皇家空軍的紅箭飛行表演隊成立...

著名的 RAF 飛行員

1 倫納德‧切希爾

617 中隊的指揮者，該單位參與了著名的魯爾水壩空襲戰，切希爾於 1944 年獲頒維多利亞十字勳章，成為授勳最多的轟炸機司令部飛行員。

2 阿多夫‧馬蘭

生於南非，在 1935 年加入 RAF，並於不列顛戰役時負責指揮 74 中隊。在該戰役中，他達成 27 次確認擊落的成就，後來更訂出自己的「空戰十大準則」。

3 威廉‧畢曉普

於 1915 年加入英國皇家飛行隊，在一戰時締造 72 勝的紀錄，亦獲頒維多利亞十字勳章。其後於二戰期間加入加拿大皇家空軍，任職中將。

4 瑪莉‧艾利斯

1939 年獲得飛行員執照後，便加入空運輔助隊，更成為首位噴火戰鬥機的女性飛行員。雖非 RAF 的正式成員，但在戰時載運了 1000 多架飛機。

5 維克托利亞‧烏爾班諾維茨

加入 RAF 前便是身經百戰的飛行員，1940 年時負責指揮多為波蘭人的 303 中隊，在戰爭中取得 15 場勝，並獲頒飛行十字勳章。

雷達 Radar
名為「島鏈雷達」的雷達網在英國海岸連成一氣，負責偵測、通報遠達 193 公里的敵機。

戰鬥機群 Fighter Groups
分為四個空域，由第 10 到 13 戰鬥機群負責。第 11 戰鬥機群的空域最大，負責抵擋德軍。

高射砲 Anti-aircraft artillery
戰鬥機群負責控制防區內的所有高射砲台與防空氣球，彼此協調合作，以有效對抗敵軍。

纏鬥戰術 Dogfight tactics
雙方飛行員皆以刺眼的陽光與雲朵來隱藏行蹤，並採取高空俯衝攻擊，令敵人措手不及。

不列顛戰役
1940 年，納粹德國空軍試圖摧毀 RAF，但英國以多項防禦措施因應

RAF 戰機司令部
- ◉ 指揮總部
- ⊕ 戰機群總部
- ● 分區指揮所
- ⊙ 戰機基地
- ☟ 低空雷達站
- ☟ 高空雷達站
- ● 被轟炸的城鎮

德軍基地
- ✚ 轟炸機基地
- ✛ 戰機基地

自挪威、丹麥來襲的德軍
第 3 航空艦隊

高空雷達偵測範圍

低空雷達偵測範圍

道丁系統 Dowding system
來襲的敵機數量與位置會通報給戰機司令部，以引導相應的戰鬥機群派員飛至該空域。

格拉斯哥
新堡 ● 桑德蘭
貝爾法斯特
米德斯堡
第 13 戰鬥機群
赫爾
利物浦 ● 曼徹斯特
● 雪菲爾
第 12 戰鬥機群
諾丁漢
伯明罕
考文垂
諾里奇
伊普斯威奇
斯旺西
卡地夫
第 11 戰鬥機群
倫敦
坎特伯里
布里斯托
南安普敦
加萊
艾克斯特
樸茨茅斯
普利茅斯
阿姆斯特
鹿特丹
安特衛普
根特
比利時
里爾
第 2 航空艦隊
亞眠
瑟堡
勒哈佛爾
巴黎
第 3 航空艦隊
法國
雷恩

1968 年 4 月 30 日
RAF 的轟炸機與戰機司令部合併為攻擊司令部（Strike Command）。

1969 年 4 月 1 日
首架垂直起降飛機——獵鷹式戰機——進入 RAF 服役。

1982 年 4 月 30 至 5 月 1 日
火神式噴射機飛至福克蘭群島，以進行最遠的轟炸行動。

1990 年
參與格蘭比行動——1990 至 1991 年波斯灣戰爭期間的英軍作戰行動。

2007 年
在阿富汗的行動中，首次使用 MQ-9A 掠食者無人機。

2018 年
617 中隊重新整編，配置了 F-35B 閃電式戰機。

可遙控的死神無人偵察機
於 2004 年進入 RAF 服役

地處福克蘭群島的史坦利港機場。接著由
九架可垂直起降的海獵鷹戰鬥攻擊機（當
時英軍的另一種代表性機種）持續攻擊。

百年的英國皇家空軍

這一世紀以來，RAF 逐步發展無人機系統，
並於 2004 年加入 MQ-9A「掠食者」無人
機計畫。雖然無人飛行載具（簡稱 UAV）
的概念已非新鮮事，但無人機科技的躍進
可令全球的空中武力邁入新紀元。掠食者
無人機可精確執行情蒐與攻擊任務，識別
與瞄準敵方陣營，且全由常身處數千英里
外的地面人員負責操控。下一代的無人機
系統──「掠食者空中守護者」──已然
締造歷史，於 2018 年 7 月飛抵 RAF 的費
爾福德基地，成為史上首架橫越大西洋的
中高空長程無人機（簡稱 MALE）。

　　對部分人士而言，這些無人機系統可
謂空戰的未來。但就目前而言，空軍的核
心仍屬飛行員駕駛的攻擊戰鬥機。2018
年，傳奇的 617 中隊──「水壩破壞者」
（Dambusters）──進行改編，並配置了
隊中首架的 F-35 閃電式戰機。這款戰機
反映了現代戰機的多重角色，具有匿蹤功
能、電子戰能力以及先進的航空電子設
備，幾乎可負責所有任務。英國艦隊航空
兵（Fleet Air Arm）也將布署可短場起降的
F-35 改良型戰機，搭配伊莉莎白女王級
（Queen Elizabeth class）的航空母艦使用。

　　在 RAF 成立的 100 週年，英國各地
亦以活動（包括最著名戰機的全國巡禮）
來歡慶此一里程碑。2018 年 7 月 10 日，
100 多架飛機參與了倫敦上空的壯觀分列
式表演，包括為了紀念不列顛戰役的歷史
性戰機（如噴火戰鬥機、蘭卡斯特轟炸
機），緊隨其後的則是現代戰機（如颱風
戰鬥機、F-35 戰鬥機）。RAF 的紅箭飛行
表演隊（Red Arrows）、契努克直升機
等的多種通用直升機亦參與其中。
這場軍機演示代表了近 100 年
來的軍事史，展現了 RAF
的最大成就，並體現其
格言：「穿越逆境，飛
向群星（Per ardua ad
astra）。」

噴火戰鬥機的
內部構造
這架 RAF 的指標性戰機是
二戰時最偉大的戰機之一

駕駛艙 Cockpit
圓頂狀空氣動力座艙罩讓噴火戰
鬥機易於被人辨認，但駕駛艙並
無加壓，飛行員無法飛得更高。

歐洲戰機公司的颱風戰鬥機
於 2006 年進入 RAF 服役，
目前仍持續活躍於數個中隊

倉促接獲起飛令的颶風戰鬥機飛行員
趕往所屬的戰機；攝於 1939 年 8 月

轟炸機司令部 106 中隊成員在蘭卡斯特轟炸機前合影；
攝於 1943 年 3 月

引擎 Engine
一組勞斯萊斯隼式（Rolls-Royce
Merlin）V-12 活塞引擎讓飛行員
得以達到 600 公里左右的時速。

燃料 Fuel
油槽可容納 386 公升的燃油，
航程可達 1826 公里，但有效
作戰的距離則短得多。

武裝 Armament
機翼上裝設了兩挺伊斯帕諾（Hispano）
20 公釐口徑火砲，以及四挺布朗寧
（Browning）7.7 公釐口徑機槍。

BRITAIN'S NEW "SPITFIRE"

With an even more powerful Rolls - Royce "Merlin" engine, the "Spitfire" enters the lists again, re-engined and re-armed. It is now armed with two cannon and four machine guns. The official speed of "Spitfire I" was over 366 m.p.h. at 18,500 feet. The rate of initial climb was 2,300 feet per minute. Points in "Spitfire" design are its all-metal construction, stressed metal covering, outwards retracting undercarriage. Fixed tail wheel, radiator under starboard wing, are other points. Wing-span is 36 feet 10 inches; height, 11 feet 5 inches. The Supermarine "Spitfire I" was evolved from the seaplane which won the Schneider Trophy, for the third successive time and outright in 1931. "Achtung Schpitfeuer" are still the last words many a Nazi airman will hear.

1 METAL-COVERED WINGS	13 METAL RIBS	24 SLIDING HOOD
2 CANNON	14 RADIATOR	25 UNDERCARRIAGE CONTROL HANDLE
3 THREE-BLADED CONSTANT-SPEED AIR SCREW	15 MACHINE GUNS	26 LONGERON
	16 AILERON	27 BATTERY BOX
4 TANK	17 LOWER FUEL TANK *Total Fuel Load*	28 PARACHUTE FLARE
5 ROLLS-ROYCE "MERLIN" ENGINE	18 UPPER FUEL TANK *— 85 Gallons*	29 METAL RIBS
6 EXHAUSTS	19 INSTRUMENT PANEL	30 DITTY BOX
7 OIL TANK	20 CONTROL LEVER	31 STRINGER
8 ENGINE BEARERS	21 FIRING TRIGGER	32 RADIO
9 CARBURETTOR AIR INTAKE	22 GUN SIGHT	33 AERIAL
10 SUPERCHARGER	23 MIRROR	34 FIN
11 FIREPROOF BULKHEAD		35 RUDDER
12 RETRACTED UNDERCARRIAGE (STARBOARD)	*LENGTH 29 ft. 11 in.*	36 ELEVATORS
	SPAN OF PLANES 36 ft. 10 in.	37 TAIL WHEEL

© Getty; Wiki

終極捍衛戰士
BECOME A TOP GUN
一探駕馭戰鬥機所需的飛行戰技和裝備

要成為戰鬥機飛行員，除須具備勇氣並全心投入外，也需充沛的精力。戰鬥機是世上最精密的軍事武器之一，要成功駕馭，並同時監控、操縱多種系統，飛行員須能將所受訓練、自身智慧及反覆琢磨的技術巧妙運用。飛行員的學習與成長永無止盡，且會屢屢將自己逼至極限──在體能或精神上皆如此。

美國海軍上尉約書亞・巴提斯（Joshua S Bettis）指出：「就算離開駕駛艙，還是得全心投入，擔任海軍的戰鬥機飛行員非常花時間。戰鬥機造價昂貴，且駕駛戰機十分危險，所以當飛行員沒有駕著戰機升空時，他就是在練習開飛機或充實專業知識。以維修保養與實際飛行的時數比來看，許多人員花了大把時間，就只為了讓

戰機能短暫升空飛行。訓練時若不小心失手，就算最後沒釀成不幸，飛行員還是會被扣分。永遠都有年輕人會奮不顧身地抓住每個機會，只為成為一名飛官。」

戰鬥機飛行員的訓練強度極高，且無時無刻都在進行。年經的飛官候選人首先須完成駕駛賽斯納 172 這類螺旋槳飛機的飛行測試。美國海軍戰機飛官還須經過基礎與進階飛行訓練，另外還要熟悉許多不同的機型，例如比奇飛機公司製造的傳統型 T-34C 教練機，以及麥道／波音公司的 T-45C 進階型雙座噴射教練機。

戰鬥機飛行員須接受長達三年的訓練才會被授予飛行胸章。受訓期間不僅得在教室待上無數小時，還要透過模擬器練習因應緊急狀況，並承受離心機的考驗；離

心機會劇烈地旋轉飛行員，以模擬他們在大部分戰鬥飛行時所承受的強大 G 力。

賈許・丹寧（Josh Denning）海軍少校解釋：「我們所受的訓練從基本的飛行技術，到空對地的軍需品補給，以及空對空戰鬥。我們也須練習在航空母艦降落，或進行空中加油。開戰鬥機相當困難，每次升空前都得花許多時間準備。一般來說，1.5 小時的飛行通常包括約兩小時的行前簡報、實際飛行的時間，以及一至數小時的事後匯報。」

海軍戰機飛行員常被耳提面命的是，任務成功與否取決於其表現。當飛行員能熟練地操控戰機，以高於 1600 公里的時速閃電投入戰鬥後，他們得在接到即時通知時便準備好行動。

飛行裝備

戰鬥機飛行員須仰賴專業裝備，才能安全地完成極度危險的飛行戰技

★☆☆☆☆

整裝是這份工作不可或缺的一環。戰鬥機飛行員的裝備通常會依任務進行調整，無論飛行員是在空中以超音速飛行並與敵方交戰；或在地面上躲避圍捕、奮戰求生。

巴提斯海軍上尉解釋：「飛行員會配戴頭盔和面罩，頭罩常附有無線電，飛行服則由 Nomex 耐熱纖維製成，此材質雖不防火，但高熱下會炭化而非熔化；此外，還會穿戴手套、鋼頭軍靴、抗 G 衣、安全背帶及救生背心。其他類型的裝備就視任務是日常訓練或實彈空戰而定。」

若飛機起火，飛行服能提供飛行員完善保護。巴提斯指出：「飛行服就像拉鍊式睡衣，上頭有幾個口袋，還蠻簡單的；抗 G 衣則是昂貴裝備，有條管子連接到駕駛艙的插孔。」猛力加速會讓飛行員承受極高 G 力，使血液直衝腦門或腳底。不論是哪種情形，都可能導致飛行員昏厥，所以穿加壓的抗 G 衣就是為了對抗 G 力。

天寒時飛行員會穿有橡膠內襯的保溫衣，效果如潛水衣，萬一彈出飛機並落水時可絕緣保暖。手套以與飛行服材質相似的 Nomex 材料製成，既耐高溫又能保暖。

丹寧海軍少校表示：「背心加掛的各式裝備以求生為主，以防得彈出飛機逃生。」求生背心配有手持 GPS 以定位，還有防水火柴、套筒燈、迷彩漆及止血帶等。

新世代頭盔

何種尖端科技讓 F-35 戰機的第三代頭盔成為飛行員的終極搭檔？

本期飛行員主打星

約書亞‧巴提斯上尉，美國海軍

巴提斯上尉於 2006 年時畢業於美國海軍軍官學校，並選定為見習海軍飛行員。2009 年獲頒飛行胸章後，便分發至加州勒莫爾的 VFA-125 中隊，駕駛 F/A-18C 大黃蜂戰鬥機（F/A-18C Hornet fighter）。巴提斯於 2011 年時調至土木工程大隊，目前則於華盛頓特區的海軍設施工程司令部服役。

賈許‧丹寧少校，美國海軍預備役

賈許‧丹寧少校於 2007 年時由預備軍官學校進入美國海軍服役。2009 年獲頒飛行胸章後，分別派駐過佛羅里達州、德州和加州的海軍航空站，負責駕駛 F/A-18E 與 F/A-18F 大黃蜂戰鬥機。丹寧目前為警官，同時也是第七艦隊的預備補給官。

飛行員的配備都是以安全為出發點而精心設計

靜音飛行 Quiet flight
降低噪音功能可將干擾降到最低，讓飛行員能專心駕馭 F-35 戰機。

夜視 Night vision
整合式數位夜視科技讓飛行員在夜間飛行時，能夠對周遭環境保持絕佳的敏感度。

攝影機 Camera
錄像記錄能監控飛行員出任務時的表現，還能辨別何時適合進行機會教育。

死角 Blind spots
頭戴式顯示器提供寬廣、無遮蔽的視野，讓飛行員能清楚看見四周。

面罩 Visor
F-35 戰機飛行員的頭盔面罩造價高達 40 萬美元，其功能相當於抬頭顯示器，可連接到置於機體外的六台高解析度相機。

輕量化 Lightweight
F-35 戰機的頭盔殼體以碳石墨製成，這能讓頭盔重量減至僅 2.3 公斤重。

飛行服大腿部位的透明口袋通常用來裝飛行計畫與地圖

極致吻合 Precise fit
用瞳孔計測量飛行員的眼距，另加上十數種量測工具，好算出頭盔最合適的比例，以免飛行員暈機。

一體成型的抗 G 衣 G-suit integration
管線會客製化安裝，並與抗 G 衣合為一體，好讓飛行員能活動自如。

駕駛艙實況

戰機飛行員負責監控與操縱許多
開關、控制器與按鈕

不管是飛行前、飛行中、飛行後的任何任務階段，戰機飛行員須時時關照周遭；而整架戰機的指揮中心就是駕駛艙。若沒受過飛行員訓練，複雜的控制面板可會讓人應接不暇，但對經驗豐富的專業飛行員來說，操控飛機根本已是習慣成自然，這都要歸功於多年的訓練。

巴提斯上尉表示：「長期訓練下來，飛行員已培養出掃視駕駛艙的習慣，會取適當時間輪流監控各儀器，掃視程序則取決於當下的任務。此外，飛行員會花大量時間閱讀，因為須瞭解戰機上每項裝置應如何正確使用，及其限制為何。」

現代戰鬥機的設計初衷是為因應各種任務，例如奪取制空權或鎖定地面目標。丹寧少校表示：「駕駛艙的一切都盡量精簡，以利飛行員操縱系統，且飛行員雙手絕不會離開控制器。學開飛機前，我們須花大量時間熟悉駕駛艙，學習系統操作與各系統在艙內的控制器位置。」

飛行員得非常熟練才行，因為很可能在轉瞬間就決定了自己是獵人或是獵物。巴提斯表示：「訓練內容要視飛行員須學習的儀器裝置難度而定；在教室裡，要學習複雜的儀器功能與理論，然後要與資深飛官教練一同進模擬器實作。接著就會登上戰機，透過飛行戰技與戰術演練來實地

掌控全局
戰機飛行員一定要熟悉駕駛艙的配置，
以及每組控制面板的功能

座艙罩視野
Canopy view
抬頭顯示器的顯示螢幕讓飛行員直視前方就可獲取重要資訊。

即時影像
Real-time images
感測器會傳輸即時影像，以供飛行員監控四周。

空速表
Airspeed indicator
透過空速表，飛行員可知道當下的飛行速度。

干擾箔條／熱焰彈控制面板
Chaff/flare control panel
飛行員可利用電子反制措施來干擾敵方的雷達訊號，並閃避來襲的飛彈。

油門桿 Throttle
油門桿用來啟動或停止引擎運轉，上頭還有一些控制鈕，以便手動操作通訊與其他系統。

電源控制板 Electrical panel
飛行員可決定戰機要由發電機或電池驅動。萬一引擎故障，緊急供電裝置還能支撐一小時的用電量。

測試控制板
Test panel
測試面板上有許多開關與按鈕，可用來測試電路、燈號、機上電腦、警示系統，以及其他多種量測儀器。

燃油指示計
Fuel indicator
燃油指示計會顯示剩餘燃料量，飛行員可據此評估可飛行的時間與距離。

引擎控制器
Engine controls
引擎控制器用來操控噴射機燃料啟動系統，以及電腦化引擎功能。

操作儀器，通常以『示範－實作』形式進行，就是教練先示範如何正確操作，學員再演練。」

眾多的旋鈕、按鈕、開關掌管了至少 20 組系統，每個都對戰機的性能展現至關重要，甚至決定了飛行員能否生存下去。除了控制引擎，另有系統負責燃料、環境與溫度、電子系統、飛行操控、流體力學、降落裝置、自動駕駛、燈控、通訊、導航、敵我識別系統（簡稱 IFF）、武器及雷達等。

巴提斯上尉解釋：「隨著飛行員年資越深、駕駛戰機的費用越趨昂貴，學習曲線也就越陡峭。在基礎飛行訓練階段，學員須有 20 次以上的飛行歷練，才能單獨駕馭 T-34C。相反地，剛結訓合格的飛行員在第三或第四次升空後，就得要能單獨駕馭大黃蜂戰機。模擬器是極棒的工具，除了可訓練飛行員，也能在低風險環境下評量飛行員的表現。透過模擬器，飛官教練可營造出緊急狀況，這在現實環境中不太可能辦到，還能同時調整天氣等參數，替模擬飛行中的飛行員增添一些挑戰。」

戰鬥機的加速很快，可在瞬間產生極高的 G 力

要能熟練操縱戰鬥機駕駛艙的各項控制器需長年的訓練

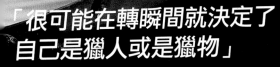
「很可能在轉瞬間就決定了自己是獵人或是獵物」

F-35B 戰機經特殊設計，可在短距離內升空

有了抬頭顯示器，一切搞定

為了將資訊投射到飛行員的正前方，戰鬥機的抬頭顯示器整合了三種基礎元件：投影裝置、顯示螢幕，以及產生影像的電腦。透過這樣的設計，飛行員在飛行時雙眼就不用轉向他處，這可將向下看或不看前方而導致的注意力分散機率降至最低。如此一來，飛行員要讀取資訊時，眼睛就不須重新對焦。一般抬頭顯示器所提供的資訊包括空速、高度、視平線、全球定位系統，以及導航與空戰相關資訊（包含攻擊角度、可用武器數量、目標距離，以及是否已鎖定敵機）。

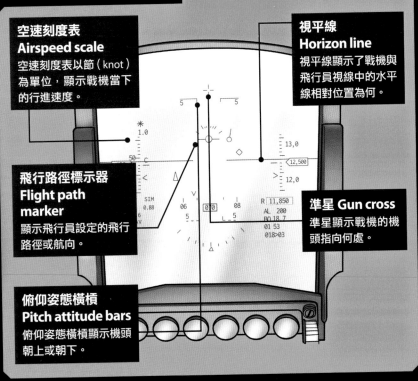

空速刻度表 Airspeed scale
空速刻度表以節（knot）為單位，顯示戰機當下的行進速度。

視平線 Horizon line
視平線顯示了戰機與飛行員視線中的水平線相對位置為何。

飛行路徑標示器 Flight path marker
顯示飛行員設定的飛行路徑或航向。

準星 Gun cross
準星顯示戰機的機頭指向何處。

核武啟用開關 Nuclear consent switch
若戰機搭載了核武器，開啟開關後，戰機就可將核武器上膛發射。

俯仰姿態橫槓 Pitch attitude bars
俯仰姿態橫槓顯示機頭朝上或朝下。

F-35B 戰機要經過多次試
飛才能分發到機隊服役

F-35 戰機從 2006 年至今的總
飛行時數約達 6 萬小時

F-35 戰機飛行員享有
360 度零死角的視野

飛行員能透過安全的專線
與地面的指揮官通訊

巨無霸加油機可在空
中替戰鬥機加油

兩架 F-35C 閃電 II 戰鬥機（圖
片前景）與兩架 F/A-18 超級
大黃蜂戰機編隊飛行

翱翔天際

能力越大，責任越重：要如何駕馭戰機才專業
★ ★ ★ ★ ★

應該沒有飛行員會否認，升空、翱翔天際和降落時所激發的腎上腺素實在令人振奮不已，但大家也清楚，伴隨而來的責任也是萬分沉重。巴提斯上尉警告：「在駕駛艙內，永遠都不能自滿，飛行員再厲害，一個差錯就可能無法挽回。」

戰機的設計首重速度與靈活性，駕駛戰機時，其實飛行員感覺較像與機身一體，而不是在機身內被駕駛艙所包覆。前美國空軍 F-16 戰機飛官大衛·克萊（David Collette）表示：「其實真正的感覺就像把自己與飛機緊綁在一起。戰機就是飛行員

F-22 猛禽戰機（F-22 Raptor）能以超音速巡航

的身體，而飛行員是戰機的大腦。」

不同於須靈活行動的戰機，客機設計注重的是穩定性，飛行最好能平順，以提供舒適的搭乘體驗。戰機可沒乘客，唯一在上頭的便是飛行員，所受的訓練就是以執行危險任務為目的。戰鬥機加速時就像賽車，而戰機的特性也會帶來不同的飛行體驗。就設計而言，戰機從未考慮要減少顛簸的程度。

丹寧少校解釋：「駕駛戰鬥機是這輩子最刺激的事了，飛行時可感到絕對的自由，特別是在駕駛大黃蜂這類高性能戰機的時候。G 力所帶來的感受就像是重量往下擠壓全身每吋肌膚。這有賴大量的練習，才能讓身體得以承受駕駛艙內的極大 G 力，並保持清醒好繼續完成任務。這樣的運動強度極高，在面對最挑戰體能的任務時，流汗量達到 2.3 公斤都算正常。」

力大無窮

急轉彎、大角度俯衝和緊急爬升對戰機飛行員來說稀鬆平常，但這些物理定律造成的後果也不容小覷。重力於加速、減速、轉向時所施加於人體的作用力即 G 力（單位以 g 表示）。站立不動時感受到的重力為 1g；飛行時承受的 G 力與戰機的速度變化成正比。一般活動（如搭雲霄飛車、開車時猛踩油門或煞車）至多可產生 3g。戰機因飛行速度極快，G 力可能高達 9g，使飛行員血液無法順暢流動，導致昏厥。當戰機做出不同動作時，飛行員亦面臨極大風險，因血液會集中到下肢、導致腦部缺氧。為抵消 G 力的影響，飛行員須穿抗 G 衣，抗 G 衣會持續提供空氣，作用如大型的血壓脈帶。

美國海軍陸戰隊的戰鬥機飛行員在出任務前穿戴抗 G 衣等裝備

空中戰鬥飛行
戰鬥機飛行員準確地執行機動飛行，以取得決定性的優勢

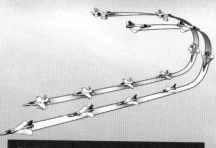
內迴旋 Turning in
飛行員若緊跟敵機機尾，欲尋找絕佳位置開火，就可透過內迴旋拉近距離。

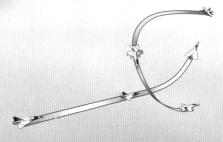
前導迴旋 Lead turn
藉由前導迴旋，追擊的戰機在與敵機交會前就開始迴旋，以拉近雙方距離。

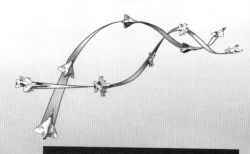
翻滾剪式 Rolling scissors
高速飛越後的後續動作：被追擊方會垂直拔起並桶滾，逼迫追擊方跟進。

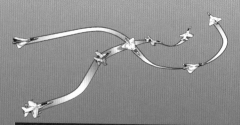
平剪式 Flat scissors
平剪式亦即兩架飛機水平交錯行進，不斷試圖要繞到對方後頭。

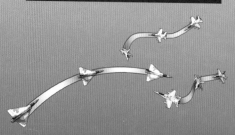
包夾 Bracket
兩架追擊機採取鉗形攻擊，迫使敵機選擇其中一架追擊機交戰。

擺鉤拖曳 Hook-and-drag
追擊機使出鉗形夾擊後，不管敵機迎向哪架追擊機，追擊方都有機可乘。

彈射逃生永遠是戰鬥機飛行員
的最後一項求生手段

安全第一
戰鬥機飛行員須隨時保持警戒
★☆☆☆★

警示燈亮起，眼前的景象、聲音、感測器皆提醒飛行員可能發生的災難。轉危為安是人的第二天性，飛行員因此本能地做出反應；演習至此結束。飛行模擬器盡了本分，飛行員也學會如何反應。巴提斯上尉表示：「模擬器累積了前人的豐富經驗，但實際進駕駛艙進行操練仍無法取代。」

安坐在駕駛艙的飛行員須隨時警戒，運用和機上系統相關所學，維護自身與飛機安全。開戰機極具風險，飛行員和造價數百萬的戰機得彼此配合，好全身而退。

丹寧少校表示：「駕馭大黃蜂這種戰機須全神貫注，並時時掌握周遭環境。飛行時若粗心、能力不足或疏忽，便可能致命。儘管戰機的系統會依不同緊急狀況發出警示，但專注力才是活命的關鍵。」

飛行員須有危險意識，並遵循表定程序才能活命。從穿戴必配裝備，到進行各種行前檢查，都是為了將起飛、完成任務和降落的風險降至最低。

「駕駛戰鬥機是這輩子最刺激的事了」
——丹寧少校

最後一搏
唯有在沒有其他選擇的情況下，飛行員才會從戰鬥機彈射逃生

4 脫離 Clearing
彈射後過了一秒，飛行員與身上的逃生裝備便會與座椅脫離。

3 加速 Acceleration
座椅會連同飛行員一起向上彈射至機體上空約 60 公尺處。由於力道猛烈，所以有 30% 的機率會造成脊椎斷裂，且死亡率也有 10%。

2 火箭噴射 Rockets fire
當座椅連上脫離導軌時，機上系統會切斷連結、啟用應急氧氣、降落傘亦準備完成，此時才點燃彈射火箭。

5 降落傘展開 Parachute deployment
降落傘會自動打開。有些型號有感測器，到 3000 公尺以下高度才張開，否則飛行員恐在降落時就吸光儲備氧氣。

1 啟動彈射程序 Activate ejection
飛行員拉扯彈射手把或防護面罩以啟動彈射程序，此時戰鬥機的座艙蓋便會脫離機體。

6 降落 Descent
飛行員做好準備，盡可能安全著陸。舉例來說，若降落在水面上，就可打開救生筏。

人類 vs 機器

將無人機用於軍事用途徹底改變了戰機飛行員的未來。有了幾乎無聲無息的精密無人機，飛行員就毋須冒生命危險，且無人機精準度高又致命。儘管如此，空戰可能永遠都會有真人參與其中。

丹寧少校堅稱：「可以想見，未來暫時還是會看到真人駕駛戰鬥機投入戰場；無人機大多用於情報蒐集與偵察，頂多有能力肩負一些空對地的任務，但戰鬥機的應用範圍卻是無遠弗屆。」

工程師或許哪天可成功研發出不需要飛行員駕駛的戰機，但到了那時，仍會出現新型態的飛行專家在陸上的偏遠區域操控著無人機，並負責監看和等待，以及鎖定目標與發射飛彈。

MQ-9 死神（MQ-9 Reaper）無人機可透過遠端遙控以執行任務

如何培訓

戰機飛行員

HOW TO BE A FIGHTER PILOT

為了對抗重力，英國皇家空軍的戰機飛行員可得做好充足的準備

英國皇家空軍（簡稱 RAF）的飛行員得通過嚴格訓練，才能獲頒飛行徽章。儘管已接受多年的戰技培訓，戰機飛行員仍得克服重力這一大關卡。本刊造訪了 RAF 旗下、位於林肯郡的克蘭韋爾基地，一睹人體離心機（human centrifuge）

如何協助飛行員為未來的軍事任務做好準備。

何謂 G 力？

多虧了重力，人類才能穩穩地站在地表。在地球上，物質粒子皆受地球的引力所主宰。在海平面所承受

的重力為 1G，即每平方秒 9.8 公尺，相當於人的體重。當物體加、減速時，作用於其上的 G 力亦不同，分為正 G 力或負 G 力。加速度越大，正 G 力就越強。同理，噴射機在空中轉向時，加速度邊增，飛行員便得承受更強的 G 力。若飛行員在飛行中承受了正 3G 的重力，施加於身上的力就相當於自身體重的 3 倍。減速時亦然：物體的減速度越高，負 G 力越高。對噴射機飛行員而言，以上情況會在進行翻滾或半外筋斗（bunt，即自旋加上半圈外筋斗）時發生。正是這些問題促成了人體離心機等精密訓練機器的發明，讓飛行員得以在實際飛行前逐步提升抗 G 力的能耐。

除舊布新

2019 年，英國關閉了使用已久、位於法恩伯勒市的人體離心機設施。自 1955 年以來，該設備便讓飛行員得以體驗不同的重力、為日後的飛行做好準備。但隨著光陰流逝，上述設施已屆退役之齡，且不再符合北大西洋公約組織（簡稱 NATO）的標準。然而，造價約 5700 萬美元、位於克蘭韋爾基地的全新訓練設施與人體離心機則為飛行員提供了前所未有的模擬體驗機會。

傳統上，以人體離心機進行高 G 力環境的訓練時，學員會進入固定式吊艙並繫好安全帶，接著吊艙開始旋轉，以達到與戰機飛行時相仿的 G 力。然而，在克蘭韋爾基地，39 噸重的人體離心機則是讓飛行員置身於虛擬駕駛艙，旋轉訓練會在能 180 度翻轉的吊艙內進行。數位模擬螢幕取代了機窗，提供類似飛行模擬器的數位飛行訓練模式，更令人身歷其境。馬達驅動的機械臂抓住高科技吊艙，透過極快的加速度來複製 G 力的變化程度。G 力的高低並不全由控制室來決定，而是有三種可互換的戰機駕駛艙能供飛行員擇一使用，以練習駕駛和改變 G 力大小。為了能實際駕機，人體離心機內的飛行員得在 15 秒中，承受 9G 的重力。對有經驗且想改駕駛較高速戰機（如龍捲風或颱風戰機）的飛行員來說，在數日的訓練後，便能逐步達成上述目標。人體離心機不僅可檢測未來飛行員的身體負荷力，更能測試日後將安裝於駕駛艙內的設備，讓工程人員得以評估裝置（如無線電）如何在 9G 的重力下發揮作用。

感受重力

重力飆高對人體有害。G 力的變化不僅會影響施加於身體外部的壓力，對體內的運作亦然。如無機具輔助，人體的血液會被拉往地球的方向、匯集於飛行員的腳部。突如其來的血流變化會令大腦缺氧、飛行員失去意識。重力引起的意識喪失（簡稱 G-LOC）又稱「灰視」（greyout），

> 「人體離心機內的飛行員得在 15 秒中，承受 9G 的重力」

G 力的影響
人體離心機內的極端重力變化會令身體出現哪些狀況？

意識喪失 正 G 力

紅視 負 G 力

臉部拉伸 Stretched face
強大的正 G 力令臉皮開始朝重力的作用方向拉伸。

頭部 Head
頭部充血會導致臉部脹紅，令注意力衰退。

紅眼 Red eyes
隨著血液到達頭部，眼睛會因此充血，導致視線模糊。在更極端的負 G 力環境下，血管可能會破裂。

頸部與背部 Neck and back
脊椎會承受絕大部分的正 G 力，為最能感受 G 力的身體部位。

血液匯集 Pooling blood
血液會匯流至最低的人體部位（腳部）。

腿部虛弱 Weak legs
隨著減速度增加，血液會快速流至頭部，造成下肢機能減弱。

史上第一部人體離心機

以前的人體離心機和現代版的用途截然不同。最早於 19 世紀初問世，原為醫療所用：病患被安置在加長型旋轉臂上，並以繩索與滑輪系統控制，藉此「治療」神經失調。人體離心機與時俱進，首台現代化人體離心機的雛形之一便是由美國工程師哈瑞·喬治·阿姆斯壯與 J·W·海姆於 1935 年完成。1949 年，世上最大的人體離心機之一完工，重 180 噸，有隻 15 公尺長的機械臂。這台龐然大物於美國賓州約翰斯維爾打造完成，能產生 40G 的重力，曾用於訓練水星、雙子星和阿波羅計畫的太空人。

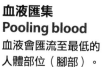

巨型人體離心機也曾用於訓練早期太空梭上的太空人

© Getty

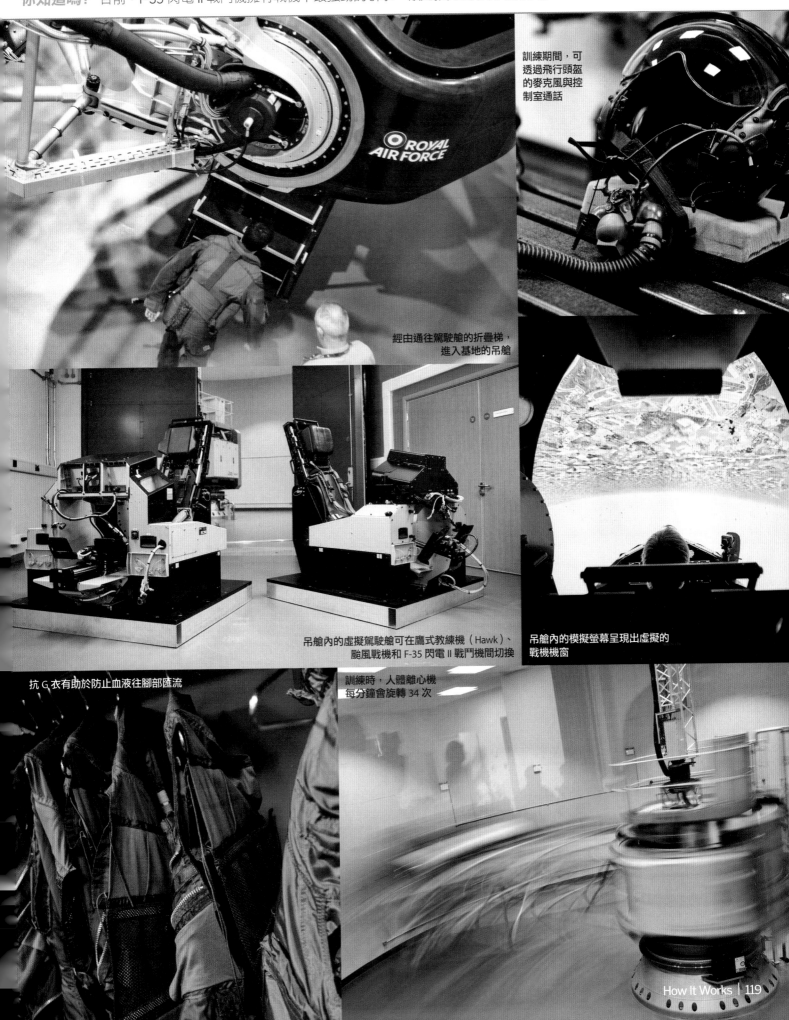

訓練期間，可透過飛行頭盔的麥克風與控制室通話

經由通往駕駛艙的折疊梯，進入基地的吊艙

吊艙內的虛擬駕駛艙可在鷹式教練機（Hawk）、颱風戰機和 F-35 閃電 II 戰鬥機間切換

吊艙內的模擬螢幕呈現出虛擬的戰機機窗

抗 G 衣有助於防止血液往腳部匯流

訓練時，人體離心機每分鐘會旋轉 34 次

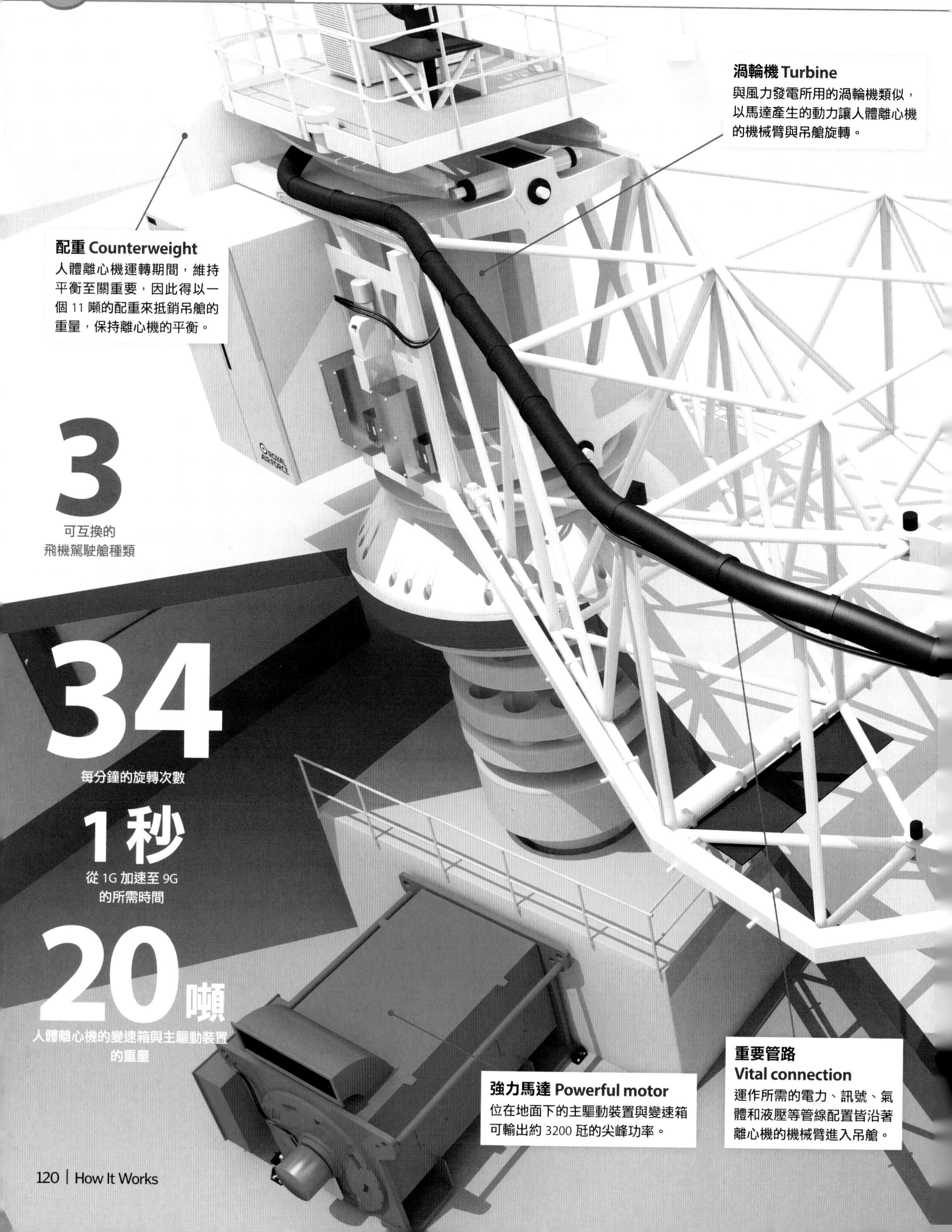

渦輪機 Turbine
與風力發電所用的渦輪機類似，以馬達產生的動力讓人體離心機的機械臂與吊艙旋轉。

配重 Counterweight
人體離心機運轉期間，維持平衡至關重要，因此得以一個 11 噸的配重來抵銷吊艙的重量，保持離心機的平衡。

3
可互換的
飛機駕駛艙種類

34
每分鐘的旋轉次數

1秒
從 1G 加速至 9G
的所需時間

20噸
人體離心機的變速箱與主驅動裝置
的重量

強力馬達 Powerful motor
位在地面下的主驅動裝置與變速箱可輸出約 3200 瓩的尖峰功率。

**重要管路
Vital connection**
運作所需的電力、訊號、氣體和液壓等管線配置皆沿著離心機的機械臂進入吊艙。

鋼臂 Steel arm
7.5 公尺長的鋁鋼合金機械臂能固定住吊艙。機械臂的長度會影響所產生的 G 力高低。

旋轉式吊艙 Rotating gondola
為訓練進行時的學員乘坐之處。吊艙也能沿垂直方向做 180 度旋轉。

高 G 力產生器

一窺 RAF 旗下全新的人體離心機

三種駕駛艙 Three cockpits
吊艙可在鷹式教練機、颱風戰機和 F-35 閃電 II 戰鬥機的駕駛艙間互換，以模擬這三種 RAF 戰機的操作環境。

預置模擬 Preprogrammed simulation
駕駛艙的寬螢幕顯示器提供逼真的戰機駕駛體驗。

G 力感應器 G-sensors
飛行員座位上設置了數個感應器，可在旋轉時監測駕駛艙內的 G 力。

25 年
人體離心機的預期壽命

4000+
主驅動裝置與變速箱可供輸的馬力

© Illustration by Adrian Mann

掌控全局
三個獨立的工作站負責監控人體離心機的運轉與虛擬體驗，以確保飛行員的安全

工程站 Engineering station
由一名工程師負責監控機器每次的運轉狀況。安全規程也由此處執行，包括人體離心機室的出入管理、確保旋轉開始前門皆會鎖上。現場的攝影機也能提供人體離心機外部的即時影像，以監控機具的運轉狀態。

醫療站 Medical station
進行旋轉訓練期間，RAF 的醫務官皆會在場進行監控，並掌握人體離心機的情況。吊艙內部的數台攝影機會對準飛行員的頭部，並向此站回傳即時影像，讓醫務官得以監測每位飛行員在訓練時的健康狀況。若飛行員感到痛苦，或開始出現 G-LOC，醫務官便可改變施加於飛行員上的 G 力或終止訓練。

模擬站 Simulation station
負責控制飛行員在受訓時所體驗的虛擬飛行情境。飛行員在此站可進行模擬飛行，讓他們單純體驗 G 力或自行操控飛行，獲得更身歷其境的體驗。模擬方案如下：飛行員可單獨飛行，或跟隨一台數位重建的戰機，同時經歷不同強度的 G 力。學員可視訓練情形，選擇不同的 G 力設定，定出最大值後，接著便能在訓練中逐步增強 G 力。

即飛行員在空中轉向、翻滾時所面臨的一大麻煩，恐引發致命事故。反之，自由落體時，則會承受負 G 力：血液衝到頭部，導致「紅視」（redout）。而這正是人體離心機發揮功效之處，讓學員在安全、受控的環境中體驗不同強度的 G 力，藉此習得對抗 G-LOC 所需的技能與經驗。以人體離心機進行訓練期間，學員若出現 G-LOC 或需要醫療協助時，控制室可執行緊急停止程序，令人體離心機的速度很快降至 1G。依照人體離心機的運作設計，吊艙會精準地停在醫務室門外，以利迅速救出傷員。雖然學員並未受到永久性傷害，但高 G 力會導致身上出現小瘀傷，即「瘀點」（petechia）──身體各處（尤其是手臂）的微血管因高 G 力而破裂，又稱「G 力麻疹」（geasles）。

「飛行員可透過多種方式來抵抗 G-LOC 」

飛行員可透過多種方式來抵抗 G-LOC，包括呼吸與繃緊（straining）技巧。然而，為了能在安全無虞下達到駕駛戰機時的 G 力，飛行員會穿上充作全身式血壓壓脈帶的飛行服。在模擬訓練與真實飛行時，抗 G 衣可讓飛行員承受多達數 G 的重力。卡其色的飛行服布滿了管路網，可分為夾克、長褲與襪子。訓練期間，管路會以單一出口與吊艙的進氣管道相接；當飛行員感到 G 力漸增時，抗 G 衣便會充氣，藉此加壓飛行員的身體，防止血液過度匯集。

抗 G 力的繃緊技巧
抗 G 衣雖可大幅降低飛行員出現 G-LOC 的風險，但亦能以其他數種技巧來防止自身失去意識。若採行抗 G 力繃緊動作（簡稱 AGSM），飛行員便得不斷繃緊全部的骨骼肌（包括腿、手臂、腹部等肌肉）。此舉有助於留住頭與胸部的血流。在這套動作中，飛行員得在 G 力強度增加時，調整呼吸模式：飛行員先吸氣，再急邊吐氣，並於二至三秒的間隔重複該動作，以關閉喉中稱為聲門（glottis）的部位。如此一來，胸膛內的壓力便會增加，血液則能流向腦部。

透過 AGSM，飛行員可防範發生 G-LOC 的可能性

控制室會不斷監控人體離心機中的學員受訓情況

G 力大小等的飛行數據會由吊艙傳至控制室

受訓期間，會發給飛行員個人的抗 G 衣

Q&A 專訪納森·舍耶爾 飛行中尉

2009年，舍耶爾加入了 RAF，2017年結業後便派駐前線，擔任龍捲風戰機的現役飛行員。他曾親身體驗過飛行時的巨大離心力，目前正在接受訓練，以進階為颱風戰機的飛行員

與法恩伯勒的退役訓練設施相比，克蘭韋爾基地的新人體離心機感覺如何？

克蘭韋爾基地的設施好多了，無庸置疑。學員能掌控情況，面前還有模擬畫面，得以自行決定初始速度、手動介入操作，調整承受的 G 力大小。這代表你不僅是名乘客，還握有更多掌控權。如此一來，耐 G 力訓練自然就沒這麼難熬。

控制室會視個人能力，限制可拉高的 G 力，比如上限是 4.5 至 5G，便可在這個容許範圍內任意提高 G 力。身體不適時，只要向後靠，機器便會減速。向右翻滾、向左翻滾、向上爬升、向下俯衝，或隨意飛行時，機器都會讓人感受相應的 G 力，這會令人更身歷其境，不像以前只能被綁在裡面動彈不得，等著 G 力增加。

您會怎麼形容重力達到 9G 時的感受？

這真是重量方面的問題。在 9G 下，體重就是原來的 9 倍，不只是身體某部位覺得重，而是全身上下都感受到重壓。因此，要呼吸和保持清醒顯然很難，因頭部的血液會逐漸流失。另外，為了抵抗作用於身體頂端的高 G 力，手臂和腿便得外推且繃緊，因此也會感到不適。

在 G 力如此高的情況下，該怎麼繼續飛行？

這台人體離心機的優點就在這裡。我們能在此受訓，學到正確呼吸與繃緊肌群的技能。這樣一來，等到要在高重力環境下實際駕駛颱風戰機時，才能在做足心理準備下，順利執勤，好比瞄準目標，或是更自在地駕馭飛機；飛行員幾乎已養成了下意識的反應，這樣就不用太擔心自身的生理狀況。

要接受強度多高的人體離心機訓練，才能進階到駕駛颱風戰機？

我有一次最高做到 7.5G，還有一次則是 9G，所以再過幾天這裡就結訓了。我會先上地面訓練課程，然後做一些模擬訓練，好著手熟悉颱風戰機的操作，這會花上數週。完成後的幾個月內，便可正式飛行了。

對未來的飛行員有什麼建議？

關鍵其實就在於繃緊肌肉。抗 G 衣的幫助很大，所提供的防護得以抵擋數 G 的重力，但開始拉高飛行桿時，千萬要繃緊腿、腹的肌肉，以抵抗重力。

駕馭二戰教練機
FLYING A WWII PLANE

1940 年夏天，德國空軍正準備對英格蘭南部發動猛烈空襲。如果成功，英國便門戶洞開，無法阻擋納粹德國以閃電戰攻擊英倫諸島。幸好，英勇的英國皇家空軍（簡稱 RAF）飛行員駕駛著噴火戰鬥機（Spitfire）和颶風戰鬥機（Hurricane），打下了德國梅塞施密特戰機（Messerschmitt），阻止了德軍入侵英國的「海獅行動」（Operation Sea Lion）。那麼，英國飛行員是如何訓練出精湛的空戰技巧？讓我們前往西薩塞克斯郡的古德塢飛行學校，在不列顛空戰的數十年後來趟飛行課程。

在一個晴空萬里的日子，我們即將從英格蘭南岸飛越 1200 公尺的高度，以 1940 年代的方式學習飛翔。這天使用的飛機既不是噴火也不是颶風戰鬥機，而是二戰時 RAF 的正式教練機「哈佛 T-6」（由加拿大諾地恩飛機公司所製造）。在真正飛行之前，我們先和負責指導的飛行員麥特·希爾（Matt Hill）見面。

希爾先為我們進行一堂飛行速成課，並告訴我們：「哈佛是用來進行進階訓練、射擊練習與儀器飛行的飛機。由於是教練機而非戰鬥機，所以速度與動力都不如噴火和颶風戰鬥機。」在這次飛行中，我們不再只是乘客，而會實際操縱飛行。

起飛前，我們先來認識這架飛機的歷史。哈佛是 RAF 戰鬥飛行員的第二階段訓練用機。在這之前，新手飛行員使用的是「虎蛾」（Tiger Moth）雙翼機，透過四個半小時的訓練來磨練飛行技巧，然後才晉階到馬力較強的哈佛。希爾解釋：「哈佛有液壓系統、煞車閘、一個尾輪，還有襟翼，這些是虎蛾所沒有的。飛過『野馬戰 ▶

相關數據

哈佛 T-6／北美 T-6 德州佬式教練機（North American T-6 Texan）

長度：8.5 公尺

翼展：12.8 公尺

座位：前後座

馬力：450 千瓦

發動機：美國普惠 R-1340 黃蜂發動機（Pratt & Whitney R-1340 Wasp）

螺旋槳：美國漢勝公司（Hamilton Standard）12D40 雙葉螺旋槳

最高速度：時速 338 公里

在 1941 年美國德州的蘭道夫空軍基地（Randolph Field），一整隊的 T-6 正準備進行演練

你知道嗎？ 雖然噴火戰鬥機非常知名，但在不列顛空戰中，英國霍克公司的颶風戰鬥機擊落的德國戰機總數較多

不列顛空戰中 RAF戰鬥員榮譽榜

姓名	駕駛機型	擊落敵機數
艾瑞克·洛克（Eric Lock）少尉	噴火戰鬥機	21
阿奇·麥凱勒（Archie McKellar）上尉	颶風戰鬥機	19
詹姆士·萊西（James Lacey）中士	颶風戰鬥機	18
約瑟夫·佛朗奇歇克（Josef Frantisek）中士	颶風戰鬥機	17
魏托特·烏本諾維茲（Witold Urbanowicz）中尉	噴火戰鬥機	15

古德塢飛行學校的飛行員向本刊特約編輯講解飛行要領

全副武裝準備出發

鬥機』（Mustang，美國的二戰戰鬥機）的人說兩者非常像。」有 30 國曾以哈佛作為一部分的空軍用機（包括台灣）。

　　仔細觀察這架漂亮的哈佛飛機，會發現它幾乎和 1940 年代的一模一樣。事實上，唯一的不同只有表層的新漆。哈佛最初於 1938 年生產，試飛成功後受到英國青睞，訂購了超過 300 架作為訓練用途。這架原版飛行機還保持完整且良好的功能，離退休淘汰還遠得很，且雙駕駛艙也與戰時的一模一樣。介紹到此，跑道已準備好，於是穿上「捍衛戰士」風格的飛行服，不一會兒我們便要翱翔於空中了。

　　這段飛行為時 40 分鐘。首先，我們在機場上空繞一圈，親睹鄰近小城查切斯特（Chichester）與博格諾里吉斯（Bognor Regis）的懾人美景。不過，實在沒時間只顧著欣賞風景，因為馬上就要輪到我們擔任駕駛。為了更換駕駛，希爾先維持穩定的飛行速度，並讓機身保持水平。經過輕微的調動之後，飛機就由我們控制了。哈佛是透過一根中央操縱桿來控制，方法是把桿子推向你想飛行的方向。桿子相當靈敏，不管向哪邊輕輕推動，飛行的方向就會大幅改變。

　　短暫的獨立操縱後，我們把控制權交還給希爾，接著他就要進行刺激的特技。先是翻一圈觔斗，讓我們體驗相當於三倍重力的力量。然後是桶滾，再接著幾個扭轉與俯衝，也造成同樣的重力效果。

　　離開古德塢時，我們不禁讚佩起那些勇敢的 RAF 飛行員，在與厲害的德國空軍戰鬥的同時，竟還能做出這些特技動作。想想那可是數十年前的事，就令人覺得不可思議。RAF 能於不列顛空戰中獲勝並阻擋德軍入侵，哈佛教練機無疑是技巧訓練的大功臣，扮演著關鍵角色之一。✿

若想親自嘗試駕駛第二次世界大戰的飛機，請參考網站資訊 www.goodwood.co.uk/aviation。

哈佛飛機的現代近親

美國賽斯納公司 172S 天鷹戰鬥機是新的教練機

當天我們也有機會實際測試另一架飛機：美國賽斯納公司 172S 天鷹戰鬥機（Skyhawk），這是用來訓練新手飛行員的機型之一。不過，與哈佛最接近的則是瑞士製的皮拉塔斯（Pilatus）PC-21——用來訓練現代的戰機飛行員，是學習駕駛噴射戰鬥機的理想入門機種。它適用於新手與進階訓練，採用時速可達 685 公里的渦輪螺槳引擎。

徹底解析哈佛教練機
帶你來認識 T-6 的主要特色

巡航速率
Cruising speed
哈佛在理想高度 2440 公尺時，巡航速率為時速 230 公里，最高速度則再快一些。

駕駛艙 Cockpits
哈佛有兩個駕駛艙，一個給指導員，另一個給學員乘坐。兩者有很相似的儀表板，並可隨時切換為學員獨自操控的模式。

前螺旋槳讓整架飛機看起來意氣風發

1012 英國皇家空軍犧牲者 **1918** 德國空軍犧牲者 **2927** 同盟國飛行員人數

601 架颶風戰鬥機被擊落 **357** 架噴火戰鬥機被擊落

你知道嗎? 有幾部戰爭片用哈佛飛機來扮演日本的三菱零式戰機,如 1987 年的《太陽帝國》(Empire of the Sun)

出任務 In action
在戰爭時,T-6 也可作為 FAC(前進空中管制官),以巡邏當地的方式支援前線部隊。

操縱 Control
使用中央桿來操縱;在地面時則是鬆開尾輪的離合器,並利用差動煞車來轉彎。

武裝 Armament
雖然哈佛只作為教練機使用,但機翼上可安裝輕型機槍,甚至炸彈架。

飛行高度 Altitude
哈佛的飛行高度可達 7376 公尺,超過這個高度,機上的儀表與機械就有故障之虞。

航程 Range
油箱加滿、條件良好時,最遠可飛行 1175 公里。

液壓系統 Hydraulic system
只要一個按鈕便可啟動,讓駕駛得以使用飛機的起落架和襟翼。

登上虎蛾雙翼機

擔任初級教練機的虎蛾

虎蛾飛行起來的感覺與哈佛非常不同。由於它是雙翼機,飛行高度與速度都要低很多。在駕駛困難度較高的哈佛之前,虎蛾十分適合新手飛行員來學習操控方式。虎蛾雙翼機的操縱比多數飛機來得不靈活,飛行起來其實頗費工夫。這項特質受到 RAF 的歡迎,因為可藉此挑選出有天賦的飛行員。虎蛾是「半特技飛行機」,依然可進行翻觔斗與桶滾,也因此成為 RAF 理想的新手教練機。

© Eric Dunnigan www.airlic.ca / Harvards; Corbis

探索
鷹◎式
教練機
ON BOARD THE HAWK

**具備雙重控制系統的噴射式教練機有助於
訓練新一代飛行員的戰鬥技巧**

對飛行學員而言，首次坐進噴射機
駕駛艙肯定令人畏懼。花了數年
學習理論物理學與基礎飛行知識
後，下一階段便是坐上現役的「鷹式教練
機」（Hawk），首次真正飛上天際。

自 1970 年代以來，鷹式教練機便在
英國皇家空軍（簡稱 RAF）扮演訓練要
角。原由霍克·西德利航空有限公司（今
日的英國航太系統）在 1971 年所設計、
打造，並於 1974 年完成首飛，鷹式教練
機擁有更敏捷的飛行能力，取代了另一款
重量、尺寸相仿的機種：蚋式教練／戰鬥
機（Folland Gnat）。後者僅有單座駕駛艙
——經驗不足的飛行員只能單獨飛行——
於 1979 年由專門的鷹式 T1 教練機所取代。

鷹式教練機特別適合訓練新一代 RAF
飛行員的原因在於雙重控制系統。一前一
後的雙座駕駛艙可讓飛行教官坐在學員後
方，於必要時介入操作。為了進行基礎教
學，鷹式教練機自引入空軍以來，駕駛艙
的配置並未多做改變。透過刻度盤、儀表
和玻璃艙頂，飛行員便得以確定方向與駕
駛飛機。不過，英國航太系統旗下的新機
型——鷹式 T2 教練機——已裝設多功能
數位顯示器。

為了銜接高速噴射機種，鷹式教練機
旨在達到 0.88 馬赫的飛行速度、1.15 馬赫
的俯衝速度。馬赫數即噴射機飛行速度與
音速（1 馬赫等於 1 倍音速）的比值，由
此可知鷹式教練機具備跨音速（transonic）
的能力，得以為飛行員駕馭 F-35 閃電 II 式
戰機（F-35 Lightning II）等超音速機種預
作準備。

雖主要用於訓練，但鷹式教練機亦可
執行偵察、監視任務。目前已有約 1000
架鷹式教練機銷往全球 18 國。

特技飛行表演

鷹式教練機雖在訓練上貢獻卓著，但最廣為人知的則是在紅箭飛行表演隊中的編隊飛行。1979年，甫加入的鷹式T1教練機搖身變為紅色機身，並在一年後的同步飛行表演中首度亮相。但能否秀出違反重力的特技，得視天候而定。如欲展現翻筋斗絕技，雲底高度得逾 1700 公尺，飛機才不致鑽入雲中消失不見。若低於上述數字，則只能演出空中分列等動作。

ROYAL AIR FORCE

© Getty

RAF 旗下的鷹式 T1 教練機漆成了顯眼的黑色，以減少事故發生

紅箭表演飛行隊
的飛機構造
鷹式T1 教練機何以能進行紅箭飛行表演隊的例行演出？

11.96 公尺
鷹式 T1 教練機的機身全長

3.6 噸
鷹式 T1 教練機的總重

1000 公里／小時
鷹式 T1 教練機的極速

彈射座椅 Ejection seat
每架飛機皆裝設了馬丁-貝克的 Mk.10 火箭輔助彈射座椅，可於緊急狀況時使用。

雙重控制 Dual control
雙座式駕駛艙分為兩層，飛行教官坐在較高的後座，以便監督飛行學員。

武器 Weaponry
鷹式 T1 教練機配備了一挺 30 公釐口徑的亞丁轉輪式機砲。

機身結構 Airframe
鷹式教練機的輕量機身堅固耐用、強度又高，能承受表演時施加於機身的 G 力。

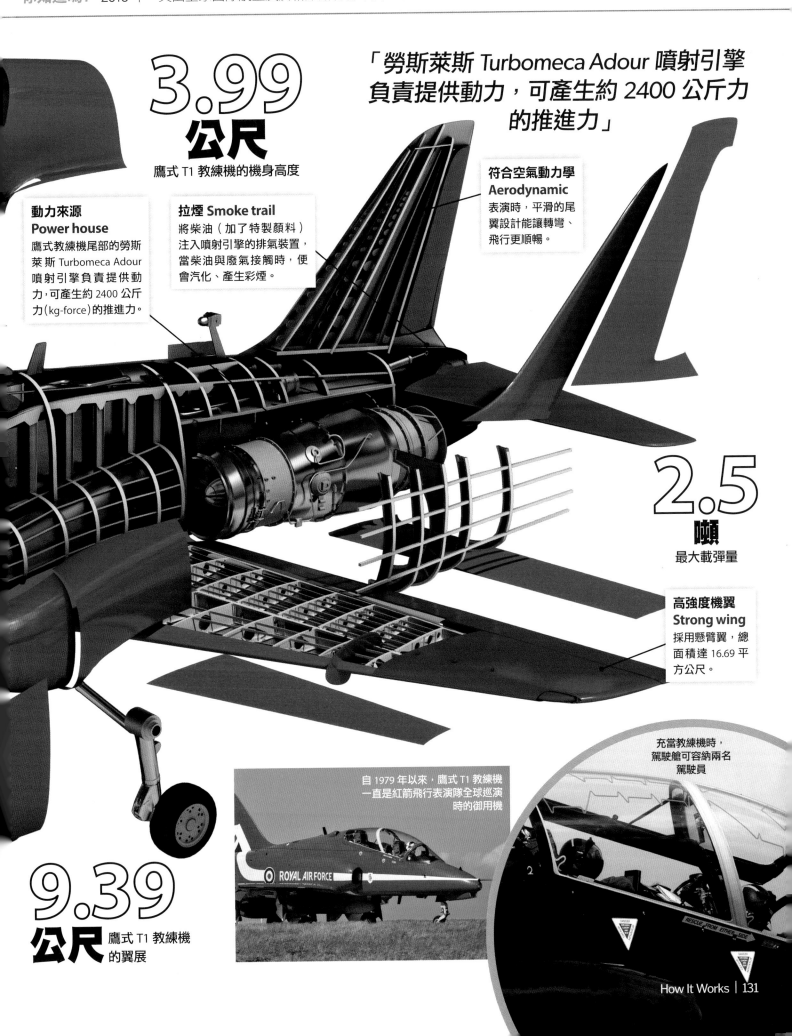

3.99 公尺

鷹式 T1 教練機的機身高度

「勞斯萊斯 Turbomeca Adour 噴射引擎負責提供動力，可產生約 2400 公斤力的推進力」

動力來源
Power house
鷹式教練機尾部的勞斯萊斯 Turbomeca Adour 噴射引擎負責提供動力，可產生約 2400 公斤力（kg-force）的推進力。

拉煙 Smoke trail
將柴油（加了特製顏料）注入噴射引擎的排氣裝置，當柴油與廢氣接觸時，便會汽化、產生彩煙。

符合空氣動力學
Aerodynamic
表演時，平滑的尾翼設計能讓轉彎、飛行更順暢。

2.5 噸

最大載彈量

高強度機翼
Strong wing
採用懸臂翼，總面積達 16.69 平方公尺。

9.39 公尺

鷹式 T1 教練機的翼展

自 1979 年以來，鷹式 T1 教練機一直是紅箭飛行表演隊全球巡演時的御用機

ROYAL AIR FORCE

充當教練機時，駕駛艙可容納兩名駕駛員

特技飛行隊

AEROBATIC DISPLAYS

神乎其技的空中特技，需要同樣神奇的
高科技裝備在幕後支援

只要看過紅箭或是藍天使的飛行表演，任何人都必須承認他們是世上最頂尖的飛行員之一。他們高速表演各種玩命特技、承受讓腦袋變成 20 公斤重鉛錘的巨大 G 力，而且不只要控制自己的飛機，還要與隊友完美配合，可說是把人類體能和飛機效能都逼到了極限。

藍天使是美國海軍的特技飛行中隊，紅箭則是英國皇家空軍特技飛行隊；兩支隊伍的緣起都有一段故事。二戰結束後，美國海軍作戰部長切斯特·尼米茲上將（Admiral Chester Nimitz），為了維持公眾對海軍飛行戰力的重視，避免國防預算被轉移到陸軍，因此想出了成立飛行表演隊的點子。數十年來，藍天使採用的戰機從早期的 F6 地獄貓（Hellcat），到 F4 幽靈戰機（Phantom），還有 A4 天鷹攻擊機（Skyhawk）；最後才在 1986 年，決定以波音 F/A-18 大黃蜂（Hornet）作為特技飛行機，並沿用至今。藍天使飛行隊定期在每年 3 至 11 月間，巡迴全美各地演出。

紅箭飛行隊的名稱則是從其前身——紅鵜鶘和黑箭——的隊名中各取一字。最早的紅箭飛行隊在 1964 年成軍，目的是讓特技飛行員可專注於表演操練。第一批紅箭飛行員使用蚋式戰機（Gnat），過去黃夾克飛行隊（Yellowjacks）也是採用同型飛機。初期紅箭由七架戰機組成，直到 1968 年才擴編為九架，以便演出現今成為招牌的「鑽石九人」隊形。1979 年，英國航太系統公司以皇家空軍高速教練機為基礎改裝而成的鷹式戰機（Hawk）獲得紅箭採用，取代蚋式戰機。時至今日，紅箭已表演超過 5000 場次。✿

玩命飛行

飛行表演中的炫目特技，來自精準的操控技巧與合作默契

紅箭和藍天使飛行隊每年固定翻新表演內容，演出時間約 20 到 30 分鐘。通常他們準備三套表演，依天候狀況決定演出哪一套。如果天氣晴朗，雲層高度超過 1372 公尺，他們進行「全套」（或稱「高空」）表演，演出完整的高空翻滾動作。因為晴空萬里下，即使飛機飛至最高點，依然清晰可見。

如果雲層較低，空中多雲，可能會改為「翻滾」（或稱「低空」）表演。而若是天氣特別差，雲層低於 762 公尺，就只能進行「平面」表演，也就是高速飛越、高速轉彎這些飛行動作，因為能見度不佳，觀眾只看得清楚這些表演。

前面五架紅箭飛機（紅一號到

紅五號）是整體隊形的前端，綽號「伊妮」（Enid）。其他四架飛機（紅六號到紅九號）則是隊形的尾端，綽號「吉普」（Gypo）。紅六號和紅七號是「同步組」，在節目後半段演出彼此相反的動作。藍天使中也有類似安排，由藍五號和藍六號負責。

藍天使五號機飛行員馬克·提德羅（Mark Tedrow）談到了他認為難度最高的飛行動作：「那個動作叫『顛倒隱藏翻轉』，我

必須躲在藍六號後面，讓觀眾以為只有一架飛機。通常我們是正面表演，有時則會增加難度，顛倒過來飛行。」

分毫不差的精準度是特技飛行員的基本要求，只有不斷練習才能讓紅箭的九架飛機如一個整體般運作。紅二號駕駛員麥克·鮑登（Mike Bowden）透露了其中祕訣：「所有動作都有最佳位置，要達到這個最佳位置，必須以領頭飛機進行三角定位，」他解釋，「我們使用兩個參考點來判斷自己的位置，並確保飛機不會靠得過近，在小小空間內聚集九架飛機，至少要保持 1.8 公尺的安全距離。」

替天空上色

藍天使和紅箭都利用煙霧來增加視覺效果，讓民眾可輕易看出每架飛機的行進軌跡。紅箭的招牌特色是採用白、紅、藍三色煙霧；藍天使則堅持只用白色煙霧。

在噴射引擎的排氣管加入少量柴油，就能製造蒸氣尾跡。柴油接觸到排氣管的高溫，立即蒸發，形成清楚可見的白色煙霧。紅箭飛行員則是透過控制桿上的開關，在煙霧中加入紅色或藍色染料，來改變煙霧的顏色。

雖然煙霧可增加演出效果，但這些蒸氣尾跡其實還有更重要的功能，也就是協助飛行員判讀風速和風向，讓小組領隊（Team Leader）和同步領隊（Synchro Leader）即使相隔很遠的距離，仍能看清彼此位置。就這方面來看，煙霧扮演了確保飛行安全的要角。

紅箭飛行員可以在 30 分鐘的表演中，釋放長達七分鐘的煙霧

「前五架紅箭飛機（紅一號到紅五號）是整體隊形的前端，綽號『伊妮』」

飛行表演項目

紅箭的表演內容包括下列精彩隊形

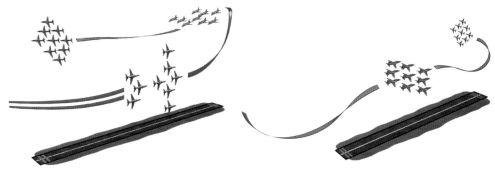

噴火大迴旋

為紀念不列顛戰役 75 周年，紅箭飛行隊在 2015 年時演出模擬噴火式戰機（Spitfire）外形的隊形排列。

大車輪

大車輪是紅箭 2015 年度的新表演項目，九架飛機一體翻轉，緊接著一個「黑鳥迴旋」（Blackbird loop）。

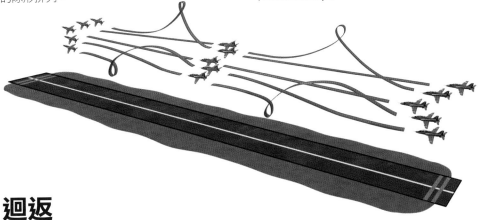

迴返

紅二號脫離鑽石九人隊形，在紅四號旁邊做出一個 360 度大翻滾，然後靠攏到紅四號外側；在此同時，紅三號則是在紅五號旁邊進行相同動作。此動作的困難之處在於翻轉過程中仍要維持隊形緊密，同時須抓準速度和時間，讓每一個動作都能同步呈現。

天女散花

九架飛機直接飛向觀眾，再突然轉向，朝各個方向散開；飛行員會承受高達 7G 的力道，但這是技術上最簡單的動作之一。

鏡迴

紅箭在 2015 年讓這個表演項目復出，由紅六號做出顛倒橫滾飛行，承受 2.5 個負 G 力，同時七、八和九號機保持編隊飛行。

特技動作解析

讓人目瞪口呆的飛行特技到底要如何達成？

藍天使的表演中，沒有一個動作是簡單的，但有些看似困難的動作其實反而最容易。最好的例子就是「高速空中交錯」，以技術而言，這要比「翻滾入列」簡單多了；後者看似優雅，卻需要高超技術才能做得毫無瑕疵。

藍天使隊員
平均年齡

33 歲

2015 年演出

68 場

胖阿爾伯特

每一場飛行表演都需要龐大的後勤支援。藍天使飛行隊的備用零件和工作人員都是搭乘一架 C-130 隨隊支援。綽號「胖阿爾伯特」的力士型運輸機（Hercules）最大航程為 3862 公里，可裝載 2 萬 412 公斤的貨物。

每小時耗用燃料

4542 公升

雙背離 Double Farvel
這個動作由前四架藍天使負責。四架飛機緊貼彼此，呈鑽石隊形，其中一號機和四號機上下顛倒。

刀鋒交錯 Knife Edge Pass
這個動作是由兩架飛機先朝向同一個定點高速飛行，然後突然改變位置，相會交錯而過。此表演可以在離地 15.24 公尺的高度進行。

高攻角慢飛 Section High Alpha Pass
這是藍天使所有表演中飛行速度最慢的動作。兩架飛機高抬機鼻，以每小時 193 公里的低速，採 45 度角飛越觀眾席前。

「『高速空中交錯』以技術而言，要比『翻滾入列』簡單多了」

每年觀眾人數
（約等於希臘人口）
1100
萬人

© US Navy

美國藍天使 VS 英國紅箭

藍天使：F/A-18 大黃蜂

F/A-18性能特徵全面詳解

「對藍天使來說，高效又可靠的通訊設備非常重要。」藍天使航電技師坎那・潘恩（Kyetta Penn）表示，「進行表演的時候，不只隊員間要彼此溝通，飛行員與地面的聯繫更是不可或缺，我們必須隨時掌握狀況，才能在問題發生時協助應變。」

GPS系統讓飛機得以精確定位，雷達則協助飛行員判讀周遭空域。「隊員們藉此瞭解是否有其他飛機在附近，是否能展開表演動作。」

極為嚴格，但仍然有可能出錯。提德羅的F/A-18在表演中就發生過零件半空脫落事件，引發戰機機齡是否過老舊的質疑。他本人還原了事件經過：「我們當時正在進行『俯衝橫線』的表演，把飛機拉回鑽石隊形的動作時必須

承受很高的G力，我的機翼就在那時部分解體，」他回憶，「這也是為什麼我們總是帶七架飛機。我把損壞的F/A-18安全降落之後，立刻跳進備用機，繼續完成表演。」藍天使展現的動作，專業精神展露無疑。

雙引擎輸出
Dual engine power
F/A-18配備兩具奇異F404-GE-400引擎，每具提快71.2kN的推力，讓大黃蜂戰機可以每秒152.4公尺的高速爬升。

進氣導管
Engine air inlets
大黃蜂在引擎進氣進口、管中增加了排氣口，減少進入發動機的空氣量，藉此達到近2馬赫的極速。

碳纖維機翼
Carbon fibre wings
F/A-18大黃蜂是最早使用碳纖維機翼的戰機，讓機體更加輕巧堅固。

優異操作性能
Outstanding manoeuvrability
翼前緣延伸面（簡稱LEX）提升大黃蜂戰機在高攻角下的操控性，對飛行表演來說非常重要。

特殊控制桿
Modified control stick
飛機控制桿加裝了彈簧，有助於顛倒飛行和維持隊形，可增加飛行員的操控能力。

線傳飛控 Fly-by-wire controls
F/A-18是第一款採用數位線傳飛控作為備用系統的噴射戰機，將駕駛員的操作動作轉換為電子訊號。

最低操作高度 15.24公尺
造價 2100萬美元
極速（時速）2253公里
機身空重 11.1噸
隊形最小間隔 45.7公分
翼展 11.4公尺

紅箭：鷹式T1

鷹式戰機設計理念完整揭露

紅箭自1979年起就採用鷹式T1戰機至今。對此，皇家空軍上尉鮑登（二號機駕駛員）認為：「鷹式戰機可供軍方進行飛行訓練，也是紅箭使用的飛機，兩者間只有些差異，」他表示，「雖然這款飛機有點老，但對我們來說很合用。它的操控性能優異，尤其適合編隊飛行。沒有華而不實的功能配備，不會在關鍵時刻出狀況，這一點對我們來說特別重要，因為我們每年要做多場演出，」

維修過程控管嚴密，每一道程序都經過嚴格的監督和檢驗，以確保飛行員的安全。此外，鷹式戰機也內建備用系統，可在主系統故障時代替上陣。

鷹式機的設計理念是維修容易、多數零件能交互換用，對於常連續演出多日的紅箭來說，正符合所需。機隊

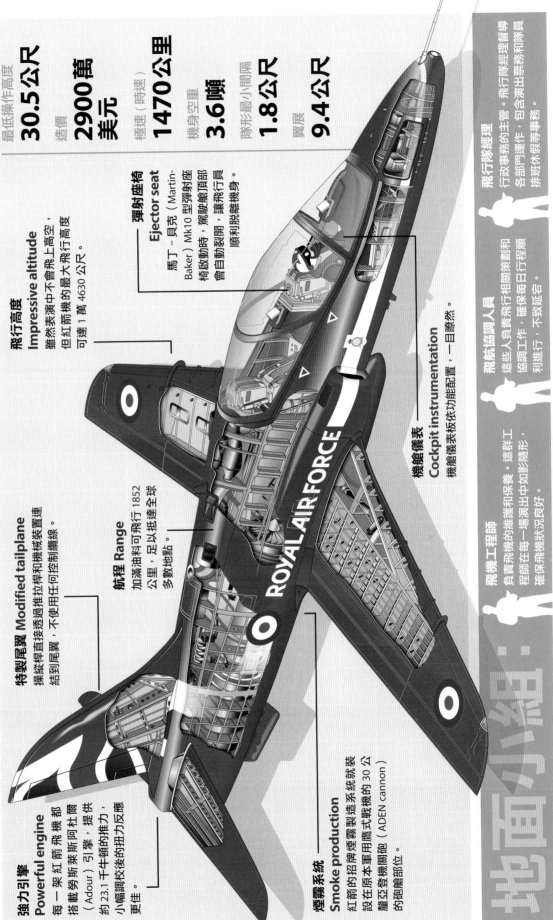

最低操作高度 **30.5公尺**

造價 **2900萬美元**

極速（時速）**1470公里**

機身空重 **3.6噸**

隊形最小間隔 **1.8公尺**

翼展 **9.4公尺**

飛行高度 Impressive altitude
雖然表演中不會飛上高空，但紅箭飛機的最大飛行高度可達1萬4630公尺。

彈射座椅 Ejector seat
馬丁－貝克（Martin-Baker）Mk10型彈射座椅啟動時，駕駛艙頂部會自動裂開，讓飛行員順利脫離機身。

機艙儀表 Cockpit instrumentation
機艙儀表板依功能配置，一目瞭然。

特製尾翼 Modified tailplane
操縱桿直接透過搖桿拉桿和機械裝置連結到尾翼，不使用任何控制纜線。

航程 Range
加滿油料可飛行1852公里，足以抵達全球多數地點。

強力引擎 Powerful engine
每一架紅箭飛機都搭載勞斯萊斯阿杜爾（Adour）引擎，提供約23.1千牛頓的推力，小幅調校後的扭力反應更佳。

煙霧系統 Smoke production
紅箭的招牌煙霧製造系統就裝設在原本軍用鷹式戰機的30公釐亞登機關砲（ADEN cannon）的砲艙部位。

地面小組

飛行隊經理
行政事務的主管，飛行隊經理督導各部門運作，包含演出票務和隊員排班休假等事務。

飛航協調人員
這些人員責飛行相關策劃和協調工作，常保每日行程順利進行，不致延宕。

飛機工程師
負責飛機的維護和保養。這群工程師在每一場演出中如影隨形，確保飛機狀況良好。

images by Ian Moore

飛行安全擺第一

需要哪些裝備與訓練，才能讓飛天遁地的特技飛行員平安歸來？

紅箭和藍天使的成立宗旨是替所有觀眾帶來精采的表演，但他們的安全措施並不因此而打折扣。由於特技飛行本身存有風險，加上表演頻繁，所以很難完全避免意外；但與成立初期時相較，現今的意外次數已大幅減少。透過對飛行員體能和飛機性能的研究，兩支飛行隊現在都非常清楚表演的極限在哪裡。藍天使和紅箭的飛行員各自配有特殊安全裝備，來降低演出的風險。

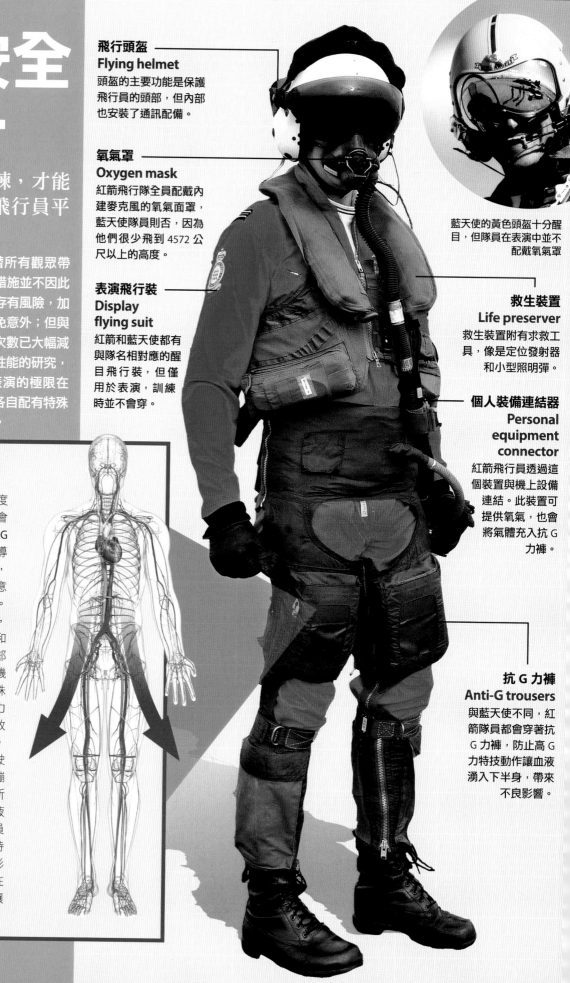

飛行頭盔
Flying helmet
頭盔的主要功能是保護飛行員的頭部，但內部也安裝了通訊配備。

氧氣罩
Oxygen mask
紅箭飛行隊全員配戴內建麥克風的氧氣面罩，藍天使隊員則否，因為他們很少飛到 4572 公尺以上的高度。

表演飛行裝
Display flying suit
紅箭和藍天使都有與隊名相對應的醒目飛行裝，但僅用於表演，訓練時並不會穿。

藍天使的黃色頭盔十分醒目，但隊員在表演中並不配戴氧氣罩。

救生裝置
Life preserver
救生裝置附有求救工具，像是定位發射器和小型照明彈。

個人裝備連結器
Personal equipment connector
紅箭飛行員透過這個裝置與機上設備連結。此裝置可提供氧氣，也會將氣體充入抗 G 力褲。

抗 G 力褲
Anti-G trousers
與藍天使不同，紅箭隊員都會穿著抗 G 力褲，防止高 G 力特技動作讓血液湧入下半身，帶來不良影響。

對抗重力加速度

重力是以力對物體造成的加速度大小來衡量。某些高難度動作會讓特技飛行員承受極大 G 力，G 力會讓血液從腦部流向雙腳，導致心臟輸送給腦部的血量不足，最終造成飛行員昏迷、失去意識。有兩種方法可避免該狀況。紅箭的飛行員穿著抗 G 力裝，利用壓縮空氣和氣囊來對雙腳和腹部施加壓力，阻止血液從腦部流向下半身，藉此降低昏迷的機率。藍天使飛行員則是接受特殊訓練，讓他們無須穿著抗 G 力裝。因為藍天使隊員的前臂須放在腿上，以膝蓋作為活動支點，若是穿著抗 G 力裝則會影響駕駛操控，因此藍天使隊員得學習繃緊下半身肌肉和快速吸氣法（所謂的「打嗝法」），以減緩血液流出腦部的速度。藍天使飛行員被要求每週至少運動六次，維持體能顛峰，才能對抗高 G 力的影響。除此之外，他們每年都要在離心機的高 G 力環境下受訓，讓身體學習適應。

如何成為專業的特技飛行員？

想加入表演飛行隊，得經過嚴格的面試與訓練

可想而知，特技飛行員的遴選和面試極端冗長而嚴格。以藍天使而言，新進人員必須獲得所有成員全票通過（16-0），才能獲准加入。

紅箭隊員的徵選是由初選委員會先挑選九名候選飛行員，邀請參加為期七天的面試。這段期間內，候選人要做飛行測試、與現有成員會面、陪同紅箭隊員完成一趟表演訓練，並接受正式的面試。等到通過這些關卡之後，再由現行隊員開會，決定錄取哪些人。

紅二號駕駛員鮑登向我們解釋新進人員如何學習團隊飛行。「戰場上的編隊飛行是先等旁邊的戰機移動，你再跟著移動，」他說，「如果紅箭在表演中也這麼做，會讓隊形變得拖泥帶水，所以我們必須學會跟隨『老大』（隊長）的命令。在練習複雜的特技動作之前，首先必須把編隊飛行做到完美無缺。」

跨過初步門檻之後，藍天使候選人──也就是隊員口中戲稱的「下線」（rushee）──須陪同現有成員一起升空、參與多場表演，通常是在4月到6月之間。這段期間內，候選隊員要在旁見習所有活動，參加小組簡報，並出席社交活動。去蕪存菁後剩下的候選人還得接受可怕的1對16集體面試，由現有隊員和長官們，每人提出一個問題給候選人回答。

經過這些試煉，飛行隊的成員會擇日開會，討論誰雀屏中選。我們訪問了藍天使單飛領隊──海軍少校提德羅──請他來解說訓練的方式。「藍天使是個特別的單位，我們的飛行方式與戰場訓練大不相同，幾乎可說是砍掉重練，」他表示，「在上個表演季結束，到下個表演季開始之前，我們排定要做120次飛行訓練。這表示每星期要飛15趟，相當密集累人，但這也表示我們的動作可以做到滾瓜爛熟，變成身體的直覺反應。」✿

藍天使菜鳥必須完成一系列生存挑戰，才能獲准正式加入飛行隊

特技飛行員基本條件

每年只有三個缺額，想進入特技飛行隊必須至少具備以下條件

紅箭

──── 教育程度 ────

多數隊員都有大學學位，但並非必須

──── 飛行經驗 ────

☑ 完成一期前線派駐任務
☑ 飛行評等中級以上
☑ 飛行記錄優良（含作戰任務）

──── 飛行時數 ────

最低
1500
小時

──── 晉升隊長 ────

想擔任紅箭隊長，成為「老大」，必須至少擁有三年紅箭隊員資歷，光是這一點就刷掉了大半人選。接著皇家空軍人事部門會選出他們認為最適合擔負隊長職務、有能力處理各方面事務的人選。

藍天使

──── 教育程度 ────

多數隊員都有大學學位，但並非必須

──── 飛行經驗 ────

☑ 具備 F/A-18 駕駛經驗
☑ 航母合格，現役海軍或陸戰隊戰機飛行員
☑ 有作戰經驗（含航母起降）

──── 飛行時數 ────

最低
1250
小時

──── 晉升隊長 ────

藍天使的「老大」一職是由美國海軍航空訓練指揮官指派出任。想成為老大，至少要有3000小時戰機飛行時數，並擔任過飛行中隊長。藍天使隊長負責駕駛一號機，在所有表演動作中位居領頭地位。

古往今來的間諜祕辛
SPIES THROUGH HISTORY
帶你一窺各年代的間諜行動

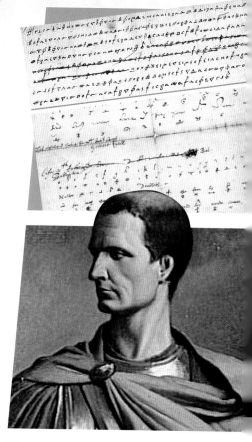

對史上各統治者、帝國或政府來說，蒐集情資（不論是機密文件或軍事戰術）都是十分重要的事。祕密地蒐集敵方甚至是盟友的情資，都可能有利於己方的軍事、政治或是經濟局勢。

間諜活動的目的是為了蒐集機密情資；而隨著科技的發展，蒐集情資的方式也跟著推陳出新。在古羅馬時代，信件可能會在中途被攔截，有心人士便得以早收件者一步讀取信中的內容。為因應這種情況，凱撒大帝（Julius Caesar）便發明了目前已知最早的密碼之一——用以掩飾訊息的一套代碼，以防敵方間諜讀取他的祕密軍事通訊。

到了 20 世紀，間諜活動在兩次世界大戰時期變得特別重要，各國紛紛建立起巨大的情報網路，試圖搶得先機、領先敵人。有人推測，光是在二戰期間破解納粹號稱無法解譯的「恩尼格瑪密碼機」（Enigma machine），就讓戰爭的時程縮短了數年、拯救了無數生命。

冷戰期間，美國和蘇聯之間瀰漫著核戰爆發的威脅，因此戰略情報顯得至關重要，且同時影響了雙方的戰術。間諜將蒐集情報的工具改裝成日常用品，從隱藏於外套鈕扣中的相機到鞋跟竊聽器都有，以便蒐集情資。

時至今日，反間諜活動變得更為重要。世界各地的維安單位為保護其國民與國家利益免受威脅，都致力於展開反恐行動，及防治網路犯罪。

古代的間諜活動

古文明用來蒐集情資的方式為何？

在古美索不達米亞和埃及的初始城市中，國王和法老就是透過間諜活動來有效監控人民；這同時也是發現敵人弱點的好方法。古埃及人會在宮廷裡安排間諜，以剷除異己，他們也是史上第一批用毒藥來進行破壞或暗殺的人。

當時無間諜工具可用，因此蒐集有用情資的主要方法是透過竊聽、攔截通信和偵察敵軍動向。那時發展出不少技術來加密書面訊息，包括使用代碼與隱形墨水。

古希臘人相當擅於間諜活動和詐術；特洛伊木馬的故事就是他們善用軍事詭計的例證。他們還開發出在城市間傳遞重要訊息的有效方法，例如稱為「液壓傳訊」（hydraulic semaphore）的火把信號通報系統。

希臘人也發展出另一項招數來防範通信遭攔截；他們將重要訊息刻在木板上，再以蠟覆蓋，待木板送到盟友手上後，對方會融化上面的蠟，以便讀取訊息。另外還有一種特殊的方法：在充氣的動物膀胱表層書寫，再把動物膀胱放氣，然後裝入瓶中。如此一來，這份文件便能毫不引起注意地被送到任何地方；送達後，只要打開瓶子、將膀胱充氣，即可閱讀內容。

液壓傳訊系統
古希臘人如何在城市之間傳送軍事機密？

4. 垂下火把
Lower the torch
當水位降到得以讓浮桿顯示欲傳達的訊息時，訊息發送者便會垂下火把。

5. 解碼訊息
Decode the message
當收訊者看到發訊者的火把垂下時，就會關上排水口，並讀取浮桿上所顯示的訊息。

2. 火把訊號
Signal fire
訊息發送者會點燃火把，同時開啟水箱上的排水管，讓訊息浮桿開始下沉。

1. 水箱 Water vessel
每個傳訊者都有一根相同的浮桿；浮桿會浮在水箱內，且浮桿上有刻痕，每個刻痕都代表著不同的預設訊息。

3. 即時接收 Joining in
接收訊息的一方也會點燃火炬，並打開水箱上的排水口，因此這兩根訊息浮桿會同時下沉。

> 「蒐集有用情資的主要方法是透過竊聽、攔截通信和偵察敵軍動向」

凱撒的密探

羅馬共和國的屬地分散，難以治理，要鞏固權力絕非易事。許多統治者都會聘僱保鏢來維持人身安全，但凱撒大帝則看出祕密監視的價值，組織了稱為「密探」（speculatores）的間諜網，負責蒐集潛在叛亂的情報；這套偵察網路幫助凱撒隨時掌握帝國內部和國際間的動靜。有些資料顯示，凱撒其實知曉由羅馬元老院主導、欲將其暗殺的陰謀。

就連凱撒的密探也阻止不了凱撒遭人暗殺

蒙古的間諜網

在成吉思汗的領導之下，蒙古人在12和13世紀時，成為當時擁有世上最驍人軍事力量的軍隊之一，且其勢力也在亞洲蔓延開來。不過，要是少了龐大的情報網，這支強大的軍隊恐怕就不會那麼成功。成吉思汗透過貿易商來蒐集情資，因為他們對於他所要征服的地方相當瞭解。獲得這些情報後，蒙古人便得以掌握敵方領土的弱點。

間諜提供的情資為蒙古人帶來開疆闢土的優勢

伊莉莎白時代的間諜

都鐸王朝最後一位君王所打造的祕密情報網

伊莉莎白女王的情報員蒐集到
西班牙無敵艦隊準備進攻的消息

身為一個沒有子嗣，且又信仰基督新教的女王，伊莉莎白一世的政權備受支持蘇格蘭女王瑪麗一世（信奉天主教）的人所威脅。有鑑於此，身陷於暗殺危機的伊莉莎白一世便成立了一套間諜網路來自保、免受反對者的威脅，並揭發來自國外的陰謀。伊莉莎白的情報網由信奉基督新教的律師法蘭西斯‧沃爾辛漢爵士（Sir Francis Walsingham）所主導。被招募為間諜者皆是英國當時極富才智的一群人，包括學者、科學家和語言學家，他們擔負起保護深陷危機的君王之責。

當時的科技進展也有助於此情報網的運作。以牛奶或檸檬汁作為隱形墨水、再用燭火加熱紙張，來讀取機密訊息的技術於此時期首度出現。加密技術也變得更先進，間諜得要能書寫和解密不同的密碼。

在伊莉莎白統治期間，曾有一系列推翻或暗殺女王的陰謀被揭發；情報網極可能拯救過她的性命，而且不止一次。例如蘇格蘭女王瑪麗一世在遭監禁後，仍透過啤酒桶傳送密碼訊息，與外界的盟友聯絡；但她應該不知道，這些啤酒桶是由沃爾辛漢收買的雙面間諜偷偷送出。間諜解開訊息中的密碼，證明瑪麗一世參與了謀殺伊莉莎白的陰謀，最後包括瑪麗在內的主事者很快就被抓，受審後以叛國罪處死。

瑪麗一世用這些密碼符號向
盟友傳送祕密訊息，但仍被
沃爾辛漢所派的間諜破解

伊莉莎白的情報首領

伊莉莎白女王的間諜網主事者是當時的國務大臣法蘭西斯‧沃爾辛漢爵士。在受到信奉天主教的西班牙威脅下，虔誠的新教徒沃爾辛漢建立了遍及歐洲的間諜網（包括蒐集監獄情資的人員和雙面間諜），主要目的是蒐集天主教徒的情報和政經情資。為盡可能提升旗下情報員的素質，沃爾辛漢還建立間諜學校來訓練新人。他的情報網曾數度揭發不利於女王的陰謀，並提供西班牙無敵艦隊在 1588 年試圖入侵的情資，這些情報對英國的國土安全具有重要價值。

沃爾辛漢每年有 2000 英鎊
的預算可用於他的任務

世界大戰期間的間諜

全球衝突不斷時的創新間諜策略

在世人的記憶中，一戰時最令人印象深刻的畫面可能是壕溝戰，但在火線之後，間諜也扮演著至關重要的角色。代號為「白女士」（La Dame Blanche）的情蒐網是戰時最成功的間諜網之一；此組織是英國的情報網，成員超過 1000 名，在德國占領比利時期間進行重要的偵察任務，並在火車、道路和機場蒐集情資。

20 世紀初期，飛機正式登場，這意味著空中偵察也成為戰爭角力的主要場域。德、法兩國都派遣飛機進行空拍，以偵察軍隊動向。德國所獲得的情報，對其部隊將戰線往東推進大有幫助；得到機密文件或攔截到無線電消息後，德軍便能知道蘇聯的下一步舉動。

二戰開打時，間諜在戰事中仍扮演著舉足輕重的角色。德國的軍情機構阿布維爾（Abwehr）在占領荷蘭期間對德軍助益甚大，此組織抓到 52 名同盟國的特工（有些在跳傘著地時就被捕）和 350 名反抗軍。仍被阿布維爾蒙在鼓裏的英軍還以為自己是在援助荷蘭的盟友，在不知情下，提供了德軍 570 箱武器和彈藥。

二戰時，納粹用於確保軍情安全的恩尼格瑪密碼機最為著名。發送訊號時，操作者輸入訊息，再用一系列的轉輪來擾亂原訊息，將整組訊息轉為雜亂的字母序列。使用接收器者須知道發送端的設定，

恩尼格瑪密碼機的前方還裝有電子插線板，能用來交換配對的字母，進行額外加密

才能在接收器上解碼原始訊息。設定變更極為頻繁，一台典型的軍用恩尼格瑪密碼機能有逾 150 百萬兆組的設定，所以要破解密碼基本上是不可能的任務。但英國最終還是想出了解譯的方法──在布萊切利園（Bletchley Park）工作的數學家和解碼員團隊，開發出稱為「炸彈」（Bombe）的計算機，可依攔截到的訊息來推測機器的設定。有些歷史學家估計，破解恩尼格瑪密碼機後所獲得的情資，讓盟軍縮短了兩年的戰爭。

恩尼格瑪密碼機

納粹的加密設備如何讓發送的消息變得難以解碼？

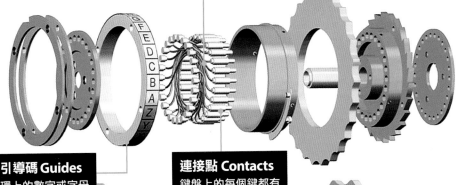

接線 Wiring
每個轉輪的連接點皆以隨機的方式彼此接線。

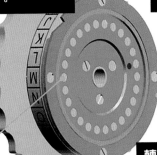

引導碼 Guides
環上的數字或字母用來作為設定的參考點。

連接點 Contacts
鍵盤上的每個鍵都有線接到轉輪上 26 個連接點的其中一點。

代換 Substitution
隨機接線改變了轉輪間輸入和輸出的字母。

轉輪數量 Number of rotors
機器中的轉輪越多，能產生的設定變數就越多。

設定 Settings
能手動轉動轉輪，以更改機器的設定。

> 「一台典型的軍用恩尼格瑪密碼機能有逾 150 百萬兆組的設定」

世界大戰期間的各國間諜

霍華德·伯翰 Howard Burnham
伯翰是一戰期間法國政府的情報員，他常把間諜設備藏於其木腿中。

瑪塔·哈里 Mata Hari
哈里是荷蘭舞者，暗中為德國蒐集情資，後來被法國人逮捕，於 1917 年被槍決。

維吉尼亞·霍爾 Virginia Hall
二戰時，美國間諜霍爾在遭德軍占領的法國援助反抗軍和盟軍，並提供情資和訓練。

吉川·猛夫 Takeo Yoshikawa
吉川為二戰期間生活在夏威夷的日本間諜，他在日軍突襲珍珠港前向祖國提供情報。

冷戰時期的間諜活動

二戰後展開了新的間諜時代，導致劍拔弩張的緊張情勢

德意志第三帝國瓦解後，美國和蘇聯展開長達數十年的權力鬥爭。美、蘇兩國抱持著相反的意識形態（資本主義與共產主義），彼此都對另一方的意圖存有疑慮，緊張的情勢更因雙方展開軍備競賽而加劇，毀滅性核戰爆發的威脅也日益增加。而間諜活動就是用來打破僵局的主要方法之一，兩國都想搶得先機，因此將間諜派往世界各地，以便蒐集敵方情報。

在鐵幕國家之中，名聲最糟的間諜網路就屬通稱為史塔西（Stasi）的國家安全部。史塔西以東柏林為基地，並採用殘酷的手法來監視東德首都公民的活動。史塔西的士兵會射殺那些試圖越界、投奔西德的公民。

「黑鳥偵察機的飛行速度為音速的三倍以上」

二戰之後，美國展開「三葉草計畫」（Project Shamrock）和「尖塔計畫」（Project Minaret），派出間諜掌控所有進出美國的電報訊息。儘管如此，仍有些間諜在美國為蘇聯從事諜報工作，蒐集有關核武、軍事活動和新技術的資訊。

空中偵察仍是情蒐活動的主要來源。美國的中央情報局（簡稱 CIA）以「日冕計畫」（Corona Program）中的間諜衛星偵測到蘇聯彈道飛彈的所在位置。1960年，一名 CIA 的飛行員在駕駛 U-2 間諜飛機飛越蘇聯上空時，遭到擊落，美國因此意識到繼續使用同款飛機進行偵察任務的風險。於是，美國打造出一架打破許多紀錄的 SR-71 黑鳥偵察機；黑鳥的飛行速度為音速的三倍以上，且飛行高度足以躲避雷達的偵測。黑鳥偵察機甚至塗有能吸收雷達訊號的特殊黑色塗料。

SR-71 黑鳥偵察機能超越音速，藉此擺脫射向它的飛彈

間諜的配備
這些機敏的裝置能用來竊聽敵人的機密，並避免洩密

樹形竊聽器 Tree bug
竊聽設備能置於人工樹幹內，監聽附近的蘇聯通訊信號。

鏡框內藏毒藥 Poison frames
若被敵方抓住，可吃下藏在眼鏡鏡框中的氰化物毒藥，以免在遭刑求時洩露機密。

鞋跟竊聽器 Shoe transmitter
將竊聽器隱藏在鞋跟之中，便能偷偷記錄跟監對象的對話。

如何成為冷戰時期的間諜

你有臥底偵察蘇聯機密的潛能嗎?

1 中央情報局的培訓 CIA training
只有最優秀的新人才會被選為情報員。在歷經密集的課程(包含體能和心智任務)後,就能看出哪些人具有成為間諜的潛質。

2 間諜的生活 The life of a spy
為了避免啟人疑竇,間諜得為自己捏造出一個讓人信服的身分和背景故事。最好的情報員乍看之下都過著極平凡的生活。

3 資料蒐集 Data collection
間諜的主要任務是判定蘇聯對美國的意圖。間諜所蒐集到的情資,可能會為國家帶來巨大的優勢。

4 解密技能 Decryption skills
最厲害的間諜還擁有破解密碼的天賦。蘇聯的情報員會將訊息加密,因此間諜得要有能力破解密碼,才有辦法揭發祕密計畫。

5 瓦解士氣 Break morale
身為一名間諜,須具備在敵人陣營造謠的能力:製造虛假的消息,以便讓敵國公民或領導者感到不安。

6 想盡辦法避免被逮捕 Avoid capture at all costs
要是被敵方抓到,一切就結束了。擔任間諜在冷戰期間是重罪,通常會被處以長期監禁或死刑。

潛伏的情報員

2010 年,10 名俄羅斯特工在美國被捕。經聯邦調查局審訊後,發現他們已在美國擔任「潛伏的情報員」(sleeper agent)多年;這類間諜住在美國,不一定會執行任務,只有必要時才活動。這些非法分子中,有些人以假名和捏造的背景取得美國公民身分,並有正常的工作。他們奉命與學術界聯繫,在獲取祕密情報後回報給俄羅斯。這 10 名間諜全被以擔任外國政府間諜的罪名起訴,他們最後以囚犯交換的方式返回俄羅斯。

安娜.查普曼遭聯邦調查局發現她是潛伏的情報員,因此被捕

徵求情報員

多數人會在社群網站上與親友分享生活點滴,但如果你想成為間諜,這些資料可能會帶來麻煩。情報機構現正面臨一項難題:在資訊時代很難創造虛假的身家背景。多數人都曾在網路上留下現實生活中的蛛絲馬跡,面部識別軟體也可能利用這些數位證據來揭發臥底情報員的真實身分。

為克服這點,英國的祕密情報局(SIS或稱 MI6)計劃招募近 1000 名新人。SIS 處長艾力克斯.楊格(Alex Younger)在一份聲明中表示:「資訊革命從根本上改變了我們的執勤環境。五年內,情報單位將有兩種走向:一種是體認到此事實,並蓬勃發展;另一種則是坐以待斃地放任情報單位瓦解。」

自 1994 年起,SIS 的總部一直位於倫敦的沃克斯豪爾十字路大樓

© WIKI

最致命的終極戰士

HISTORY'S DEADLIEST WARRIORS

即便是最身經百戰的敵軍，在面對這群致命戰士時也會心生恐懼

綜觀歷史，世上有許多兵士都有資格獲得最致命戰士的頭銜，但究竟誰最厲害？要成為傳奇的致命戰士，光是有強大的武力值和好戰心仍不足夠。

武器才是關鍵——即便是實力頂尖的士兵，也可能在兩兩對決中，敗在對手優越的武器之下。正如古老格言所示：「別拿刀對著槍口」——無論是要參與一場大會戰或進行祕密行動，最好的戰士總會做好萬全的準備。一般認為，美國陸軍中校喬治·卡斯特（George Custer）率領的第七騎兵團之所以在小巨角戰役（Battle of the Little Bighorn）遭到痛擊，可能是因為當時的蘇族戰士（北美原住民）握有比美軍更先進的步槍。

戰鬥時，除了要擁有適當的武器外，還得有正確的策略。有了精心策劃並有效執行的戰略後，士兵便能以寡敵眾、以弱禦強。若讓日本的忍者和武士展開對決，那麼在這場假想的戰鬥中，善於使暗器的忍者想必會占上風，因為武士會堅守榮譽感、不使暗計。

最後，要成為致命戰士，還得抱持正確的態度和必勝的決心。無論是為了保家衛國，還是純粹賺取工資，一個有目的的戰士通常更具危險性。例如在十字軍東征期間，基督徒和穆斯林都為了維護宗教價值而戰，並以信仰之名一次又一次地進入戰場。

繼續讀下去，瞭解最致命戰士從古至今所留下的各種事蹟。在開戰前夕，大概任何士兵都希望能和這些傳奇戰士一同並肩作戰。

約公元前 476-206 年

大秦鐵軍
奮勇不懈、一統中國的鐵軍

中國在大秦王朝時期有了大幅的進展：新登基的秦始皇祭出一系列影響深遠的改革、一統整個國家，並將軍隊現代化。此時的中國出現了史上第一批專業徵兵制軍隊，由英勇的士兵和深具謀略的將領組成。秦兵配有當代最先進的武器，包括鋒利的精鐵劍和威力強大的秦弩。

戰場上的突襲步兵更有重裝步卒和由側翼進攻的騎兵與戰車支援。騎馬作戰的將士則靠著新發明的馬鐙，穩坐在馬鞍上，平衡感也因此比敵軍更好。秦軍的敵人中也不乏厲害的角色，特別是來自北方的游牧民族部落，其騎兵配有弓箭。但秦軍懷抱著熱切的征服心，且對皇帝忠心耿耿，因此常在戰事中勝出。

著名戰役

公元前 236-221 年，秦軍一統中國

髮型 Hairstyle
秦兵的髮型代表其位階和所屬單位。將辮子纏在皮帽中是常見的髮型，以免辮子阻撓士兵戰鬥。

繩結 Ribbons
胸甲上的繩結數量是另一種表示位階的方式。

青銅劍 Bronze sword
秦兵的劍最初由青銅製成，後來被精鐵取代。

盔甲 Armour
輕裝長袍、帶有襯墊的長褲和鐵鉚盔甲能在發揮保護功效的同時，仍讓士兵保持靈活。

選用武器
弩和青銅劍

秦始皇的兵馬俑是以陶土燒製的大秦軍隊；這些雕像為皇帝的陪葬品

羅馬重標槍 Pilum
一種沉重的標槍，前方有特別加重的鋒利尖頭，以刺穿敵人的盔甲。

約公元前 400 年 - 公元 476 年

羅馬軍團
古代最優秀的軍隊之一，士兵盡忠職守、身經百戰

羅馬軍團在數百年間皆屬極精良的戰力，這批訓練有素的軍團征服了大半個歐洲和部分的非洲與小亞細亞地區。

當羅馬軍團的勢力達到頂峰時，其主要的戰術是將稱為羅馬重標槍的飛矛擲向敵軍，或將之刺入敵方的盾牌，藉此損壞盾牌。這時，再拿出羅馬短劍，往敵人身上刺。羅馬軍團最初是穿戴鎖子甲，後來則改為羅馬片鎧甲（lorica segmentata）；這些相互重疊的金屬片同樣具保護作用，且能讓戰鬥中的士兵行動更敏捷。

除了強悍的戰士，軍團的實力也來自於明智的戰略。龜甲陣（testudo）和弩砲等圍城武器往往成為戰場上一分勝負的關鍵，協助軍團壓制比己方更強大的勢力。羅馬軍團的準備往往比敵人更周全；他們會攜帶鋸子、繩子、十字鎬、炊具和口糧，以深入敵方領土並紮營。

帝國後期，羅馬軍團的戰術和盔甲因加入了異族兵源而改變。在帝國裡，成為軍團的一員會獲得世人的尊敬；帶領軍團取勝的將領在返回羅馬時，也會有遊行隊伍前來迎接。

著名戰役

公元前 168 年，皮德納之戰

頭盔 Helmet
羅馬頭盔（galea）能吸收頭部承受的衝擊力道，並保護臉部。

羅馬短劍 Gladius
在擲出羅馬重標槍後的兵荒馬亂中，可用羅馬短劍刺傷敵人。

選用武器
羅馬重標槍、羅馬短劍和匕首

鎖子甲 Chain mail
儘管羅馬人以片鎧甲聞名，但軍團也常穿戴鎖子甲。

羅馬戰鞋 Sandals
羅馬軍團穿著由皮條編成的戰鞋；天氣寒冷時，可於內襯加入羊毛或毛皮。

盾牌 Scutum
這種羅馬軍團特有的矩形木盾能保護身體；此盾經過精心膠合，可在並排時形成龜甲陣。

© WIKI: Mary Evans

羅馬軍團的訓練

軍團的訓練目的便是要強過敵人。士兵須具備一定的身高、視力和體能才可加入軍團；年齡得達 18 歲，才有機會獲得招募，且要有日行 30 公里的心理準備。羅馬軍團非常重視訓練，從戰場陣形到劍術皆然。在專門的訓練學校中，軍人會使用木劍戰鬥；若表現不佳，可能會拿不到口糧。

8-11 世紀

維京突襲者

這些殘酷的戰士摧毀了歐洲各地的沿海城鎮

不列顛群島的盎格魯撒克遜人曾受到來自斯堪地那維亞的諾爾斯人（Norseman，即維京人）接連襲擊；維京人上岸後，在當地大肆劫掠，再把珍寶帶回船上。長期下來，攻擊事件日益頻繁，他們甚至建立了環繞英格蘭北部和東部的丹麥區（Danelaw）。富有的維京人使用雙刃劍，但多數戰士採用斧頭或矛。

維京人並無標準戰術，這也讓他們在戰場上有更多發揮空間。狂戰士（berserker）會揮舞雙頭斧，砍殺所有擋在前方的敵人。維京人好戰，戰爭也有益於其發展。維京長船有助於發動奇襲，在敵軍展開報復前先發制人。這些戰術不僅協助維京人征服不列顛群島的部分地區，甚至擴及西班牙、法國和俄羅斯。君士坦丁堡的拜占庭帝國皇帝甚至請諾爾斯人擔任貼身侍衛，組成瓦蘭吉護衛隊（Varangian Guard）──當時最頂尖的傭兵團之一。

著名戰役

793 年，林迪斯法恩之役

環甲 Ringed mail
有些主將會穿上環甲應戰。

鐵質圓頂頭盔 Iron dome
維京頭盔並沒有角，但有面甲，以保護配戴者的臉部。

武器 Weapon
最流行的維京武器是斧頭、劍和矛。

選用武器
劍、斧頭和矛

保暖 Keeping warm
若在海上或陸上遇到寒冷低溫時，可在盔甲下穿著厚襯衣。

圓盾 Round shield
由木頭和鐵製成的圓盾可在航行時置於長船的側面，以充當護盾。

全罩戰盔 Bascinet
全罩封閉式頭盔是十字軍的標誌性配備，可保護頭、頸部。

從鎖子甲到鎧甲 From mail to plate
早期十字軍騎士穿著鎖子甲，但後來改為更耐用且防護性更高的鎧甲。

闊劍 Broadsword
十字軍的劍不見得都很鋒利；與其用來砍殺，有些劍更適合作為棍棒。

「教宗許諾赦免參戰者的所有罪愆」

鳶形盾 Kite shield
十字軍在長途旅行時，會將鳶鳥或淚滴形的盾牌綁在背上。

選用武器
闊劍

11-13 世紀

十字軍騎士

以防護盔甲全副武裝，這些西方騎士獲得教宗許可，發起聖戰

1096 至 1272 年間，基督教的軍隊為收復穆斯林控制的聖地耶路撒冷，而發動了九次十字軍東征，試圖討回他們認為理應屬於基督教的聖地。教宗烏爾班二世（Pope Urban II）發動了第一次十字軍東征，並許諾赦免參戰者的所有罪愆。

十字軍的標準衣著是印有紅色十字架的白色外衣。這是為了用來識別十字軍騎士，同時也能保護烈日之下的金屬盔甲。

聖地的所有權就此在十字軍和撒拉森人之間交替。多次的血腥戰鬥雖造成雙方的重大損失，但因宗教狂熱與以神之名而犧牲的信念，兩軍仍繼續戰鬥。

著名戰役

1097-1098 年，安提阿圍城戰
1110 年，西頓圍城戰
1189-1191 年，阿卡圍城戰

1325-1521 年

阿茲提克鷹戰士

受太陽神庇護的精英戰隊

在西班牙征服者抵達前，阿茲提克帝國統治了今日墨西哥的大半地區，而維持社會平靜的重裝步卒之一便是鷹戰士；他們和美洲豹戰士共同建立起以軍事實力聞名的阿茲提克精英戰隊。

要成為此社群中的一分子，阿茲提克人得抓到一定數量的敵軍，好作為儀式中的祭品，藉此證明自己在戰場上的價值。由於要將敵人帶回來獻祭，多數鷹戰士的武器被設計為能造成傷害，而非致死。

阿茲提克社會沒有冶煉金屬的技術，因此他們就地取材，蒐集石頭作為投彈、以火雞羽毛充當箭羽，並將戰袍浸在鹽中，使其結晶、硬化。鷹戰士配有獨門武器，如梭鏢投射器（投擲矛和鏢的裝置）和黑曜石鋸劍（嵌有尖銳黑曜石的木製長劍）。

著名戰役

1521 年，特諾奇提特蘭之戰、1520 年，奧圖巴戰役

受太陽神庇護的戰士
Warriors of the Sun
這些戰士戴著羽毛頭飾和象徵張嘴鳥喙的木質頭飾。

防護 Protection
戰士身著絎縫的棉質長袍，拿著飾有羽毛的皮質圓盾（chimalli）。

黑曜石鋸劍
Macuahuitls
最受戰士青睞的武器是黑曜石鋸劍——嵌有黑曜石（一種火成岩）的木製長劍。

選用武器
黑曜石鋸劍和梭鏢投射器

其他武器
Other weapons
除了長矛，鷹戰士還隨身攜帶投彈和以尖石、骨頭或黑曜石製成的箭鏃。

被俘的士兵常會被殘忍地用於活人獻祭儀式

詭計
Sneaky operations
忍者特別適合圍城、潛入城堡和分散守衛的注意力。

黑衣 Dressed in black
忍者的典型裝扮是全身黑，但他們只有在需要時（如在夜間執行祕密行動）才會穿上這種忍服。

武術訓練
Martial arts training
受過武術訓練（如忍術）的忍者即便徒手，也會是危險的對手。

隱藏身分 Hidden identity
執行任務的忍者會盡可能隱藏身分，所以在史上留名的忍者極少。

武器 Weaponry
忍者是使毒專家，他們會在敵人的食物中下毒，或把毒藥塗在刀刃上。

神出鬼沒的一生
A life in the shadows
即便他們會攜帶刀劍和其他武器，忍者僅在必要時才會出手；他們寧可採取暗殺手法，或暗自蒐集情報。

選用武器
星鏢、萬力鏈和吹箭

10-17 世紀

忍者

以隱身為優先，忍者總是從暗處默默地發動攻擊

身為史上最知名的刺客之一，忍者在封建時代的日本被視為危險人物。在民間傳說中，忍者最初由一位不遵守武士道（bushido）的流亡武士組成，目的是抵抗統治階級的壓迫。

他們練就隱身的忍術（ninjutsu）——傳授特殊忍者戰鬥技能和隱身之道的方法。忍者與武士恰好相反，他們不會依循武士道等榮譽守則，反而樂於以不光明的手段暗殺敵人；這在武士眼中是不道德的行為。但這不代表忍者與武士彼此為敵，忍者反而常受雇於武士。

忍者服並非一般所描繪的黑色，其衣著主要以混入人群為目的，所以可能會穿著平民的服裝，避免引人注目。戰鬥中的忍者除了會用當時的一般武器外，也會採用特殊裝備。手甲（shuko）是種小型攀牆裝置；鐵扇（tessen）則是可作為武器的不起眼金屬扇。戰鬥並不僅限於男忍者，在「女忍」（kunoichi）的故事中，女忍者打扮成僕人或舞者，暗中潛入堡壘和大宅，以接近暗殺目標。

著名戰役

1331-1392 年，南北朝之亂
1467-1477 年，應仁之亂

忍者工具組 這些祕密武器能確保忍者總留有一手

指刺 Kakute
指刺是一種帶刺的小型鐵環，可套在手指上；這在肉搏戰時非常有用。

星鏢 Shuriken
這種星形投擲武器能從遠處瞬間暗殺目標。星鏢很小，可藏在衣服裡。

吹箭 Fukiya
吹箭能把有毒的飛鏢射向敵人，或向盟友發出祕密信息；吹箭也可作為呼吸管。

© Thinkstock

鄂圖曼新軍

選用武器
弓、火繩槍和劍

數世紀以來，鄂圖曼土耳其帝國的強大軍隊都由新軍主導。第一支部隊成立於 1380 年左右，由鄂圖曼土耳其帝國在歐洲打下勝戰後所俘虜的基督徒組成。這群基督徒介於 6 至 14 歲，他們被帶離家園，並視作軍人一般培訓。在選入軍隊後，他們成為蘇丹的財產，並擔任其保鑣。

新軍須遵守嚴格規範；在高標準的訓練下，他們也成為紀律嚴明且技巧精良的戰士。身為蘇丹最信賴的守衛，這些護衛軍住在兵營，一生都為戰事奮鬥。新軍的指揮官稱為阿格哈，其位階凌駕其他鄂圖曼土耳其軍隊的指揮官。

新軍在快速移動以攻陷堡壘或包圍騎兵時，會使用劍和步槍；在戰場上，可用獨特的頭飾來辨識新軍。他們也會出海作戰，並用船上的步槍朝敵軍開火。他們曾獲得全球最佳射手的美譽，能部署毀滅性的「火牆」。在承平時期，新軍也在鄂圖曼土耳其帝國的各城中擔任警察一職。19 世紀初，新軍有逾 10 萬名士兵，軍力達到高峰，鄂圖曼土耳其帝國堪稱擁有當時世上最強的戰力之一。

著名戰役

1453 年，君士坦丁堡之役
1526 年，摩哈赤戰役

長袍 Robe
以毛氈製長袍取代盔甲。這種長袍輕巧靈活，讓新軍得以迅速前進，參與海戰。

頭飾 Headgear
新軍的頭飾很獨特，設計目的在於震懾敵人，讓他們在遠處就能看見強大的軍團。

斧頭 Axe
進行近距離戰鬥時，新軍士兵會揮動斧頭，砍殺所有擋在前方的敵人。

馬褲 Breeches
將長袍塞在馬褲中，以便在行軍和作戰時行動。

主要武器
Primary weapon
新軍以弓箭手起家，但其軍備沒多久就變得現代化——人手一把火繩槍；新軍堪稱當時的神射手軍隊之一。

輔助武器
Secondary weapon
劍身彎曲的亞特坎劍在戰場上極實用，它同時也是新軍的象徵。

戰妝 War paint
蘇族戰士會在臉上和身上塗色，化上「戰妝」，還會在頭髮上配戴羽毛。

弓箭
Bow and arrow
在短距離內，蘇族人會以弓射出鐵箭；有些弓會用動物的肌腱來增加力道。

戰斧
Tomahawk
在來此定居的殖民者引進步槍之前，戰斧一直用於混戰，或作為投擲式武器。

盾牌 Shield
小型盾牌由動物的皮或皮革製成，可偏轉敵人的箭頭。

蘇族戰士

選用武器
弓、矛、斧頭、步槍和木杖

美洲的原住民戰士寧願杖擊敵人，也不想血洗戰場

與本文多數的戰士不同，蘇族人很少進行大規模戰鬥。他們傾向以小型突擊隊的方式來偷馬，或為死去的戰友報仇，而非占領他人的領土。

蘇族雖跟其他美洲原住民部落一樣，並無土地所有權的概念，但他們仍會在夏季時與烏鴉族等對手爭奪狩獵和生活的空間。蘇族領袖「野牛」和「瘋馬」亦是族裡的戰士；在蘇族戰士的群體中，並不認為死亡是個英勇的行徑，最能展現勇氣的方式是杖擊敵人。

蘇族戰士殺害敵人後，會將其頭皮剝下。蘇族人相信這能防止敵人在來世時追殺戰士，且頭皮可掛在長矛和盾牌的頂端和表面上，作為戰利品。

著名戰役

1876 年，小巨角戰役

前歐洲殖民時期 -19 世紀

祖魯戰士

對抗歐洲帝國主義者的戰士

祖魯人有著以數百或數千名戰士組成的軍團；這種軍團稱為「依布道」（ibutho）。年輕的未婚男子是軍團的主力，為盡可能延長士兵的服役年限，酋長通常會等到他們 35 歲左右才准婚。祖魯人在婚後能選擇離開軍隊，此後只有戰時才會被徵召參戰。

盾牌只有戰時才會配給，承平時期不得持盾，以免爆發內戰。年輕軍團的盾牌顏色往往較深；資深軍團則以較淺的盾牌來防衛。盾牌也可用來敲擊敵人，使其喪失平衡，再以短矛刺殺。傳統上，盾牌有助於祖魯領導者識別戰場上的不同軍團。祖魯人沒有常備軍，在無武力衝突時，祖魯戰士便會返家。

祖魯軍無後援，且靠土地自給自足，因此其作戰期較短，但往往為決定性的戰鬥。他們熟悉地形，能有效地發動伏擊，並征服其他部落，因此成為抗衡歐洲入侵者的一股力量。

著名戰役

1879 年，伊山得瓦納戰役
1879 年，羅克渡口戰役

南非長矛 Assegai
這種矛附有尖銳的刀刃，能從大盾牌的後方伸出，刺殺敵人。

現代火器 Modern firearms
除了長矛，祖魯戰士也會使用殖民者進口到非洲或取自敵人的步槍。

耐力 Stamina
沒有補給鏈，也不穿重型盔甲，祖魯軍一天能行進 30 多公里。

頭飾 Headdress
祖魯軍團各有其獨特的頭飾，以便從遠處觀戰的指揮官進行調度。

伊西蘭古長盾 Isihlangu
祖魯人在戰時使用的盾牌以牛皮製成，當矛擊上盾牌時，便會發出駭人巨響。

牛皮 Cowhide
用於製作盾牌的牛皮會曝曬在陽光下、待其乾燥，再埋於糞便中、接著用石頭擊打，使其變得耐用。

選用武器
南非長矛和步槍

水牛陣

1879 年，祖魯人在伊山得瓦納（Isandlwana）戰役中痛擊英國人，主要是因戰術運用得宜。水牛陣由祖魯王沙卡（Shaka）想出：將強大的戰士集中在核心，兩側則搭配輕兵部隊（宛如一對牛角）。當敵人進入中央，與最強大的祖魯部隊交戰時，便會自側面被包圍。此戰略在對付當地部落時可說戰無不勝，但在對抗英國人時就不是如此奏效。尤其是在羅克渡口（Rorke's Drift）戰役時，英軍集中步槍火線，防止祖魯人接近。但在伊山得瓦納對抗分散的英軍時，祖魯人則大獲全勝。

敵軍

祖魯側翼		祖魯側翼
部隊：角	← →	部隊：角
	祖魯主力部隊：頭	
	祖魯後備軍	

兩側的翼角迫使敵人前往祖魯軍主力部隊所在

沙卡國王採用新戰略

1815 年至今

廓爾喀軍

一戰期間，廓爾喀軍是同盟國陣線中的精良軍事力量，他們從家鄉尼泊爾出發，前去許多戰區，包括加里波利的險峻懸崖和血腥的西方陣線。英勇的廓爾喀軍屢次在關鍵位置主導進攻。

廓爾喀軍最初在 1815 年受英國徵召，約有 3500 人現仍在英軍服役。一戰期間，有近 2000 人獲得勇氣獎，有些人更獲得維多利亞十字勳章。他們的座右銘是「寧戰而死，絕不苟活」。

著名戰役

1915 年，洛斯之戰、1915-1916 年，加里波利之戰

英勇作戰 Battlefield courage
基於傳統，廓爾喀軍在一戰期間普遍都戴著這種帽子。

廓爾喀刀 Kukri
廓爾喀刀是精煉而成的獨特弧形鋼刀，在熟練者手中是一把致命武器。

武器兼工具 Weapon and tool
廓爾喀刀也可用來剁食物和砍木材。在古老的傳說中，每次拔刀必要見血。

選用武器
廓爾喀刀

逾 20 萬人的廓爾喀軍在兩次世界大戰中擔任英國的盟軍

羅馬軍團
LIFE IN THE LEGION

古羅馬軍隊裡充滿了訓練有素的一流士兵，
從而打造出所向披靡的軍事力量

羅馬軍隊的組織嚴謹，兵士都經過高規格的作戰訓練和武裝。各軍團約有 5000 名士兵，以抵禦來自四方、侵略羅馬帝國廣大領土的敵人。軍團的主心骨就是士兵，這批重型武裝步兵宣誓效忠「元老院與羅馬人民」（Senatus Populusque Romanus，即羅馬帝國的正式名稱）和皇帝。然而，軍團的日常生活並非充滿了與敵人作戰的光榮事蹟，而是嚴格的操練與無止盡的行軍，另外還要投入更多時間進行戰鬥訓練。

軍團士兵得和所屬的共帳小隊（contubernium）一起行軍、訓練、吃飯、戰鬥和休息。每個共帳小隊共有八名士兵，10 個小隊便可組成一支百人隊（centuria）。在結束每日的行軍，並搭建好軍團夜間的防禦工事後，各小隊就會搭起各自的帳篷，享受珍貴的休息時間。每個小隊都配有一名僕役，負責修理工具、煮飯、清潔，並為士兵處理一般瑣事。各小隊至少有一名成員會輪番守夜，一直戒備到黎明破曉，準備再次行軍為止。

訓練和演習

軍官採用角鬥士的戰鬥技術和風格，冷酷地訓練士兵。競技場上的血腥格鬥經驗讓角鬥士成為專家級的教練，深諳擊敗對手之道。新兵會以木劍和盾牌來練習，這些裝備比在戰場上所用的更重，藉此訓練他們的力氣和耐力，為日後的實戰做足準備。新兵會重複以木樁進行攻擊頭、腿和軀幹的演練，同時盡全力去閃避和防禦。

新兵得要學會運用羅馬重標槍、短劍和陣形

這些歷史重現表演者裝扮成輔助軍騎兵，手持用來砍殺敵人的矛和長劍

下一個階段是武裝演練（armatura），也就是讓兩名士兵進行對打練習。為了避免受傷，他們會採用鈍化或包裹住的刀刃，並將在木樁練習中習得的技術全都用上。在整段軍旅生涯中，軍團會一直持續這樣的訓練，以維持戰力。武裝演練對軍團來說至關重要，因此才會特別搭建房舍，以便在任何天候下進行鍛鍊。在訓練期間，表現不佳者會受到處罰，可能是減少口糧、繳交高額罰款，甚至遭軍官痛打一頓。

軍隊中若有表現不佳或不遵從軍令者可能會影響戰局，因此軍紀往往格外嚴格，並以重懲來維持。偷竊、逃兵甚或僅在執勤時睡著等罪行會視情況處以鞭刑、降級，甚至是公開處決——通常是亂棒打死。但偶爾也會出現整支隊伍臨陣脫逃的罕見情況，這時則會祭出「十一抽殺律」（decimation）——在每十名逃兵中任意挑出一名處死。害怕落得如此下場的恐懼通常足以支撐軍心渙散的小隊或百人隊，給他們持續作戰的勇氣。

> 「軍官採用角鬥士的戰鬥技術和風格，冷酷地訓練士兵」

血汗工資

能獲得固定薪水是吸引新兵加入羅馬軍團的關鍵原因之一，軍團是整個羅馬軍隊中薪資最高的單位。軍階晉升和服役年資可望讓軍團士兵獲得 1.5 倍的軍餉；富經驗的老兵更可獲得 2 倍的薪餉。雖然輔助軍拿到的工資通常比正式的軍團士兵來得少一些，但在完成 25 年的兵役後，他們便可獲得羅馬公民身分，這可算是一項額外的誘因。

羅馬軍隊的一天

艱苦的勞動、無止盡的訓練和例行行軍僅是軍團日常的一小部分

清洗
在每天有限的空閒時間中，士兵得負責維持裝備的狀態與個人衛生。軍營常設有舒適的浴室，但在出征時，只能用任何能找到的替代品來進行清潔工作。

訓練
士兵每天都得進行木劍、投石帶、弓箭和重標槍的訓練。這些艱苦的戰場練習能讓士兵在身心上做好實戰的準備。

軍法處置
紀律在軍隊中是必不可少的，違法亂紀者勢必會遭到嚴懲。盜竊、逃兵、抗命和其他罪行通常會處以降級、毆打、鞭打，甚至公開處決。

建築防禦工事
在每天的行軍結束後，士兵都得協助建造一處新的臨時防禦工事——在營地周圍建造戰壕和木牆。這表示不論軍隊身在何處，都可獲得一定程度的保障，以抵禦敵人的夜襲。

行軍
一支軍隊可能固定接到每天行軍達 9 小時的命令，要求每名士兵攜帶其裝備和口糧（往往重達 40 公斤）進行移動。新兵的首要之務通常就是學習如何有紀律地行軍。

任何富有進取心的士兵都可嘗試從戰爭中獲得財富和榮耀。在戰鬥結束後，將軍會表揚那些表現特別英勇，或是在任務中身受重傷的人。例如，在公元前48年的底耳哈琴會戰後，軍團獻給凱薩大帝一面遭到上百支箭刺穿的盾牌，皇帝於是獎勵其擁有者——一名百夫長——相應的財富和光榮的晉升。

然而，在出征時，獲得財富的方式可就沒那麼光榮了——在成功征討後，將軍常會允許兵士就地掠奪戰利品。在許多極端的例子中，將軍都是靠此方式來確保部隊的忠誠度，以防叛變。而幸運存活到退役年齡的軍團士兵可在退休時獲得1萬2000個羅馬銀幣（sesterce），甚至獲贈土地（通常位於服役的地區），就此安定下來。

軍團的衰退

到了4世紀中葉，羅馬帝國已過了鼎盛期，數個蠻族（如哥德人、汪達爾人和匈奴）皆開始伺機而動，侵入羅馬帝國的疆域。因此，原本駐紮在帝國遙遠疆界的軍隊（如不列顛的駐軍）便開始往帝國中心移動，以保衛帝國的心臟地帶。到了此時，軍團已出現了重大轉變，不再具有幾世紀前的優勢。

軍團已無法顧及原先設定的身高和年齡限制，否則難以招到足夠的人來從軍衛國；也沒時間進行如過去般嚴格的訓練，武裝演練幾乎完全消失。少了戰利品的吸引力，男人往往是被迫服役而非志願。

而在此時，已不再禁止非公民加入軍團，羅馬公民亦可能僅加入輔助軍。這意味著羅馬軍隊已不再由「本地人」所組成，當中還有人是來自帝國所征服的「蠻族」之地，有些甚至來自國境外。儘管新的軍團確實打過勝仗，但與過去的精英士兵相比，可謂相形見絀。

寬帶軍政官
Tribunus laticlavius
軍隊中的第二指揮官，是由元老院或皇帝任命的高級軍官。其制服上會加上寬條紋，以表明其軍階。

大隊 Cohorts
軍團由10個大隊所組成，每個大隊包含六個百人隊。每支百人隊由80名士兵組成。

軍團的組成
羅馬軍團是高度組織化的部隊，有著極嚴格的指揮結構

宿營長
Praefectus castrorum
這是軍隊中軍階第三高的軍官，負責監督武器、裝甲、防禦工事的維護和營地補給等工作。

鷹旗手 Aquilifer
這是一個極具榮耀的職位，鷹旗手有幸能攜帶軍團的標幟進入戰場。他亦負責保管士兵的軍餉。

人物索引

軍團士兵	百夫長	號手

宿營長	騎兵	鷹旗手	軍團司令官	百夫長副手

窄帶軍政官	盤旗手	寬帶軍政官

騎兵部隊 Eques legionis
每個軍團中還附有一支120人的強大騎兵隊。

輔助軍

儘管重裝步兵是羅馬軍隊的主力，但弓箭手、投石兵和騎兵等部隊在戰場上也是不容小覷。這些部隊的人力主要是從羅馬帝國征服的地區招募而來，如高盧、希臘、日耳曼和不列顛。比如，來自克里特島的弓箭手就以百步穿楊的技藝而聞名；日耳曼的騎兵則在公元前 58 至 50 年隨著凱撒征服高盧人時，便展現出實力。

輔助軍雖然常視軍團的需求而籌組或解散，但羅馬人變得越發依賴他們。與軍中的同袍不同，這些人雖不具備羅馬公民的身分，但仍可透過長期從軍後獲得。當帝國開始衰亡時，輔助軍和軍團單位之間幾乎已無差異。最終，為了捍衛羅馬帝國的領土，更招募了大量不具備公民身分的士兵。

羅馬帝國時期的一位
輔助軍步兵

窄帶軍政官
Tribunus angusticlavii
可由制服上的窄條紋來區分五位軍政官，他們負責軍隊的行政管理，但偶爾也得帶領大隊。

百夫長 Centurion
百人隊的指揮官，通常是慢慢晉升到此軍階，具有多年的征戰經驗。軍團中最高階的百夫長又稱「首席百夫長」（primus pilus）。

軍團士兵

百人隊結構

百夫長
副手

號手

盤旗手

百夫長

軍團司令官
Legatus legionis
是整個軍團的總指揮官，通常具有參政的背景，由皇帝或元老院直接任命。

一場歷史重現表演呈現出一個行軍中的百人隊，由百夫長、盤旗手和號手所率領

頭盔 Galea
通常由青銅製成，可防止配戴者的頭、頸和臉部遭受攻擊。

羅馬重標槍 Pilum
長度可達 2 公尺，在設計上，這些標槍的金屬倒刺會在撞擊時彎曲。

羅馬短劍 Gladius
這些鐵製短劍是羅馬步兵的主要武器。

盾牌 Scutum
此長方形大型盾牌能保護頸部以下的多數身體部位。

羅馬軍團的招募要求

1 公民身分
只有羅馬公民才能成為軍團的一員，奴隸或獲釋的奴隸皆不準加入。但隨著軍隊需求的改變，這條規則也逐漸放寬。

2 身高
招募的新兵身高至少要有 172 公分，但某些兵種會需要更高的男性。即便如此，有人認為招募人員並非總會嚴格遵守這條規則。

3 年齡
年滿 17 歲的男性便可從軍，一般來說年齡上限約為 25 歲。但在急需人力時，年齡上限甚至可提高到 35 歲。

4 教育
雖然普通士兵不需要任何教育背景，但若希望晉升為軍官，仍得具備基本的計算和識字能力。

5 力量
新兵最重要的就是健康、耐力、視力和量量。無法執行高體能任務的士兵常會遭軍隊解職。

武器與盔甲
羅馬士兵使用了當時最好的兵器和防護配備

戰爭機器人
WAR ROBOTS

一窺改變戰爭
面貌的先進
科技

透過媒體對近代戰事的報導,我們能得知在過去數十年間,軍事設備經歷了重大的變革。簡單來說,武器設備的進步多少能讓軍隊採取較不需真人實際上陣的作戰方式。以 1991 年波斯灣戰爭中一戰成名的戰斧巡弋飛彈為例,它具有自主導航能力,可透過攝影機和影像分析軟體來鎖定特定目標,並攻擊遠達 1600 公里外的目標。而掠奪者號與死神號無人飛行載具亦是大眾矚目的焦點;這種簡稱為無人機的無人駕駛飛機雖由飛行員操控,但飛行員本人可能身在地球的另一端;不論是偵察或攻擊任務,這些無人機都得以勝任。

智能巡弋飛彈和遙控飛機雖都稱得上是戰爭機器人,但它們其實僅是其中的一小部分。本文的主題雖然是戰爭機器人,但此領域實在過於廣泛,因此接下來我們將聚焦於戰地機器人。戰地機器人儘管不像無人機那般為人所知,但這種聽起來未來感十足的機器卻早已馳騁在敘利亞和伊拉克的戰場上;同時,世上頂尖的國防公司和軍事研究機構也招攬了最聰明的人才,以著手進一步開發戰爭機器人。

戰爭機器人雖總給人高科技的印象,但它們其實不如我們想得那般新穎。早在 1898 年,身兼電機工程師、無線電始祖和發明家的尼古拉·特斯拉就曾展示一艘軍用無線電遙控船。然而,特斯拉並未得到美國海軍的資助——史料顯示他可能

美國國防高等研究計劃署的「步兵班組支援系統」(簡稱 LS3)旨在作為機器駄驢

被當成瘋子。但這大概算不上意料之外的事，畢竟當時大眾對無線電還很陌生。另一個較為近代、概念也較近似現代戰地機器人的案例則是 1930 年代由蘇聯所開發的遙控戰車（Teletank），以及由德國製造、曾用於二戰的哥利亞（Goliath）遙控炸彈。事後看來，我們也不意外上述兩項發明皆起不了關鍵作用，因為當時缺乏了機械戰爭所需的基礎建設。而今，藉由結合可靠的全球通訊技術、衛星導航系統和充足的電腦計算能力，我們得以推動新一代軍用機器人的發展，有望改變戰爭的樣貌。

軍用機器人可分為三類：遠程機器人、半自主機器人，以及全自主機器人。遠程機器人係由無線電進行控制——儘管人類操作員身在遠方，但仍能全面操控機器人的運作。另一方面，全自主機器人完全不受人為干預，一旦設定好任務，內建的人工智能系統便會驅使它們主動執行任務。半自主機器人則

死神號等軍用無人機
已與機器人共赴戰場

現有的軍用機器人還得由人類操控；
未來的自主機器人恐怕更易引發爭議

MAARS 戰地機器人

QinetiQ 公司的「模組化先進武裝機器人系統」
（簡稱 MAARS）旨在協助偵察、監視與鎖定目標

狀況警覺攝影機
Situational Awareness Cameras
能左右轉動、上下傾斜的變焦攝影機可提供 360 度的視野。

警告雷射
Warning Laser
綠色的雷射光可提供非致命的警示效果。

雙向電笛
Two-way Hailer
能發出警報，也可用來進行雙向口語溝通。

榴彈發射器
Grenade Launcher
四門 40 公釐榴彈發射器具有獨立的控制裝置。

雷射測距儀 Laser Rangefinder
取得目標的距離資訊後，會自動傳至電腦，以便更精準地鎖定目標。

槍砲攝影機
Gunnery Cameras
武器在白天與夜晚各以日光攝影機與熱成像攝影機來瞄準目標。

機槍
Machine Gun
主要武器是一架 M240B 機槍，裝配了 450 發 7.62 公釐的子彈。

天線
Antenna
無線電通訊設施讓操作員得以在 1 公里左右的範圍內遙控 MAARS。

介於前述兩者之間，適用範圍可謂包羅萬象。舉軍事領域為例，我們可以假想一架遙控無人機搭載了自動駕駛系統，飛行員得以從遠端啟動該系統，以進行例行性的飛行任務，就如同客機駕駛也會以自動駕駛系統來開飛機。另外，搭載致命武器的機器人雖能設定為自主鎖定目標物，但仍須人類手動許可，才能發射武器。

在戰場上使用機器人的理由，有部分與在其他領域使用機器人的原因完全相同——提高生產力。舉汽車製造業為例，該產業使用機器人已久，因業界認為在執行一成不變的工作項目時，機器人比人類勞工更符合成本效益；軍用機器人亦是如此。不過，一旦涉及武裝戰爭，就不得不考慮另一個非常重要的面向。若機器人遭受攻擊，潛在成本不過是維修或汰換而已；當人類士兵進行相同任務時，風險則嚴峻地多——傷殘或死亡。而這也帶來了另外一項優點：一些分析指出，一旦排除了士兵傷亡的風險，軍方會有意願展開更為大膽的軍事行動。

一旦仔細思索戰爭機器人的應用層面，我們可以肯定機器人大概有能力取代

人類士兵和軍用機械，負責執行大多數的軍事行動；然而，有些任務顯然比較適合由機器人來進行，有的則不然。大眾固然不期待看到機器人士兵昂首闊步地參加閱兵大典，但提供運輸服務、減輕步兵的負擔顯然都是很好的應用。機器人是拆除炸彈的絕佳工具，也適合在戰火方休的地區搜尋、拆除地雷，以降低平民受傷的風險。

當今軍用機器人的主要任務是偵察，並透過各種攝影機與環境感測器來執行監視任務。我們也不難想像以機器人來進行挖掘等工程任務；亦有傳言指出，軍用「醫療機器人」或許能深入戰場救出傷兵，甚至在裝甲車內進行手術。然而，讓機器人上戰場可以有各種理由，而其中最受爭議的便是操縱武器。

「『醫療機器人』或許能深入戰場救出傷兵」

對於軍用機器人該長成何等模樣、應採用什麼方式移動，並沒有一定的答案。就目前已上市的戰地機器人來看，履帶式最為常見。這種機器人搭載一系列攝影機和感測器，也可能配備了非致命或致命性的武器，看起來宛如小型坦克車一般；它們通常須以手動操縱，有時則具備了少許的自主能力。更具未來感的則是擁有腿部的機器人；舉例來說，取材自四足動物，波士頓動力公司的實驗性「大狗」（BigDog）機器人是一架機器馱驢；而同公司旗下的「獵豹」（Cheetah）機器人則能以 45 公里的時速移動，是世上最快的有腳機器人。戰地飛行機器人也正在開發中，不同於在海拔數千公尺飛行的軍用無人機（如掠奪者號），這種機器人的工作範圍離地近得多，因此得以飛入窗戶，偵察建築物內的狀況。這些飛行機器人的體積與常見的四軸飛行器差不多，但軍方對於微型無人機也很感興趣，最好能小得如昆蟲一般。例如，美國陸軍研究院開發出一對長僅 3 公分、採用鋯鈦酸鉛材質的機器昆蟲翅膀，通電時便會彎曲、拍翅。同一團隊也開發了千足型爬行機器蟲，並試圖達到類似的效果。

在目前的微型機器人研究中，讓人倍

便於攜行 Portable
僅重 13.2 公斤，收起時尺寸為 708×437×230 公釐；單一士兵就足以攜帶這架 310 型機器人。

機械手臂 Robot arm
機械臂可延伸至 610 公釐，並舉起多達 3.2 公斤的物體；機械臂收回至機身附近時，則可舉起 6.8 公斤。

攝影機 Camera
彩色攝影機能以遙控變焦，在微光下也可清楚拍攝。

夾鉗 Gripper
機械手腕配備了一對平行的夾鉗，可 360 度轉動，以便抓取物體。

軍用機器人已於阿富汗、伊拉克與敘利亞服役

PackBot 機器人

iROBOT 公司的 310 SUGV 機器人專門在危險的情況下進行情蒐

1. 極速 Top speed
利用電力推進器，PackBot 能以時速 10 公里的極速行駛於崎嶇的路面上。

2. 雙鰭輪 Dual flippers
一對鰭輪能協助 PackBot 通過崎嶇的地形，也能在 PackBot 翻覆時協助轉正。

3. 附加動作 Additional locomotion
當前方路面益發險峻時，鰭輪更是不可或缺，因為它能帶動 PackBot 前進。

感興奮的概念就是協作。這種工作模式又稱為群集科技，也就是讓機器人以特定的方式協作，達到一加一大於二的效果。蟻群就是自然界應用這套方式的例證。機器人群集甚至能包含各種類型的機器人，彼此通力合作，以執行複雜的工作。

雖然前面已對機器人科技做了諸多探討，但我們最終仍得提及戰爭機器人所衍生的倫理議題。其中一項疑慮是，在不

軍用機器人或許看似科幻電影中的產物，但如今它們正要從電影走入現實

BEAR：戰地協助撤退機器人

BEAR 機器人旨在救援戰場上的傷兵；它可在多數地形上活動，舉起傷患後，能以高達 16 公里的時速將之送往安全地帶。由於 BEAR 得從危險的環境中協助傷兵撤離，因此只要是人類能到達之處，它都要能前往，這是迄今多數機器人仍辦不到的事。由於 BEAR 的移動方式異於一般機器人（配有坦克車般的履帶），因此得以背負傷兵、在崎嶇的地形上移動，甚至能上下樓梯。BEAR 最初僅以手動遙控，但隨著科技的進展，它也和多數的軍用機器人一樣，擁有越來越多的自主能力。BEAR 主要以一個類似掌上型遊戲機的裝置操控，但研究員亦試圖以語音和手勢對 BEAR 下達指令。

美國陸軍在喬治亞州的本寧堡測試 BEAR 機器人

救援機器人

BEAR 系統如何協助救援傷兵？

輪 Wheels
有些原型機採用車輪，以便在平坦的地形上移動。

雙腿折疊 Legs collapsed
當雙腿位於此處時，BEAR 得以享受履帶的好處——高速行駛於崎嶇的地面上，並保有靈活度。

面部與感測器
Face and sensors
BEAR 擁有如泰迪熊般的面容，內部的感測器和攝影機可將資訊提供給遠端的操控員。

雙腿伸展
Legs extended
伸展的雙腿能提供額外的高度，同時還能繼續以履帶移動。

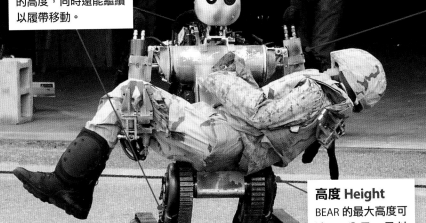

手臂 Arms
這是抬舉傷兵的關鍵部位，可負重 227 公斤。

手 Hands
BEAR 有時得抓握物體，因此也能精準地操控其雙手。

高度 Height
BEAR 的最大高度可達 1.8 公尺，足以查看牆另一邊的狀況，也能把傷患抬至高起的平面。

受昆蟲啟發的微型機器人可前往大型機器人無法抵達之處

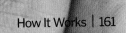

會導致自家士兵傷亡的情況下派遣軍隊出征,將引發道德上的問題,原因是有人認為這可能會讓侵略國更輕易地展開軍事行動。上述考量固然極易理解,但這種爭議同樣可見於歷史上所有的軍武發展。

　　機器人科技雖帶來極其顯著的影響,但其自主行為能力也引發了各種討論聲浪。首先,編寫毫無錯誤的程式碼本身就很不容易。因此,若自主機器人接收了錯誤的指令,導致它攻擊友軍或市民,那時該由誰負起最終的責任?只能說,目前遇到的問題比解答來得多,而聯合國也已針對相關議題進行討論;美國國防部目前則禁用自主武器。

　　爭議較少且益處較多的層面,可於GPS衛星導航系統上窺見;透過民間的研究,戰爭機器人也有望衍生出其他商品。好比 GPS 原是專為軍事用途而設計,現在卻用於車載導航系統和智慧型手機導航app 中,而上述情況也絕非特例。綜觀歷史,軍事武器的進步遲早會為人類帶來某種程度的益處。現在,我們就等著看軍用機器人能否也帶來類似的效果。

小分隊X核心技術

機器人或許有天會取代人類士兵,但目前仍可能處於協同作戰、提供情報給士兵的階段,讓士兵盡量安全且有效地執行任務。這就是美國國防高等研究計劃署(簡稱DARPA)旗下一項計畫的背後理念,旨在增強士兵對戰場情勢的警覺性。這項計畫名為「小分隊 X 核心技術」,研究員的初步設想包含一系列地面與空中機器人,可在戰地蒐集友軍與潛在敵軍的情報。根據 DARPA 的說法,這項計畫的主要挑戰在於提供必要的情資,但又不能用笨重且複雜的顯示器,以免造成士兵身體與認知上的負擔。

DARPA 的「小分隊 X 核心技術」計畫旨在促進人類與機器間的合作

未來戰場
機器人科技可能徹底改變戰場的樣貌

穿戴式感測器
Body-worn sensors
除了機器人與無人機,穿戴式感測器也會蒐集情資。

通訊 Communications
無人機和機器人群集將在戰場上扮演要角——作為通訊中繼站。

士兵無負擔
Unburdened soldiers
在機器人的協助下,未來的士兵毋須再肩負笨重的設備。

地面監視
Ground surveillance
地面機器人將以低視角進行監視並辨識目標。

「戰爭機器人也有望衍生出其他商品」

空中監視
Aerial surveillance
軍用無人機的運作原理類似民用的四軸飛行器，可從高空來監視戰場。

釋放無人機群
Swarm drones released
利用軍用飛機來釋放微小的無人機群。

微型無人機
Micro drone
單一架微型無人機本身的能力有限，但若能成群通力合作，便能提供詳盡的戰場情資。

降低風險 Reduced risk
現代的都市戰役將會仰賴多種裝置來探查潛在威脅；少了這些裝置，就很難發現屋頂上的狙擊手。

抬頭顯示器
Head-up display
透過抬頭顯示器等介面，士兵將能得知戰場的相關訊息。

救援機器人 Rescue robot
一旦有士兵受傷，救援機器人便會將傷兵移出戰場，不必讓其他士兵涉險。

機器人群集

美國國防部展示了由多達 103 架微型無人機所組成的機器人大軍，讓人一窺群集技術的赫赫大氣。受到生物群落所啟發，因此下達的指令能傳遍整個群集，各機器人間也可彼此溝通。美國國防部聲稱，比起獨立行動的機器人，機器人群集擁有數種好處。首先，獨立機器人造價高昂；具有群集能力的機器人則相當便宜。此外，由於沒有足以導致全面癱瘓的單一弱點，即便個別的機器人受損也不致影響全局；且就算損耗了部分成員，也不會讓整個群集的能力大幅滑落。該技術的支持者也聲稱，只須訂下一套簡單的規則，就可引發複雜的群集行為。英國國防部表示，機器人群集的潛在應用包括：追蹤個人或車輛、繪製區域地圖、監視特定區域，以及作為通訊中繼站。

© DARPA; Illustration by Nicholas Forder

機器人大

撰文者：史考特・達特菲爾德
（Scott Dutfield）

無人機旨在協助
地面部隊的偵察和
支援任務

作戰 ROBOT WARS

未來的前線戰場將由這些機器所主宰，快來一探究竟！

在 2018 年 11 月，英國國防部進行了迄今規模最大、名為「自主戰士演習」（Exercise Autonomous Warrior）的機器人軍事操演，藉此檢視 70 多種以未來科技打造的樣機能否支援戰場上的士兵。為了測試這些機器人，200 多名軍事人員亦參加了那場演練。從偵察無人機到自動武裝載具，日後前線上可能會出現哪些機器人？本刊造訪了英國索爾茲伯里的一處軍事基地，帶讀者一探究竟。

國防企業 Milrem Robotics 所研發的無人駕駛載具可自主執行補給任務

「木偶控制系統」免除了人員操作的需求，能將現有的坦克變為遙控機器人

遙控士兵

軍事衝突中的人類士兵須以命相搏。但在工程師的合作下，能為人類戰友承擔敵方火力的機械大兵已然誕生。「攻擊巨兵」（TITAN Strike）與「衛哨巨兵」（TITAN Sentry）由 Milrem Robotics、QinetiQ 兩家企業所研發，這兩種機器人組成的小隊有望前往步兵難以到達之處。攻擊巨兵配備了機關槍與攝影機；衛哨巨兵可發揮導引功能，以感應器與攝影機追蹤目標，待搭檔前來、展開進攻。兩種機器人皆可被遙控，或按預設路線前進。裝設火砲的模組化基本單元名為「履帶式混合動力模組化步兵系統」（簡稱 THeMIS），具備自主行動能力，可充當補給工具。感應器與測繪技術讓機器人得以往來基地與戰場之間，運送彈藥、醫療用品和物資。工程師更發明了能「劫持」現有軍武的技術，以打造新型機器人：1988 年開始服役的英國 FV510「戰士」步兵戰鬥坦克（Warrior FV510 tank）在進廠整修後，搭載了「木偶通用系統」（marionette universal system）。就像用線繩控制木偶一樣，這個內建系統會將坦克的控制權轉移至數公里外、由士兵操作的偵防單位。

空中間諜

無人機已為多個產業帶來變革，而無人飛行載具開發商 Threod Systems 則替陸軍開發出一款負責空中監視的重型無人機，所搭載的運輸系統則能支援地面部隊。拜六公斤左右的空運能力所賜，KX-4「持久滯空巨兵」（KX-4 LE TITAN）無人機配有隨插即用式酬載，可選配的模組化部件包括航空測繪感應器、攝影機和平衡環架，以執行區域監測、追蹤和鎖定五公里外的目標。持久滯空巨兵亦可提供其他空中支援，如空投救生衣等物資，甚至投下閃光彈支援作戰。這種無人機若曝露了行蹤，反無人機槍（能發射干擾頻率）等武器便能將其擊落。匿蹤是滯空作戰的關鍵。僅 16.8 公分長的「黑色大黃蜂無人機」（Black Hornet PRS）能悄悄地在部隊前方執行任務，有「奈米級」偵察利器之稱。這種可放入口袋、酷似玩具直升機的無人機搭載了與外表不符的高科技。光電紅外線攝影機與感應器能為操作員提供清晰的畫面，以看清前方的威脅。

軍方人員可遙控攻擊巨兵，藉此偵察戰場

攻擊巨兵與衛哨巨兵協同運作，以追蹤目標並迎戰敵人

在時速達 21.5 公里下，黑色大黃蜂無人機可飛 2 公里遠

飛行時，黑色大黃蜂無人機近乎無聲，很適合在作戰中使用

「持久滯空巨兵能空投救生衣等物資，甚至投下閃光彈」

Throwbot 2 能越過 5 公分高的障礙物

機器人滲透者

Throwbot 2 是種小巧堅固的遙控機器人，旨在承受從 9.1 公尺處反覆摔至混凝地的衝擊力道，並偵察潛在威脅。配備了彩色攝影鏡頭、麥克風與紅外線照明設備，Throwbot 2 能勘測室內處所，並回傳畫面至手持式監控螢幕，提供更精準的室內景象。為了保持匿蹤性，Throwbot 2 僅約 21 公分長，相距一公尺遠時，只會發出低於 59 A 加權分貝的聲音（與收音機調至低音量時相當）。

萬事通機器人

這台機器人似乎無所不能——拜模組化設計之賜，THeMIS 得以執行多項戰地任務

起降平臺 Launch pad
起降平臺與 KX-4 持久滯空巨兵協同作業，讓操作人員得以選擇無人機在戰場的起降地點。

調查 Detective
配備了「天馬座多管式望遠鏡」（Pegasus Multiscope），可調查難以徒步抵達的區域。內建感應器得以監控熱信號（heat signature）與空氣懸浮微粒。

偵察 Scout
就像地面上的機器眼，THeMIS 可單純用於巡邏任務或觀察敵情。

拆彈 Bomb defuser
GroundEye 模組系統能偵測地底的簡易爆炸裝置。

武器 Weapon
化身為機器大兵，從遠處就能鎖定目標並開火。

滅火 Fire fighter
將槍砲換成了軟管，便可將消防水線送至失火建物的高處。

醫護 Medic
不僅止於運送物資。傷患後送模組能裝上一組擔架，將傷兵送至安全地點。

運輸 Carrier
基本上，THeMIS 就是物資補給載具，毋須冒險投入更多人力，便能在作戰期間將物資送往基地或戰地士兵手中。

坦克殺手 Tankbuster
配備了反坦克飛彈，以癱瘓敵方坦克。

未來戰地科技大解析

明日戰場
2030

FUTURE COMBAT: WAR 2030

一覽將顛覆戰場面貌的革命性技術

雷射武器

RGBA 254

TGT

370.04

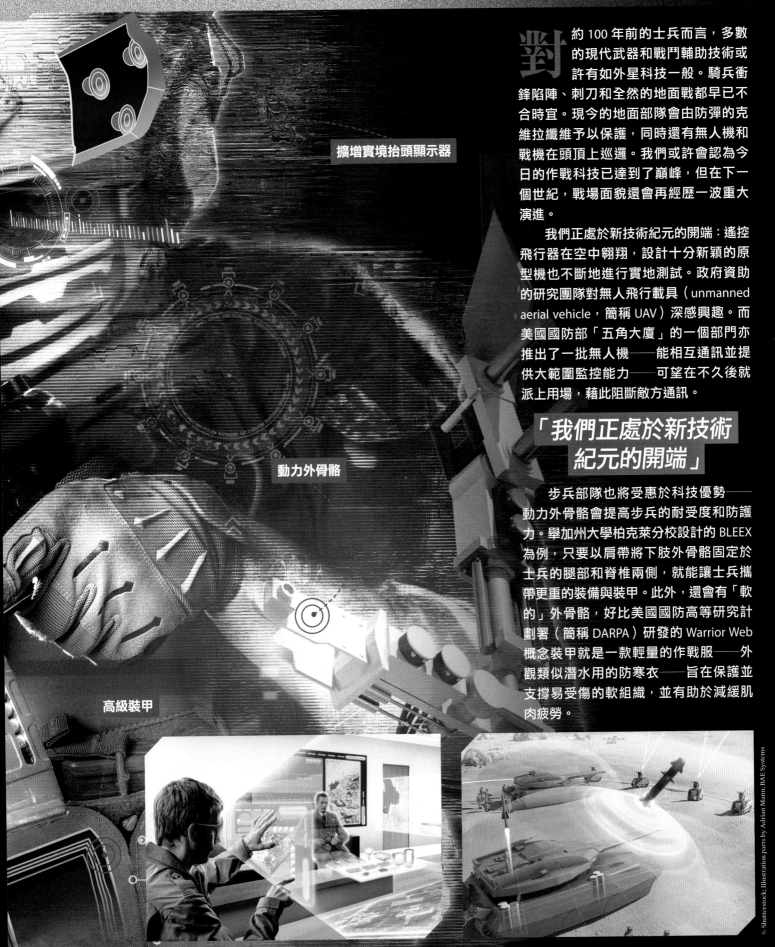

擴增實境抬頭顯示器

動力外骨骼

高級裝甲

對約 100 年前的士兵而言，多數的現代武器和戰鬥輔助技術或許有如外星科技一般。騎兵衝鋒陷陣、刺刀和全然的地面戰都早已不合時宜。現今的地面部隊會由防彈的克維拉纖維予以保護，同時還有無人機和戰機在頭頂上巡邏。我們或許會認為今日的作戰科技已達到了巔峰，但在下一個世紀，戰場面貌還會再經歷一波重大演進。

我們正處於新技術紀元的開端：遙控飛行器在空中翱翔，設計十分新穎的原型機也不斷地進行實地測試。政府資助的研究團隊對無人飛行載具（unmanned aerial vehicle，簡稱 UAV）深感興趣。而美國國防部「五角大廈」的一個部門亦推出了一批無人機——能相互通訊並提供大範圍監控能力——可望在不久後就派上用場，藉此阻斷敵方通訊。

「我們正處於新技術紀元的開端」

步兵部隊也將受惠於科技優勢——動力外骨骼會提高步兵的耐受度和防護力。舉加州大學柏克萊分校設計的 BLEEX 為例，只要以肩帶將下肢外骨骼固定於士兵的腿部和脊椎兩側，就能讓士兵攜帶更重的裝備與裝甲。此外，還會有「軟的」外骨骼，好比美國國防高等研究計劃署（簡稱 DARPA）研發的 Warrior Web 概念裝甲就是一款輕量的作戰服——外觀類似潛水用的防寒衣——旨在保護並支撐易受傷的軟組織，並有助於減緩肌肉疲勞。

不過，在這麼多新科技之中，影響力最大的或許是日益增長中的自動化技術。隨著編寫直覺式演算法和打造精密感應器的能力逐漸提升，人類將可能不必參與操控武器和下決策的過程。方陣快砲（Phalanx）系統等全自動防禦武器也已普及；該系統結合了感應器、軟體與一具格林機砲，許多海軍軍艦上皆有裝配。當方陣快砲系統感應到導彈來襲時，就會自動鎖定、瞄準並將之擊毀，其反應速度與精確性皆優於人類。

然而，除了排除明顯威脅（如來襲的導彈）之外，要讓武器系統擁有完全的自主權實則困難得多，且亦有道德上的疑慮。因此，政府和私人公司正致力於設計各種「近自主」武器（如坦克和無人機），這類武器在進行攻擊時都須由人員操控。

這代表以下情境指日可待：士兵身處千里之外的安全地點，遙控著在前線激戰的武器；透過自主導航技術，坦克和無人機可巡邏地面與天際，並即時採取自主防禦措施，以免控制員（身處數公里外）下

1 in

Excalibur 內含光頻整相陣列科技，可用來製造輕巧的雷射武器

雷射透鏡

不論是哪種軍隊，監視敵軍都是必要的任務，但隨著地對空導彈系統的增設，監視行動不但越發難以執行，也比以往來得更重要。好在英國航太系統公司正在開發「雷射激發大氣透鏡」，以便在安全的距離內，透過雷射來提供詳盡的地面監控影像。

一旦抵達高空，飛機將會以雷射光束暫時激發或電離一小部分的大氣，讓光線在通過該區時因折射、反射或繞射而偏折，藉此將該區的大氣變成一個放大鏡。再輔以先進的感應器，士兵就能仔細監控下方的地面行動。然而，這項技術的優勢並不止於此，大氣透鏡也可充當雷射偏向盾，從而阻斷敵軍雷射武器的反擊。

雷射武器
這種受小說所啟發的科技注定會顛覆武器的型態

當 H・G・威爾斯的「火星三足侵略者」於《世界大戰》這部小說首度登場時，其「熱射線」會發出無形能量束，人事物一旦被觸及便會燃燒；強大的威力更讓火星人終結了人類的地球霸權。這本開創性的科幻小說於 1898 年發表，就此點燃了幻想之火，全球不禁擔心火星人是否會到地球大開殺戒。但當時大概沒人會想到，在一個多世紀後，人類就發明了熱射線，只不過名字換成了「雷射光束」。

不同於熱射線，雷射的用途並不侷限於烤焦目標，而是被應用在多種作戰領域，從通訊、追蹤到摧毀目標皆然。如此多樣化的應用潛能都源於構成雷射光束的物質──電磁輻射。橫跨電磁波譜的不同波長各有優勢：位於可見範圍的藍綠光可供潛艇互相傳輸數據，比現今常用的無線電更準確、快速；由紅外輻射組成的雷射光束足以癱瘓感應器，或產生具破壞性的高熱，達到擊殺敵軍的功效。

拜科學家和工程師所賜，於 1960 年首度展示的雷射光束現已有了長足的進步。2014 年，美國的龐塞號船塢登陸艦裝設了可摧毀空中無人機的多功能「雷射武器系統」，並進行測試。多國也加入美國的行列，企圖打造更強大的雷射科技。激烈的軍備競賽如火如荼，雷射很快就會席捲地面、水下、空中和地球軌道。

光明的未來
雷射科技在未來的戰場上究竟有哪些應用

通訊 Communications
雷射可作為光纖科技使用，這種快速的通訊方式適用於民間和軍方。

精準度 Accurate
比起傳統武器，雷射武器在擊殺相同距離的目標時，速度會快上 40 多萬倍。

只要以雷射將大氣暫時變成放大鏡，
就有望監視敵人的一舉一動

雷射空襲

儘管雷射科技現已成效卓著，但仍有許多
障礙有待克服。主要的難題在於：重量不
輕、使用時產生的額外熱能，以及發射時
所需的大量能源。這對大型軍艦而言，或
許並非什麼大問題；但對軍機來說，可謂
困難重重。

不過，洛克希德·馬丁公司已接手這
項挑戰，並著手進行「自保高能雷射展示」
（簡稱 SHiELD）計畫，旨在打造軍機專用
的殲敵雷射砲塔。研究團隊將裝設能精確
瞄準目標的控制系統、高能雷射光束，以
及既能供電又可冷卻雷射光束的莢艙。這
個計畫預計在 2021 年左右進行測試，如
果成功，這種武器有望在短時間內顛覆現
有的戰爭型態。

洛克希德·馬丁公司正在設計一款更輕量、
低廢熱且耗能更少的雷射，以供戰機使用

「雷射光束被應用於
多種領域，從通訊到
摧毀目標皆然」

殲滅來襲的武器
Neutralisation
高能雷射光束能在相當
遠的距離下，識別、監
測並摧毀高空導彈。

反攻 Counter-offensive
雷射科技可用來影響其他雷射武
器的感應器，並干擾擊發程序。

鎖定目標
Target locked
雷射追蹤系統相當
適合用來監控敵方
的無人機和飛機。

指揮官很快就能利用擴增實境在
世界各地建立虛擬指揮所

排除威脅
Threat removal
集中的紅外雷射會積聚大量
的熱能，藉此讓目標失去作
戰能力，甚至予以殲滅。

F363

達的命令延遲抵達。然而，當要使用武器之際，士兵仍會根據收到的資訊，主導應對策略。

我們可能以為，未來的軍事科技盡是些搞破壞的新把戲，但多項開創性研究亦試圖減緩戰爭對環境所帶來的衝擊。舉例來說，雷射在不同軍事應用上的潛力激起了國有項目承辦人員的興趣。有的雷射可用來偵察敵情；有些則能消滅敵軍，並以能量束為火力來源，進而取代對環境有害的子彈和導彈。

對地面部隊而言，未來可能還是會攜帶步槍，而生物可降解的訓練子彈也仍在研發中。現有的彈藥有著金屬彈殼和鉛芯，可能會汙染土壤和地下水。有個創新的解決方法是將經生物工程栽培的種子置入子彈核心；種子會延後發芽的週期，好與子彈降解所需的時間一致。如此一來，當種子準備發芽時，便正好身處肥沃的土壤中。軍方竟特意減少軍武對地球所帶來的負面影響，此舉在乍看之下雖有點矛盾，但比起傳統的高汙染軍武副產品，這類環保措施仍是不錯的改變。

> 「新的軍事科技將會
> 逐漸滲入日常生活中」

軍事科技當然也能惠及一般民眾，歷史上已有許多案例可循。雷達即著名的例子之一，它本是戰時所開發的技術，但不久後便成為一般人生活中的重要一環。核分裂也是一例，畢竟比起焚燒化石燃料，核能的生產方式較為乾淨。

最終，新的軍事科技將會逐漸滲入日常生活之中。我們可以想像得到：在天災發生後，無人機群掃描現場，找出有待援助的災民；動力外骨骼將用來協助殘疾人士或復健病患；自動化客機則能在環境條件出現細微變化時，立即做出反應，藉此確保航程能更加安全。戰爭科技的樣貌在未來數十年內或許會變得截然不同，但也多虧了上述技術的大幅進展，一般的家用科技也可望因此受益。

Broadsword Spine 背心

正如之前所述，由人類士兵所操控的自主式機械將是未來的戰爭主流。電子裝置有助於人與機器之間的訊息傳遞，因此會持續普及，且越發重要。而 Broadsword Spine 背心就可確保電子裝置的連線和供電。

這款無線背心採用了導電布料，可為裝置供電與傳輸數據。為了方便起見，士兵可將電子裝備連接至背心的不同位置。與其他供電服裝相比，採用導電布料也來得更靈活、堅固且輕巧。

這款技術若持續發展，將能增進日漸普及的自動機器人與步兵之間的合作效率，並在未來的戰事中提供關鍵優勢。

可穿戴式電源
一窺 Broadsword Spine 背心內部的無形電源和數據網路

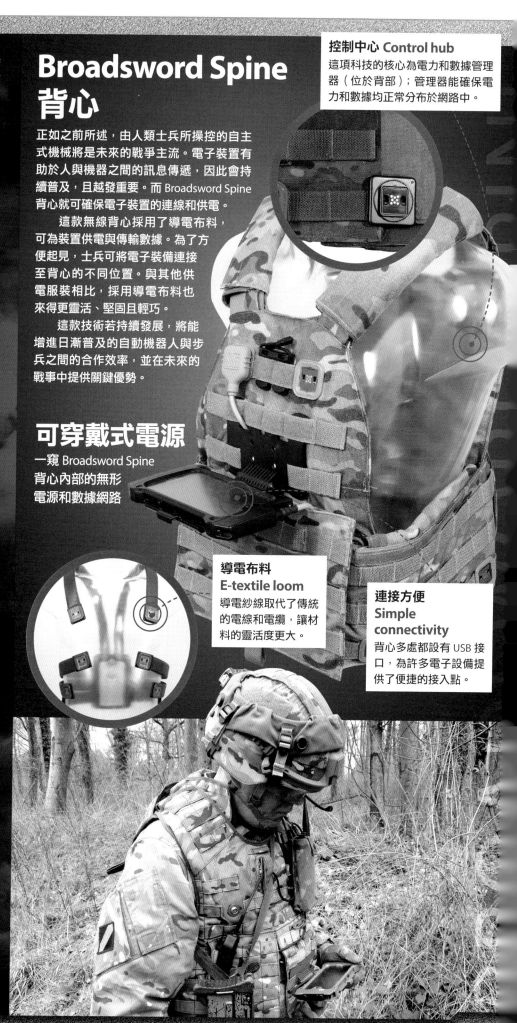

控制中心 Control hub
這項科技的核心為電力和數據管理器（位於背部）；管理器能確保電力和數據均正常分布於網路中。

導電布料 E-textile loom
導電紗線取代了傳統的電線和電纜，讓材料的靈活度更大。

連接方便 Simple connectivity
背心多處都設有 USB 接口，為許多電子設備提供了便捷的接入點。

鐵甲軍團

俗話說「團結力量大」，英國航太系統公司所研發的「鐵甲機」（Ironclad）正是這句話的絕佳例證。鐵甲機旨在自主運作，並與其他同伴共享資訊。用途多元的它們能互相協調，以組成「戰鬥小組」，從而為前線的部隊提供屏障。

鐵甲機配備了橡膠製的不對稱履帶，能在城市戰中於狹窄的小巷穿梭；在崎嶇的地形上巡邏時，也可爬上陡峭的斜坡。它們的裝甲機身可抵擋住爆炸衝擊和小型武器的砲火；內建的電池則足以支撐長達 50 公里的路程。多種易於更換的裝備可附加在鐵甲機的基座上，讓戰鬥小組能視戰情來重新編組。

鐵甲機將會用於執勤、防禦、救援和偵察。但最重要的也許是充當自主機械部隊的耳目，向士兵和其他自主式載具分享混亂戰場上的重要資產：情資。

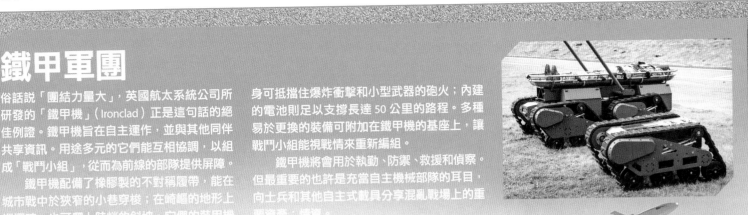

區域阻絕 Area denial
這種鐵甲機會先以影像與聲音感應器來偵測敵軍，再利用遙控武器系統與之交火。

自主式感應器 Autonomous sensor
鐵甲機能擔任偵察兵，深入危險的環境，將現場的影像與聲音直播給步兵部隊。

處理爆炸物 Explosive ordnance disposal
在步兵部隊抵達該區之前，鐵甲機會以機械臂移除暗藏的土製炸彈。

運輸傷員 Medivac
兩部鐵甲機的基座上裝設了專門的擔架，負責安全撤離戰場上的傷兵。

© DARPA; BAE Systems

ViSAR 計畫正試圖開發得以「看透」雲層的極高頻目標感應器

英國航太系統公司打算用虛擬裝置替換控制桿外的所有飛航操縱裝置

Warrior Web 作戰服有助於減少肌肉傷害和疲勞，讓士兵得以延長活動時間

雷射雨
A hail of lasers
透過高功率雷射，無人飛行載具可從空中攻擊其他無人機。

自主協作
Autonomous coordination
自主式機械會同步共享情資，確保周邊地區全面受到監控，藉此免受敵方的威脅。

無人機群
Drone swarms
小型無人飛行載具協同行動，一面偵察該地區，同時干擾敵方通信。

輔助瞄準
Assisted accuracy
雷射光束也可用來確保導彈能精準命中目標。

戰場再進化
造訪未來的戰場，見識指揮官如何以科技取勝

自主操作
No humans required
既然毋須載人，自主式坦克將有更多裝載彈藥、燃料和其他設備的空間。

超級士兵
Super soldier
有了動力外骨骼提供支撐，士兵除可穿上更厚的盔甲、攜帶更重的武器，行軍時間也變長許多。

遙控 Remote control
人類會從安全之所遠程主導關鍵決策，以確保僅有正確目標會遭到攻擊。

化學反應器生長科技
Reactor-grown tech
特製的無人機將在化學反應器中生長，從開始製造到上場作戰僅需數週。

「有了此技術，小隊就能在對的時間接收所需物資」

鐵甲機 Ironclad
鐵甲機群會自主運作並建立戰鬥小組，形成令人見之喪膽的防禦先鋒。

未來的無人機或許能在垂直起降時使用旋翼，並在必要時改用固定翼高速飛行

以化學反應器來培養無人機

戰役與戰爭的贏家往往是較能勝任手邊任務的一方，但當戰線擴大至多處時，軍方又該如何面對各式挑戰？答案或許可在一種特殊的 3D 列印科技中找到，此技術以化學試劑作為「油墨」，由下而上打造無人飛行載具等結構。英國航太系統公司與在格拉斯哥大學和克羅寧集團公共有限公司的合作夥伴期望在幾週內種出無人機，取代當前耗時數年的製程。

有了快速的製造週期，就有望為短期目標打造出特製的無人飛行載具。例如深入敵後的匿蹤小隊可能會需要迅捷的空中補給；有了此技術，工程師可望能快速裝配流線型的無人機，並裝載機械化空投艙門，以確保小隊能在對的時間接收到所需物資。

或許不久後，無人機便可於數週內在化學反應器中「長成」

新一代戰機頭盔
Fighter pilot helmet of the future

英國航太系統公司的新戰鬥頭盔不需護目鏡，也能具有夜視功能

戰鬥機上的數據顯示器通常直接嵌入擋風玻璃，使飛行員不必低頭就能看到儀表上的資訊（速度、高度和警示等相關數據）。有人或許會認為低一會兒頭不過是件小事，但如果戰鬥機飛行員正處於激戰之中，即便只是把視線從敵人身上移開短短一秒，也可能造成致命的危險。新一代的「打擊者 2 號」（Striker II）不以投影機將資料投影至戰鬥機的擋風玻璃上，而是直接將數據顯示器設置在戰鬥頭盔裡。

微型投影機會將數據投射在頭盔內的護目鏡，即駕駛員眼睛的正前方。這意味著，儀表的資訊將能一直處在飛行員的視線範圍之內。與此同時，打擊者 2 號也會藉由行動感測器來追蹤飛行員眼睛所觀看的方向。

利用這項顯示器技術的優點，英國航太系統公司（BAE Systems）將夜視功能一併整合進頭盔內。縱使多年來戰鬥機飛行員早已習慣配戴夜視鏡，但到目前為止，頭盔和夜視鏡仍是設計為各自分開的配備，飛行員在有需要時才會戴上夜視鏡。再者，夜視鏡是個相當重的配備，會大幅增加飛行員頸部的負擔。不同於一般的頭盔和夜視鏡，打擊者 2 號的頭盔頂部裝設有夜視攝影機，讓戴著頭盔的頭部僅須承受來自相同位置的重量，不用額外承擔懸掛在頸部前方的夜視鏡重量。夜視的景象會直接與頭盔顯示器相結合，因此飛行員不必另外配戴夜視鏡。當飛行員戴上頭盔觀察四周時，也能全天候同步看到外部世界的真實景象。✿

先進的戰鬥力

英國航太系統公司的業務發展經理艾倫·喬維特（Alan Jowett）講述打擊者 2 號的優點

將顯示器嵌入頭盔裡對飛行員能產生什麼幫助？
顯示器嵌入護目鏡後，不論飛行員往哪個方向看，他都能看到顯示器的數據。這項功能使飛行員不必一直低頭看儀器，進而降低疲勞感；飛行員的精神狀況好，就能專注於攻擊，反之則可能處於劣勢。

飛行員主要能接收哪些資訊？
頭盔提供一般駕駛艙內的資訊，例如速度、高度和航向；此外，顯示器猶如電腦螢幕，可顯示任務所需的所有資訊，例如武器控制系統。

整合的夜視鏡如何協助飛行員？
「打擊者 1 號」的夜視鏡與頭盔分離，使飛行員操縱飛機時，頸部必須承受夜視鏡的重量；再者，駕駛艙內的壓力也可能增加飛行員得承受的額外重量。新的夜視系統不但可立即開啟，駕駛艙內外的易操作性更大幅提升。

戰鬥機飛行員配戴的頭盔不僅有防護作用，還有眾多功能

頭部追蹤與虛擬實境

藉由將頭部移動時所看到的景象和顯示器兩者結合，打擊者 2 號的夜視攝影機呈現了如同虛擬實境般的真實圖像。若要建立虛擬實境圖像，其中一項前提便是擁有足夠的技術，以快速更新頭部移動時所看到的影像。倘若頭部移動至圖像更新的時差過長，使用者便會產生頭暈噁心感，所建構出的虛擬實境場景也會被破壞。

虛擬實境開發商 Oculus Rift 致力改善此一問題。假若 Oculus Rift 能以每 20 毫秒的速度更新一次顯示器內容，那麼虛擬實境顯示器所顯示的圖像將如同人眼所看到的景象那般自然、真實。

Oculus Rift 替 3D 遊戲研發了一套虛擬實境的頭戴式裝置

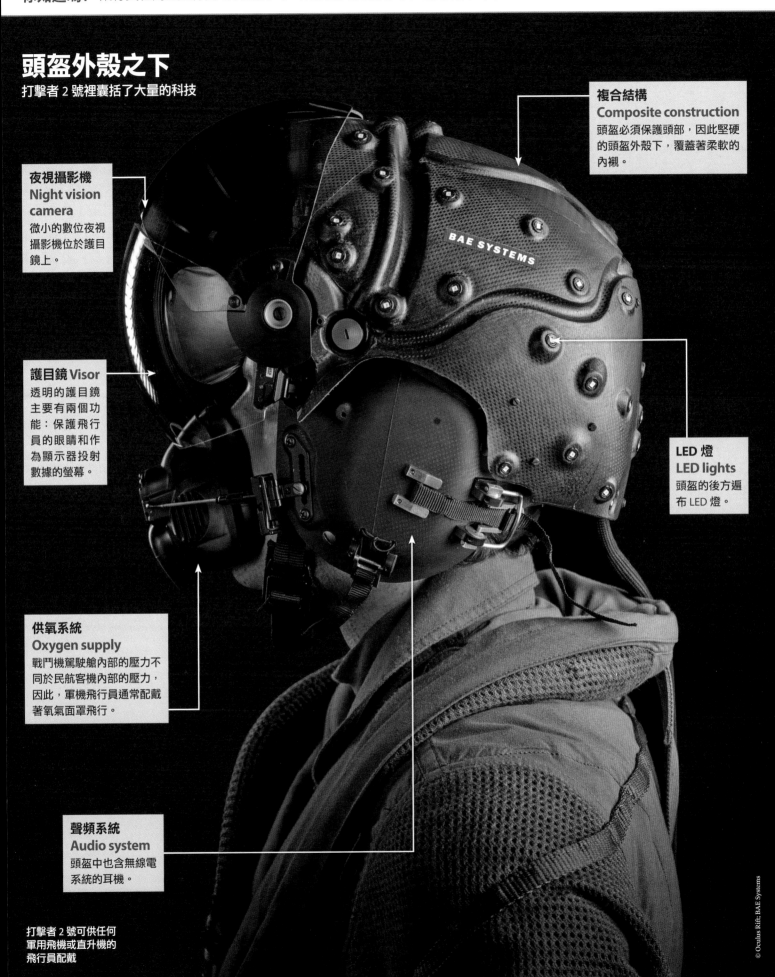

頭盔外殼之下

打擊者 2 號裡囊括了大量的科技

複合結構
Composite construction
頭盔必須保護頭部，因此堅硬的頭盔外殼下，覆蓋著柔軟的內襯。

夜視攝影機
Night vision camera
微小的數位夜視攝影機位於護目鏡上。

護目鏡 Visor
透明的護目鏡主要有兩個功能：保護飛行員的眼睛和作為顯示器投射數據的螢幕。

LED 燈
LED lights
頭盔的後方遍布 LED 燈。

供氧系統
Oxygen supply
戰鬥機駕駛艙內部的壓力不同於民航客機內部的壓力，因此，軍機飛行員通常配戴著氧氣面罩飛行。

聲頻系統
Audio system
頭盔中也含無線電系統的耳機。

打擊者 2 號可供任何軍用飛機或直升機的飛行員配戴

作戰模擬器的奧祕
Inside battle simulators

英國航太系統公司阿佩克斯（Apex）辦公室的工程師；此辦公室位於英國新莫爾登，負責系統整合和實驗

訓練新兵使用世上最昂貴且複雜的軍事技術絕非易事，遑論把市值以億計的軍事裝備交到初學者手上。儘管這些明日戰士所受的訓練與管理十分嚴謹，但訓練任務所需的時間成本仍然是天文數字。

專研軍事技術的英國航太系統公司（BAE Systems）經過多年研發，推出了虛擬戰爭訓練系統——這是一套能同時讓多名使用者在實際場景中模擬戰事的網路系統。事實上，有了這套「專用工程網路」（簡稱 DEN），就可在虛擬作戰環境中，讓 45 型驅逐艦、颱風戰鬥機甚至 E-3D 空中預警機齊聚一堂，接受各種結合陸海空軍事科技的考驗。

如此一來，不僅能匯集最先進的軍事設備同時接受測試，學員與專業人員毋須到戶外就能執行各種任務。

這不只省錢，還能在短時間內模擬多種戰鬥情境，加上 DEN 系統已與英國國防部的網路安全整合，指揮官與決策者更可遠端察看戰爭模擬情境，獲得前所未有的戰爭資訊。

英國航太系統公司位於英國蘭開夏郡的沃頓（Warton）辦公室內，有一座模擬四架颱風戰鬥機的模擬器，搭配另外兩座位於不同地點、分別模擬 E-3D 空中預警機 AEW1 和 45 型驅逐艦的模擬器，其戰爭模擬的成功率相當高，未來已安排了更多測試，預計整合更多的模擬戰鬥載具。✿

數位戰場
這個範圍含括全英的作戰模擬器是由哪些核心要件組成？

專用工程網路
Dedicated Engineering Network (DEN)
DEN 是這套虛擬作戰系統的骨幹，可整合各種模擬器和第三方網路，控制資訊流，並提供資訊給最需要的單位。

颱風 FGR4 戰鬥機
Typhoon FGR4
這款英國皇家空軍的多用途主力戰機可布署於各種攻擊和防禦行動中，是十分先進的戰鬥機型，速度可達 1.8 馬赫。

45 型驅逐艦 Type 45 destroyer
這艘英國頂級軍艦是一尾防空巨獸，配有大批飛彈和槍砲，以射下敵機。

你知道嗎？ DEN 軍事演練連結了英國的四個基地，領先全歐

跨國聯合可交互操作保證網路
JMNIAN
這套英國航太系統公司的虛擬作戰系統可多方共同操作，是各武裝部隊的資訊交流中樞。各基地和防禦單位能透過 DEN 模擬器連結，並相互傳遞軍事資訊。

DEN 模擬作戰情境能讓軍人操控多款先進的軍用載具，這是其中兩款

E-3D 空中預警機 AEW1
E-3D Sentry AEW1
這架預警機主管空中監視和指揮控制，專長為偵察和搜尋目標。

❶ 新莫爾登辦公室
英國航太系統公司位於倫敦的新莫爾登辦公室獨立模擬 E-3D 空中預警機，並運用 DEN 連結模擬環境。

❷ 沃頓辦公室
這個辦公室內模擬了四架颱風戰鬥機，每架都與作戰系統連結。

❸ 布羅克歐克辦公室
這間辦公室內裝設了 45 型驅逐艦的虛擬器；辦公室鄰近知名的樸茨茅斯海軍基地。

虛擬勁敵

英國航太系統公司的 DEN 虛擬作戰訓練系統固然銳不可擋，但美國國防承包商洛克希德‧馬丁公司推出的多功能訓練輔助系統（簡稱 MFTA）也旗鼓相當。MFTA 系統為可重組態平台，適用於多種軍用載具，能模擬固定翼多組員飛機、直升機、登陸氣墊船、快攻艇、卡車，甚至多用途車。

MFTA 以洛克希德‧馬丁的 Prepar3D 模擬軟體為基礎，搭配一組全方位模擬控制器、多點觸控玻璃面板與擬真駕駛艙設備（下圖）。所用的數據來自 WGS-84 全球定位空間資料庫，能模擬交通、天氣等變因，再加上內建的動作平台、光電、紅外線和雷達等各式感測器，MFTA 顯然能讓菜鳥學到寶貴的資訊。

軍事科技
MILITARY TECH

撰文者：伊莉莎白・豪威爾（Elizabeth Howell）

來到美國德州，造訪打造
F-35 匿蹤戰機的工廠

如何
打造
戰鬥機？

沃思堡離德州達拉斯僅一小段車程，安全級別極高的龐大設施正座落於此，全球最頂尖的戰機之一更在此建造。數千名洛克希德・馬丁公司的員工日以繼夜地在此打造 F-35 戰機。負責航空業務的員工其實約有 1 萬 8000 人，但廠區無法一次容納這麼多人，因此採輪班制。除了工程師、技術員和機械技師外，還有眾多負責勤務支援的人員。

訪客乘坐的小車迅速駛過通道，謹慎地在行人穿越區前停下。在各通道兩側可見證 F-35 戰機從機翼、駕駛艙、尾翼到機身等部件逐漸合而為一的神奇工程。每架戰機上方皆設有電子螢幕，顯示了飛機所交付的國家，以及人員的工作進度。

看到技術如此先進的成品就在眼前組裝完成，著實令人驚嘆。到了生產線末端，飛機進入塗裝間，原本的綠色機身披上精細的灰色塗裝。拜兩台汽車大小的機器——「索爾」與「宙斯」——所賜，人員得以進行細部加工。披覆上可見度較低的灰色塗裝後，F-35 戰機便算完成，但仍得經過多次檢查，才能試飛。每架 F-35 戰機都得通過一系列飛行測試，才能交付給客戶（如英國、比利時和以色列）。因此，

> ## 「數千名洛克希德・馬丁公司的員工日以繼夜地打造 F-35 戰機」

HOW TO BUILD A FIGHTER JET

這架 F-35 戰機的起落架在廠內接受首次測試

在電子組合裝配站（簡稱 EMAS），F-35 戰機的機翼與機身組裝在一起

這座城鎮規模的設施可謂 F-35 戰機通往全球的門戶。

廠內最大的建物曾是世上最大的空調房。二戰期間，美國總統小羅斯福將沃思堡設為美國轟炸機的建造地。空調在當時仍屬少見，但在飛機的製造上實屬必要：能防止零件受熱變形，讓接合作業更順利。當然，工作環境亦更舒適。

數十年來，許多飛機公司皆曾以沃思堡為生產據點，1990 年代則由洛克希德・

「洛克希德・馬丁公司打造出廣獲青睞的 F-16 戰機」

馬丁公司進駐，打造出廣獲青睞的 F-16 戰機，以及後來的 F-22 戰機。當洛克希德・馬丁公司以品質可靠的戰機闖出名號時，各國軍方亦有新戰機的需求：即「第五代」戰機，僅會在雷達上留下極小的「影像特徵」，難以被偵測到。軍方亦希望有電子化的駕駛艙，讓飛行員得以透過切換功能，掌握各任務所需的資訊。此外，還希冀戰機能符合未來的需求，可與無人機協同作戰，並搭載最尖端的武器。

洛克希德・馬丁公司提出了令美軍印象深刻的 F-35 戰機計畫，並於 2001 年 10 月獲得 F-35 的研發暨生產合約。在完成開發與測試後，F-35 戰機於 2015 年首度服役。時至今日，於全球服役的 F-35 戰機已達數百架，除執行戰時任務，亦參與飛行表演。

兩名機械技師負責整備 F-35 測試機的前半部機身

每架 F-35 都要降至地面的維修坑（頗類似汽車維修站）檢查機輪

F-35 傳統跑道起降型戰機的機翼組裝進入最終階段

現代戰機的崛起

1980　　　　　　1990　　　　　　2000

麥克唐納・道格拉斯公司 F-15 鷹式戰鬥機
戰力強大、機動性高，是冷戰時期最成功的戰機之一。

通用動力公司 F-16 戰隼戰鬥機
用途多樣、性能強大，能攻擊空中與地面目標。

米格航空器集團 米格-31 獵狐犬戰鬥機
這架長程攔截機為俄軍的骨幹，具備精確的攻擊與防禦力。

波音公司 F/A-18E/F 超級大黃蜂戰鬥機
以航空母艦為基地，為目前最強的多用途戰機，具備攻擊空中與地面目標的能力。

達梭航太公司 疾風戰鬥機
配備了最新的航空電子設備，一次能追蹤多達 40 個目標，可同時對四個目標開火。

歐洲戰機公司 颱風戰鬥機
搭載了具現代航空電子設備的先進導彈，具備攔截機、地面攻擊機等多種用途。

F-35 戰機為多用途噴射機，功能多元，可駐紮在地面或船艦上

是飛機或高爾夫球？

F-35 的機身外皮相當特殊：一片片由機器精準加工的複合材料蒙皮讓 F-35 的機身幾乎全無接縫，排除掉能讓雷達偵測到的細小裂隙。

匿蹤機種本以環氧樹脂來填滿蒙皮間的縫隙。雷達專門偵測尖銳的邊緣，這表示任何有稜角的微小蒙皮接縫皆逃不過其偵測。即便是經過專業施作的環氧樹脂層最終也會硬化、產生裂縫，得時常檢查與補強。

拜新技術之賜，蒙皮得以緊密拼接，不致產生尖銳邊緣，也毋須以環氧樹脂補強。因此，F-35 便不易被發現。就算被偵測到，在雷達上就好比高爾夫球大的物體。

2020　　　　　　　2030

洛克希德‧馬丁公司／波音公司 F-22 猛禽戰鬥機

匿蹤性極佳，搭載一系列強大武器，被視為史上最佳戰機之一。

蘇愷航空集團 Su-35 戰鬥機

速度極快、機動性高、能遠距巡航並飛至高海拔空域，更搭載了重型武器。

洛克希德‧馬丁公司 F-35 閃電 II 戰鬥機

僅有單引擎，匿蹤性極高，F-35B 具備垂直起降能力。

成都飛機工業集團 殲 −20 戰鬥機

中國自製的匿蹤戰機，這架第五代戰鬥機具備長程空中優勢，可執行高速飛行任務。

可調式高架起重機（簡稱 FOG）能精確加工飛機的蒙皮

F-35B 戰機內部構造

這種短距起飛／垂直降落的匿蹤戰機旨在
從船艦或地面出動

匿蹤纖維塗料 Stealth fibre coating
機身採用能吸收雷達波的塗料，讓 F-35B 在
雷達上僅約高爾夫球般大。

普惠 F135 引擎
Pratt & Whitney F135 engines
後燃式噴射引擎可避開雷達的偵測，速
度可達 1.6 馬赫（約時速 2000 公里）。

飛機尺寸 Jet size
就連飛機的大小也是
匿蹤的考量要素；雷
達基本上偵測不到這
架飛機。

F-35B 戰機的短距起飛／垂直降落
系統位於駕駛艙正後方

無人機空中支援
Unmanned air support
F-35B 能與無人機搭配，由戰
機飛行員操控具人工智慧的無
人機，協助尋找目標。

內部炸彈艙
Internal bomb bay
F-35B 的機身設有內部炸
彈艙，可避免雷達波束偵
測到機上搭載的武器。

電光瞄準系統
**EOTS (Electro-Optical
Targeting System)**
紅外線搜索與追蹤技術賦予 F-35B
精確的空對空、空對地瞄準能力。

© Adrian Mann

F-35 戰機的 F135 噴射引擎與後燃器正在接受測試

F-35 戰機搭載的科技能為飛行員間的協作提供協助，讓溝通更容易

F-35 戰機又稱「閃電 II 式」，英國皇家空軍（簡稱 RAF）則稱之為「閃電戰機」。F-35 有三種型號：F-35A 使用傳統跑道起降；F-35B 具備「懸停」能力；F-35C 可由航空母艦搭載。F-35 適應性高、能力強大，幾乎可在任何環境中發揮用途。

F-35 戰機的生產計畫以美國為大本營，資金多半來自與美國合作的北約（簡稱 NATO）盟國。身為成員國的英國打算在計畫效期內購買 138 架 F-35 戰機。截至目前，英國擁有 18 架 F-35，皆為 F-35B 型，駐紮在諾福克郡的 RAF 馬漢基地。

英國企業在 F-35 戰機的生產中扮演要角，包括在北威爾斯建立一處由「海陸支援服務有限公司」（Sealand Support Services Ltd.）所營運的維修據點。由於未來預計會有多架 F-35 戰機進駐英國，設立維修據點的確有其必要。若未設立，F-35 的各項保養工作只能遠渡重洋、回到洛克希德‧馬丁的工廠才能進行。

英國飛行員甚至有自己的培訓計畫：RAF 與英國皇家海軍的 F-35 飛行員得在克蘭韋爾基地接受培訓和測試。這些飛行員會在高 G 力環境下受訓，學習一邊承受比地表重力高數倍的壓力，一邊操作飛機。

若想體驗一番，可搭乘雲霄飛車，感受衝向軌道底部時的推擠力──就與飛行員向地面俯衝或快速轉彎時所承受的一般。克蘭韋爾基地的設施能讓飛行員在一秒內體驗高達 9G 的 G 力（等同地表重力的九倍）。

話說回來，與其他在役戰機相比，F-35 有何特殊之處？它們專為匿蹤而造，F-35 的機械技師得接受嚴謹的訓練，因機身或機翼的部件間只要出現縫隙，即使再小，都會令戰機在雷達下現蹤。過去，機械技師會用名為環氧樹脂的膠合材料，將各部件拼接成一體。然而，隨著時間的流逝，環氧樹脂會破裂，並待修補。不過，以全新工法打造的 F-35 戰機相當耐用，毋須經常進機庫維修。

「F-35 適應性高、能力強大，幾乎可在任何環境中發揮用途」

最先進的玻璃駕駛艙 State-of-the-art glass cockpit
戰機飛行員可對飛機下達語音指令，也能操作觸控螢幕，透過滾動式選單選取功能。

飛行頭盔 Pilot helmets
透過頭盔，飛行員便能與戰機連線，只要盯著顯示面罩上的目標，即可將其標訂。

主動式電子掃描陣列雷達 AESA radar
這是 F-35B 上最先進、最大的雷達天線，掃描範圍遍及各方。

打造 F-35 戰機

F-35 的主要部件如何在工廠進行組裝？

前機身組裝 Forward fuselage assembly

機鼻與駕駛艙會在前機身裝配區完成組裝，過程中使用了精密的機器人與自動作業。各部件會先以 X 光檢驗是否有瑕疵。

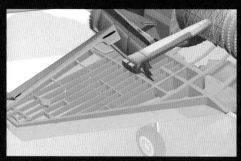

機翼建造區域 Wing build section

機翼是最大的零件，一體成型。此區會使用脈波線，各裝配站可垂直調整位置，以提升裝配速度。

完成組裝 Putting it together

電子組合裝配系統站點以雷射、校準電腦等精密儀器來進行高精度的匿蹤零件組裝作業。

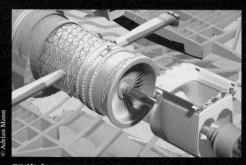

即將完工 Ready to go

會裝上操縱裝置與引擎等，再進行燃油系統、飛行和雷達截面積測試等最終檢查。

© Adrian Mann

425+

工廠所生產並交付給各國軍方的 F-35 戰機總數

890+

逾 890 名飛行員曾接受 F-35 戰機的飛行訓練

1

F-35 是單座式高匿蹤性噴射戰機

「短程起飛／垂直降落科技雖是匿蹤戰機在工程上的重大挑戰，但即便是新手也能駕馭」

© Lockheed Martin

正在組裝 F-35 的駕駛艙，並準備低可見度塗料的塗裝作業

860萬

機上運算系統的程式碼行數
與現代電玩遊戲的一樣多

18

全球有 F-35 戰機
駐紮的基地數量

21萬5000

F-35 戰機登錄在案的飛行
時數超過 21 萬 5000 小時

8

目前有 8 國使用 F-35 戰機

F-35B 的短程起飛／垂直降落

只要按個鈕加上口語指令，飛行員所在的 F-35B 戰機
就會由傳統的飛行模式變為懸停形式。此時，戰機看
似被牽引光束所罩住，懸於原地不動。除非收到指
令，否則會持續懸停。而這有賴引擎可在起降時旋轉
90 度。

　　飛行員以飛行頭盔與戰機連線，藉由語音與肢體
動作來全面操控飛機。短程起飛／垂直降落科技雖是
匿蹤戰機在工程上的重大挑戰，但即便是新手也能駕
馭，操作起來與許多精密的無人載具差不多。

F-35B 戰機是世上首
架短程起飛／垂直降
落型匿蹤超音速飛機

© Tosaka

野獸模式

在匿蹤狀態下，F-35 戰機的內部能攜帶 2600 公斤的武器，不動聲色地進入敵方空域。一旦確立制空優勢，即可返航進行補給。這時，F-35 會轉為「野獸模式」——毋須保持匿蹤，機身內外可攜帶多達 1 萬公斤的武器。F-35 結合了匿蹤／野獸模式的武力，具備操控無人機與機器人僚機的潛能。

這架 F-35 戰機正在進行武器測試，在匿蹤與野獸模式下各有一系列不同的武力

F-35 戰機會使用短程起飛／垂直降落功能

挪威的首架 F-35 戰機，AM-1，機身正在進行低可見度塗層的施工作業

若喜歡打電動，F-35 的駕駛艙可能會令人大呼過癮。由於設計極其保密，鮮少有人知道 F-35 駕駛艙的實際模樣。但飛行員表示，操作起來就像在玩史上最棒的 iPad。駕駛艙不再是滿是大量的刻度盤和按鈕，毋須全部拆開才能更改配備。F-35 的駕駛艙已全面電子化，飛行員可叫出欲查看的資料，略過與任務無關的資訊。

虛擬實境（簡稱 VR）的粉絲也會喜歡 F-35 的飛行頭盔，其中亦有極待保密的高科技。洛克希德‧馬丁公司表示，戴著頭盔時，飛行員不僅能看見前方景物，更可往地面看去。拜裝設在飛機下方的特殊攝影機之賜，飛行員能看到下方掠過的地形。敵機也休想從機腹偷襲。若友機在附近，飛行員可透過頭盔，共享其他飛行員的視角畫面，於作戰時協助戰友，或察覺友機可能漏掉的障礙物。以上皆讓空戰的團隊合作邁入新紀元。

提到團隊協作，F-35 戰機的飛行員還能與協助作戰任務的無人機緊密合作。無人機是接近目標的絕佳選擇，因為即便被擊落，F-35 的飛行員仍可安全無虞。飛行員會以駕駛艙與飛行頭盔監看無人機，並視需要提供引導。隨著無人機技術的進展，這種絕妙的搭配將越發常見。

基於上述應用，F-35 戰機不僅能在目前派上用場，亦適用於未來。英國與各國軍方都希望這款噴射戰機能作為新一代的戰鬥機——甚至或許能服役至 2070 年。

哪些國家擁有 F-35 戰機？

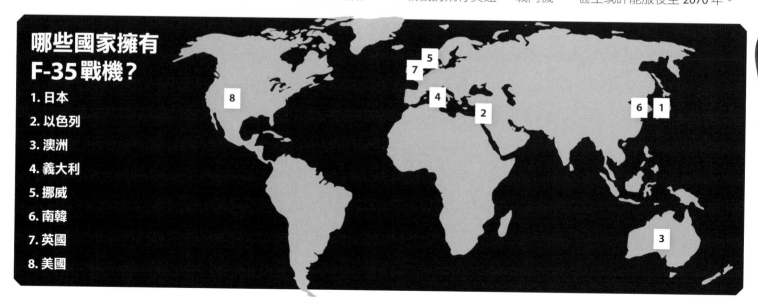

1. 日本
2. 以色列
3. 澳洲
4. 義大利
5. 挪威
6. 南韓
7. 英國
8. 美國

比利‧弗林曾任加拿大皇家空軍（Royal Canadian Air Force）中隊長暨戰機飛行員

Q&A

F-35 戰機 資深試飛員

比利‧弗林（Billie Flynn）接受本刊專訪，提及搶先試飛 F-35 戰機的感想

F-35 跟您所飛過的戰機有何不同？

駕駛 F-35 的感覺就像在玩史上最精細的 VR 飛機遊戲，戴上了東尼‧史塔克（Tony Stark）在《鋼鐵人》（Iron Man）與《復仇者聯盟》（Avengers）中的頭盔。F-35 根本就是科幻片中的戰機，好比《星際大戰》（Star Wars）成真，之前飛的戰機就像出自老電影。

飛行員若想駕駛 F-35 的話，需要開發哪些新技能？

對 F-35 的飛行員來說，我認為最有趣的轉變莫過於瞭解：原來打電動的技巧可直接用來熟悉 F-35 的操作。父母看到孩子電動打太久都會大驚小怪，但飛行員所做的就是一邊環顧戰機周遭的數百、數千公里，一邊看著 iPad 觸控螢幕上滿滿的複雜資訊。擅長打電動的人會更能適應以上的資訊複雜程度，且表現會遠勝老一輩飛行員。

F-35 對未來科技的適應程度如何？

這架飛機的服役生涯可能長達 40、50 年，現在才不過剛開始而已。我們都期待 F-35 能與時俱進，在空中與地面皆為我軍發揮眾多不同的功能，做到我們剛開始駕駛 F-35 時所想像不到的事。F-35 才剛開始服役，駕駛艙就已經很厲害了，能靠著 860 萬行的程式碼來運行。在接下來的幾個世代，我們一定能持續演進，做到許多人類剛發明飛機時所意想不到的事。

噴射戰機如何在空中加油？

HOW FIGHTER JETS REFUEL MID-AIR

英國皇家空軍的「航海家」加油機肩負了盡可能延長戰機滯空時間的重要使命

撰文者：**史考特‧達特菲爾德**（Scott Dutfield）

　　空中巴士 A330 的機窗看見戰機相伴而飛可謂難得至極。但對英國皇家空軍（簡稱 RAF）第 10 中隊、第 101 中隊的成員而言，則是每日例行事務。酷似標準民航機、略大於多數客機的 RAF「航海家」（Voyager）加油機肩負了空中運輸與燃油供應的任務。在 2019 年的「聯合勇士演習」（Exercise Joint Warrior）期間，本刊有幸登上航海家，親睹它所扮演的要角：確保戰機能持續翱翔天際。

　　這個包括陸、海、空三軍的大規模演習由英國與北大西洋公約組織的 1 萬多名軍事人員共同參與。在為期兩週的演習期間，參與的飛機達 59 架次，其中包括負責為戰機進行空中加油的航海家（空中巴士 A330 MRTT）。

　　飛往蘇格蘭西岸時，一架架颱風戰機與 F-35 閃電 II 戰鬥機接近航海家的兩側，接著瞬間消失，就準備加油的位置。戰機與航海家伸出的輸油軟管相接，整個流程仿效蜂鳥吸蜜──戰機輕巧地飛近加油罩，將細長的鋼製「鳥喙」插入其中、吸滿燃油，同時全程以時速 885 公里飛行。加油約需時五分鐘，接著輪到下一架戰鬥機就加油位置。

　　雖不脫傳統的加油機種，航海家卻是英國首架有三處可供加油的飛機。空中加油作業過去僅在機尾進行，但航海家卻在兩翼各增設了加油吊艙。

　　上述改良可是出自巧妙的「移花接

任何隸屬英國軍用機隊的飛機
皆可透過加油機進行空中加油

輸油軟管和加油罩
會從航海家的機翼
吊艙伸出

空中加油的先例

空中加油可非現代的創舉，早在 1923
年就已出現。當時一架 DH-4B 雙翼
機將燃油轉給另一架飛在下方的同型
機。整個過程像極了拋接遊戲：加油
機的駕駛得親手拋出輸油軟管，受油
機的駕駛則得用手接住。DH-4B 的油
槽容量僅 420 公升左右，人工加油的
過程則轉移了 284 公升。

自創下先例後，空中加油持續
在多場戰事扮演鞏固空中優勢的要
角。1970 年代，洛克希德「三星」
（Lockheed TriStar）登場。這架三引擎
加油機可運輸士兵和進行空中加油。
在第一次波斯灣戰爭、福克蘭戰爭等
戰事中都起到關鍵作用，並於 2014 年
自 RAF 退役前，為繼任者——航海家
——鋪設了一條康莊大道。

航海家每日起飛，
為執行人員載運任務
的飛機進行加油作業

史上首次成功的空中加油發生在 1923 年
6 月 27 日，地點位在美國加州羅克韋爾
機場（Rockwell Field）上空約 150 公尺處

木」工程。RAF 的任務系統技術員馬丁·布萊瑟（Martin Blythe）表示：「把一架空中巴士 A340 的機翼裝到一架 A330 上。A340 是四引擎客機，但航海家是雙引擎飛機，因此原是兩具引擎的位置則裝上加油吊艙。」

飛行途中，輸油軟管與加油罩會收在吊艙內，加油時再伸出來。空中加油會在 6000 公尺左右的高度進行，遠低於客機的飛行高度。航海家搭載了單一燃油箱，不僅能為有需要的飛機加油，亦能供應本身所需的燃油。航海家的耗油量約每小時六噸，如此一來，便足以為其他飛機供油，並同時保有足夠的自用油量。不過，航海家可攜帶逾 100 噸的燃油，因此得以滯空達數小時。

布萊瑟表示：「在供油上，航海家顛覆了原有限制。『三星』等傳統加油機雖有差不多的續航力，卻僅有一根輸油軟管，但『航海家』則有三根。兩側的機翼各一根，機尾還裝了一根，這樣就能同時為多架飛機加油。」

任務支援官透過駕駛艙內的螢幕
監控加油過程

空中加油的步驟
加油機如何在空中為戰機加油？

1 伸出輸油軟管 Deploying the hose
輸油軟管與加油罩（又稱漏斗型輸油嘴）會從機翼吊艙釋出，可伸長至 27 公尺左右，藉此與受油戰機相接。

2 小心接近 Careful approach
戰機伸出加油探針（fuel probe）後，會緩慢加速前進，並將探針插進充氣的加油罩中，以接受燃油。

3 加油站 Filling station
一旦在正確的加油位置就位，燃油閥就會打開，燃油則會向下流入軟管、通過聯結器，經由探針流進戰機的油箱。

4 解除連接 Disconnect
加滿油後，戰機會減速、脫離軟管並關閉燃油閥，以防解除連接時燃油外洩。

2014 年,具備卓越加油能力的航海家取代了洛克希德三星

RAF 的航海家加油機

翼展:**60.3 公尺**

最高速度:**約 0.86 馬赫**
(約時速 1060 公里)

最大飛行高度:**約 1 萬 2500 公尺**

最大燃料裝載量:**11 萬 1000 公斤**

最大人員載運量:**291 人**

長度:**58.82 公尺**

高度:**17.39 公尺**

動力:**兩具 316 千牛頓的勞斯萊斯「Trent 772B」渦扇引擎**

「在供油上,
航海家顛覆了
原有限制」

Q&A

專訪 RAF 任務系統技術員:
馬丁·布萊瑟

如何伸出與收回輸油軟管?

軟管捲在絞盤上,由電動馬達控制收放。軟管末端有個會充氣膨脹、供受油機連接的大加油罩。後者亦具有阻力傘的功能,可將軟管往外拉;電動馬達則會不斷嘗試把軟管拉回。當軟管拉伸至最大限度時,會前後抽動三、四次。這時馬達會適當拉緊軟管,令後者維持在平衡的位置。加完油時,便會提高馬達功率,讓後者的力量超過加油罩的阻力,好把軟管拉回。

燃油如何流向戰機?

先將燃油強制注入軟管,藉此增加後者的重量、令其在空中保持穩定,以便受油機連接。步驟完成後,吊艙內的邏輯盒便發出「準備加油」的信號,這時我們就會打開交通信號燈系統。紅燈是告知受油機不準連接。接著,會以無線電給出「允許連接」的口頭許可,再把紅燈關上。這樣一來,受油機可同時得到視覺和語音上的提示,以防其中一種傳達方式出錯。這時,戰機駕駛會稍微提高動力,讓兩架飛機的時速都達到 550 哩,這樣他們僅須再增加一、二哩,就能接上加油罩。

戰機駕駛如何取得燃油?

整個過程雖像高速下的「空中之舞」,但在數分鐘內便會結束。戰機駕駛將加油探針與加油罩相接後,便會往軟管推。後者表面有些白色標線,當觸及第一組的三條白線時,燃油閥便會開啟。燃油將以一分鐘約一噸的速度開始往下流。若戰機一直加速,就會靠得太近,這對我們來說相當危險,燃油閥會因此關閉。等到戰機拉開距離,燃油閥就會重啟。關鍵是將受油位置保持在軟管的標線之間。

F-35 閃電 II 等戰機與航海家之間的加油作業約需時五分鐘

SPY GADGETS
間諜裝備
大公開：最高機密的科技

我們都在大銀幕上看過間諜，但很少有人真能找來間諜審問一番，這次我們訪問前美國中央情報局（簡稱CIA）的外勤特務梅麗莎‧鮑伊‧馬爾（Melissa Boyle Mahle），請她為我們揭開間諜生活的神祕面紗。她說：「歐美對間諜活動的印象來自007電影，有爾虞我詐的謀略，有飛車追逐和爆炸場面；但間諜活動不是那樣，比那好多了。」至於尖端科技裝備呢？那些大部分倒是真的。馬爾說明：「我們確實會用電影中的工具和技

術，但使用情境卻大不相同。諜報活動就像下棋，必須在敵方不知情的狀況下打敗他們，然而炸掉大樓並不低調。」

看來《007》或《神鬼認證》系列電影若想貼近現實，就不該有太多的衝動行為。「特務行動有時風險很高，誰都不想被逮著，或讓特務丟了性命。間諜活動在媒體上形象不佳，因為媒體把這事想得太簡單，但事實並非如此。要找到擁有你所需情報的人，並說服對方提供情報，這需要許多精密規劃與策略，飛車追逐則不太

需要！」

馬爾在間諜學校（沒錯，真的叫這個名字）受訓時，冷戰正如火如荼進行中，當時的訓練著重在祕密攝影，若在拍照時失誤，可能會讓探員置身險境。時至今日的數位時代，新科技徹底改變了諜報活動，現在的間諜訓練除了教導探員利用科技，更教他們如何抵禦科技。

本篇專題報導細數退役探員的真實諜報經驗，並帶你深入間諜世界，認識新奇有趣的間諜裝備。✿

你知道嗎？ 史上票房收入最高的間諜片之一是2012年的《007：空降危機》，在全球各地締造了10億美元的佳績

機械昆蟲

這種機械外表像小蟲，其實卻蘊藏著高科技

接頭 Joints
碳纖維骨架以陶瓷塑料複合材質接合，好作為機械昆蟲的關節。

機翼 Wings
機械昆蟲的機翼每秒揮動120下，呈現雙翼昆蟲般的構造和機能。

電力系統 Power system
大型機器人靠電磁馬達運轉，然而機械昆蟲體型較小巧，須以特殊設計的壓電傳動裝置提供電力。

能源儲存 Energy storage
原型機使用纖細的電纜系統，所能載負的能源有限。

用途 Uses
除了諜報活動，機械昆蟲也可用於替農作物授粉、進行救援行動和環境監測。

摺式組裝法 Pop-up technique
機械昆蟲從摺紙藝術汲取靈感，用鎖扣機制取代人工黏合，以利於大量生產。

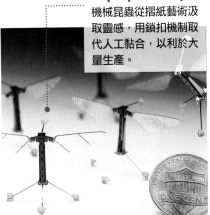

科技發展一日千里，許多公司正致力開發創新的間諜裝置並不足為奇。其中一項產品是名為「RoboBee」的機械昆蟲，這款產品鎖定多種用途，其中包含軍事偵察。

　　這種靈巧的機械昆蟲有一款是由哈佛大學工程與應用科學學院所研發，重量不到0.1公克、大小與硬幣相仿、迷你的設計利於潛入機密禁區，並配有以壓電傳動裝置所驅動（也就是能將壓力轉為動力）的機翼。由於從來沒有類似的研發計畫，因此這款裝置絕大多數的材料都是從零開始研發。

　　機械昆蟲的移動方式不像傳統載人飛行器，而是模仿昆蟲振翅，這種偽裝讓它更顯栩栩如生。以後當你拿報紙打討厭的小蟲子時，或許不僅解決了煩人的嗡嗡聲，更捍衛了隱私呢！⚙

竊聽電話
一窺竊聽和追蹤電話的方法

安裝竊聽裝置
間諜準備竊聽時，第一步是鎖定主要電話線路，也就是在馬路上的電線桿動手腳，然後就能自由竊聽你（或附近鄰居）的通話。

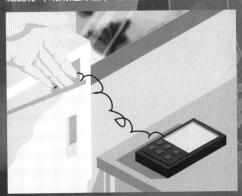

通話錄音
間諜會關閉麥克風，以確保不露馬腳；為能重複聆聽通話內容，還會接上錄音裝置。更賊的是，他們也可在屋中安裝竊聽器來監聽室內電話。

監聽行動電話
間諜也可在行動電話上安裝軟體，以監聽通話和簡訊，一旦竊聽對象跟可疑分子通話，只要開啟功能便能監聽。

你能揪出間諜嗎？

一探間諜的多種面貌

間諜是世界上極為古老、同時也十分危險的職業。人們想成為特務的原因形形色色，包括所謂的 MICE 理論：金錢（Money）、意識形態（Ideology）、妥協（Compromise）與脅迫（Coercion），以及自我（Ego）與刺激（Excitement）。對前 CIA 特務琳西·莫朗（Lindsay Moran）而言，則是為了一圓兒時夢想。她回憶當年：「我還真的寫了一份老派的求職自薦信和履歷，用信封寄出！」幾週後，她獲選參加面試。

歷經嚴格的評選，莫朗開始受訓，訓練包括綁著貨物從飛機一躍而下、以 97 公里的時速開車衝撞障礙物、用假名旅行，而其中最困難的竟是最後一項。她說：「用假名工作其實壓力很大，也很寂寞。由於使用假名證件，導致我得花很多時間記誦讓人信得過的細節；搭機過境時我總是很擔心，因為這時我的身分職業最可能被人質疑。」

對大半生涯在中東度過的馬爾來說，假名不過是個開始。她經常處理美國國安的重大挑戰，包括主導對抗蓋達恐怖份子的行動，因此偽裝至關重要。「我們有各種偽裝方法，可能只是戴個眼鏡和假髮，也會使用高科技的人臉面具；這些方法基本上就是從好萊塢電影抄來的。你必須觀察周遭環境，學習當地人的穿著行為；我經常穿阿拉伯婦女的傳統服飾，黑袍搭配頭巾和墨鏡，藉此融入當地人群。」

在高壓情境下接受審視是家常便飯。她補充道：「我會受到不同程度的盤問。一般要禁得起別人問起假身分的細節，用假名行動時經常碰到這類訊問。極端狀況則是對方政府指控你從事間諜活動並將你逮捕。那種情況極為不利，我很慶幸自己沒被抓過。」✿

1. 內神通外鬼

弗里茨·科爾貝

科爾貝是為同盟國服務的德國人，替美國蒐集機密文件，包含 V1 和 V2 火箭計畫。

2. 神不知鬼不覺

理查·佐爾格

這位共產黨間諜是「蘇聯英雄」，他滲透了納粹黨，提供德國作戰計畫給蘇聯。

3. 神通廣大

伊里沙·班那

被譽為世紀間諜。他向德國通報諾曼第登陸計畫，但德國人並未理會。

你知道嗎？ 英國祕密情報局的局長都以「C」作為代號——源自首任局長曼斯菲爾德·卡明（Mansfield Cumming）的姓氏

都市間諜
認識各種特務的職責

1 外勤特務
負責蒐集無法從總部取得的資訊，很可能是雙面甚至三面間諜，在敵方行動並融入環境。由於風險很大，特務必須確保身分不被揭穿。
可靠裝備：行動電話追蹤器等類似的裝置。

2 揭密者
這種間諜會蒐集自認應公諸於世的資訊，通常會在從事不法勾當的組織內活動；待消息告知媒體後，官方便著手調查不法活動。揭密者一旦身分曝光，便會置身險境。
可靠裝備：錄音機。

3 監控小組
這種多人的團隊有時會在「車頂帶有圓盤的廂型車」中執行任務，職責是監視正受審訊的集團，並蒐集調查所需的資料。
可靠裝備：無線竊聽器和通訊裝置。

4 臥底
臥底是最長期的間諜職務，負責監視個人或組織，可能會待在同個地方多年，等工作指派下來時才行動。他們受的訓練旨在「可拋頭露面，但不顯露動機」。
可靠裝備：隱藏式攝影機。

5 局內職員
儘管多數情蒐工作都由外勤完成，但仍需要駐守基地的團隊支援，負責蒐集情報員竊取的資訊，以分析案情細節；他們也提供後援，處理一些只能由總部解決的問題。
可靠裝備：電腦監控設備。

6 偵察員
偵察員從事最典型的間諜工作，通常會偽裝成旁觀者，實地調查犯罪活動並保持低調。偵察員通常由警方派遣，作為武裝行動的序幕，詳加監控可疑活動。
可靠裝備：音訊放大器。

隱藏式攝影機

這東西雖外表不起眼，卻能錄下你的一言一行

若要說近年來哪個現代裝置改變了諜報世界，那就是再平凡不過的手機了。當今幾乎人手一台手機，能錄製高解析度影片、拍攝清晰照片，並記錄行蹤（尤其是自己的行蹤）。

馬爾指出，特務受訓的其中一環正是判斷自己是否正受監控。「假如你們正在祕密會面，一定要非常小心，不能曝光，」她解釋，「監視方法五花八門，可能是開車尾隨的男人，也可能是電子監控設備。手機基本上就是衛星定位裝置，能追蹤你所在位置；我們總是訓練特務必須提防這兩種監控方式，確保執行任務時的人身安全。」

正因如此，諜報科技也不得不演進，發展出肉眼幾乎看不見的微型發話器和微晶片。此外，還有內建鏡頭和麥克風——兩者看似小巧的鏡架螺絲——的間諜眼鏡；這種眼鏡能錄下配戴者的所見，其內嵌的廣角鏡頭能捕捉大範圍畫面。

這類小裝置在網路上就能買到，要價高昂；但馬爾透露，這類科技是間諜的必備行頭。她也解釋：「我們的確會使用隱藏攝影機和竊聽器，但要看我們需要多即時的資訊；這些被記錄下來的內容會被反覆察看，以瞭解敵人。」

馬爾進一步告誡：「監控裝置無法在行動的當下救你；儘管當今科技普及，但世上仍有某些地方，若被發現身上帶有攝影機或手機等通訊裝置，安檢人員就會對你提出質疑。我們身為間諜特務，必須謹慎使用監控設備，確保不會打草驚蛇，畢竟沒有人想因為間諜工具而使自己的真實身分曝光。」

間諜錶

間諜錶有高續航力的鋰電池和好幾十億位元組的記憶體暫存空間。這種手錶外觀上與普通手錶無異，但隱藏在錶上的防水攝影機能錄下目標對象的一舉一動。間諜錶能錄製超過一小時的高解析度影片，且可透過 USB 2.0 與蘋果 Mac 和微軟 Windows 作業系統連結；除了能偷錄影片，也能拍攝照片，更能在短短幾分鐘內將蒐集到的影音資訊存檔並發送出去。

USB 埠 USB port
錶中藏有微小的 USB 埠，供臥底回基地後上傳影片研究。

LED 燈 LED
微小的 LED 燈會在錄影時亮起，但燈很小，不容易被發現。

麥克風 Microphone
聲音和畫面同樣重要，因此當目標透露關鍵資訊時，麥克風會派上用場。

鏡頭 Camera
錶面上設有一枚隱藏式鏡頭，能不知不覺地錄下監控的目標。

起止按鈕 Stop and start
看起來與一般手錶的旋鈕無異，用以開關錄影功能。

間諜眼鏡

這種看似尋常的眼鏡是間諜的得力助手。鼻梁上方的鏡框處內嵌小型廣角鏡頭，毋須使用觀景窗，頭轉到哪就拍到哪。而鏡片經偏光處理，想當然耳，目標對象便不會起疑。間諜眼鏡也像間諜筆、間諜錶一樣，能透過 USB 連結電腦，立刻檢視拍到的成果。

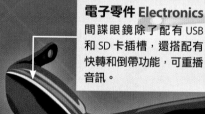

電子零件 Electronics
間諜眼鏡除了配有 USB 和 SD 卡插槽，還搭配有快轉和倒帶功能，可重播音訊。

鏡片 Lenses
偏光鏡片讓敵人看不見配戴者的視線方向。有幾款鏡片甚至配有鏡子，使用者隨時能注意後方是否有人跟蹤。

1909
英國的祕密勤務局成立，但後來分成安全局和祕密情報局。

1914-1918
一戰期間，英國安全局的擴編為 844 人，抓到 65 名德國間諜。

1942
英國安全局對二戰貢獻良多，替同盟國守住直布羅陀領土。

1984
在愛爾蘭共和軍與利比亞人格達費威脅下，反恐單位成立。

2006
抵禦蓋達組織自殺炸彈客的反恐行動展開。

你知道嗎？ 冷戰期間，美國中情局曾開發一項「原聲小貓」（Acoustic Kitty）計畫，試圖讓貓咪充當間諜

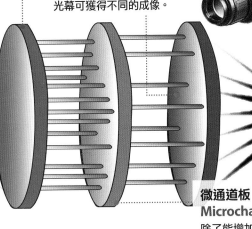

Ninox Armasight
夜視鏡

夜視鏡

夜視鏡也是經典裝備，其可視範圍在晴朗的夜晚多半可達 180 公尺。夜視鏡的作用機制分成微光和熱成像兩部分。前者蒐集紅外線光譜低段的微量光線，將之放大以形成影像；而後者恰好相反，是利用紅外線光譜最上段的部分來偵測人類、動物和物體發出的熱能。

光電陰極 Photocathode
能釋放電子到螢光幕。舊式夜視鏡使用三層陰極，但現在只需一層砷化鎵材質的陰極便可達到同樣效果。

螢光幕 Phosphor screen
夜視鏡的電子撞擊這層螢幕即轉變為可見光。不同種類的螢光幕可獲得不同的成像。

左圖：微量光線被放大並強化了

成像 Final image
將真實光線放大並強化後所得的影像就是最終成像。有些現代夜視鏡甚至能發出紅外線來作為光源。

微通道板 Microchannel plate
除了能增加所得影像的增益值，也能優化被增亮影像的解析度。

麥克風 Microphone
麥克風除了能錄下你聽到的機密，且由於設置位置巧妙，也能錄下配戴者所說的話。

錄影機 Video recorder
若無法將資料傳回總部，眼鏡便會與可攜穿戴式隱密錄影機連接，以進行即時分析。

鏡頭 Camera
位於鼻梁正上方的廣角鏡頭能錄下你所見到的一切。

間諜筆

間諜筆是辦公桌上的監視利器，能揪出許多祕密活動。這種筆極易使用，能錄製高解析度影像和聲音，儲存空間大，電池續航力也長。間諜筆是間諜的得力助手，不顯眼的原子筆外觀在諜報任務中相對安全。另外，它配有 USB 接線和 MicroSD 卡槽，方便事後重看影片。

啟動／重置鈕 Operation and reset button
按下筆頭的開關就能錄影，再按一下即停止。

鏡頭 Camera
微小的鏡頭能讓間諜拍下一切敵方活動，以呈報總部。

筆 Pen
這或許是最棒的功能——這枝筆真的可用來寫字，如此更能掩飾它錄音、錄影的功能。

麥克風 MIC
鄰近鏡頭，能錄下機密資訊。

USB 埠和 SD 卡 USB and card
錄製完成後，即能透過 SD 卡或 USB 來連接電子設備。

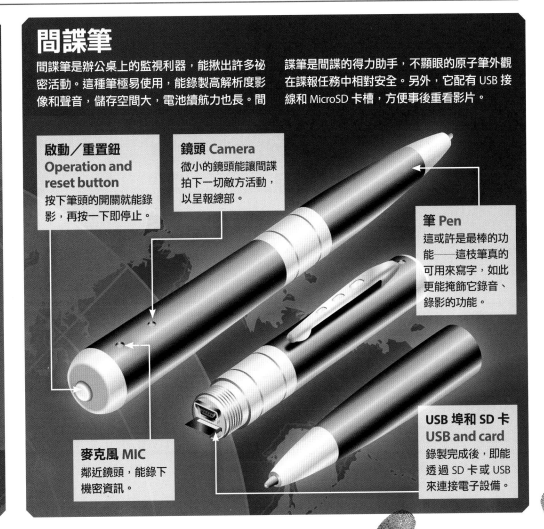

保密大作戰

高科技一定最好嗎？

諜報科技高深莫測，讓人疑神疑鬼。莫朗透露，就連筆記本都大有文章。「我用可溶於水的紙，以防被逮時祕密外洩，」她說，「另外我還有很棒的祕密隔間；有時候回歸原始也同樣有效，因為原始技術總靠得住。」

馬爾說假石頭、汽水空罐，甚至死老鼠有時也都管用。她解釋：「一旦身處高風險的情況，我們會仰賴『祕密傳遞點』來聯繫，也就是將通訊內容放進隱藏裝置，然後擺在事先約定的地點，讓另一個探員之後來取。儘管這種方法沒有效率，但十分安全。」

數位科技確實解決了一些問題，但也創造了新問題。馬爾解釋：「科技演進的同時，也挑戰了諜報行動的方式，像以前要進行跨國諜報很容易，但現在有了生物辨識技術，就變得越來越難。最後說穿了還是得回歸探員與行動組織的策略，無論你使用的工具是先進或原始，最重要的仍然是『人』本身。」✿

衛星定位系統

衛星定位系統（簡稱 GPS）仰賴約 30 個繞行地球的人造衛星運行。GPS 最早是軍事發明，如今已普遍運用在汽車與交通運輸系統上。GPS 背後的技術核心是「三邊測量」，即接收來自三個人造衛星的訊號，然後運用資訊來測定座標和目的地。間諜可在交通工具和目標身上放置特殊的「GPS 追蹤器」，便能追蹤目標。

人造衛星

線上

計算伺服器

網路加密

「加密」是將資料編成只有特定人士能解讀的暗碼，透過加密系統來收發訊息已行之有年，時至今日仍廣泛使用，而史上最重要的加密機器大概是德國納粹在二戰時使用的恩尼格瑪密碼機（Enigma）。加密設計必須要難以破解才行，譬如得讓人們填送的信用卡資料不致曝光。透過高階數學來加密資訊，藉此產生既長又複雜，且可保護機密的密碼和金鑰。唯有特定接受者可破解數位鑰。然而，隨著駭客的手法日漸高端，保全系統也得持續強化加密程序。

在今日的數位世界，網路監控十分普遍

雷射麥克風

雷射麥克風是諜報世界的大驚喜。該裝置能將雷射光束投射到建築內，以竊聽對話；它會偵測室內聲波，再將聲波傳回使用者的所在位置。且只需一般雷射筆和基本音響設備就能組出！

雷射麥克風的前身是俄國發明家里昂·特雷門（Léon Theremin）發明的一個裝置——1947 年問世的「那玩意」（The Thing）偽裝成美國國璽，當成禮物送給美國，掛在莫斯科的美國大使館。直到 1952 年，美國才發現此事。

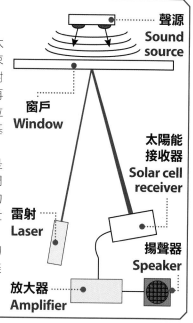

聲源
Sound source

窗戶
Window

太陽能接收器
Solar cell receiver

雷射
Laser

揚聲器
Speaker

放大器
Amplifier

掃描
QR CODE
馬上加入
粉絲團

你知道嗎？ ⋯⋯⋯ 在兩次世界大戰中都動員了女間諜，因為女性較不易讓人起疑心

運輸

復古間諜裝備

國際間諜博物館的館長暨歷史學家文斯·霍頓博士（Dr Vince Houghton）
如數家珍，為我們介紹多樣復古間諜裝備

間諜裝備並不全是現代高科技產物。在二戰和冷戰期間，世界各強權忙著技壓敵方的同時，間諜裝備也扮演了要角。以下這些精選出來的諜報工具，過去都曾是間諜行李箱裡的標準行頭。

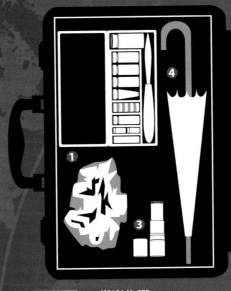

接收器

衛星 Satellite
在距離地表 2 萬公里的軌道上繞行地球，並利用三邊測量技術與地面的 GPS 系統相互配合。

傳輸 Transport
人造衛星將微波信號傳送到道路車輛，成為諜報用的 GPS 追蹤工具。

接收器 Receiver
每具 GPS 都是全球導航衛星網路（簡稱 GNSS）的一部分，並支援全球行動通訊系統（簡稱 GSM）和通用封包無線服務技術（簡稱 GPRS）。

計算伺服器 Computer Servers
總部伺服器接收追蹤裝置蒐集來的資料，並加以計算，讓基地得知目標對象的行蹤。

線上 Online
現在 GPS 地圖都公開在網路上，供諜報系統任意使用並追蹤目標。

1 煤炭炸彈
年代：第二次世界大戰
概念是將爆炸物偽裝成尋常物品，在工廠或火車鐵軌等地特別有用，因為一般人對煤炭通常不會有所留意。

3 口紅手槍
年代：1960 年代
這款「死亡之吻」手槍必須與敵人關係親密才適合使用。口紅手槍只能射擊一發低火力子彈，且無法射穿防彈衣。

5 自殺藥丸眼鏡
年代：1970 年代
這種隱藏藥丸裝置是設計來讓間諜自盡的——萬一不幸被逮，可避免遭敵人審問時供出重要機密。

7 鴿子相機
年代：第二次世界大戰
在信鴿身上裝設迷你相機，然後放到軍事基地上空蒐集情報，相機會在鴿子飛翔時自動拍照，供返回後解讀。

2 外套相機
年代：第二次世界大戰
旨在讓間諜偷偷拍照而不引人注意，但不容易使用，因為沒有觀景窗，得有高超的技巧才會拍得好。

4 保加利亞雨傘
年代：1970 年代
蘇聯國家安全委員會曾在倫敦使用這個精巧裝置。此傘可發出氣壓式彈丸毒藥，帶在身上也不易引人注意。

6 鞋跟傳送器
年代：1960 年代
在 GPS 追蹤裝置並不普及的年代，可在目標對象的鞋內裝設這種裝置，便能追蹤對方所有行跡。

瞭解更多
想一探更多令人興奮的間諜科技，請造訪 www.spymuseum.org，還可在網站上預約參觀！

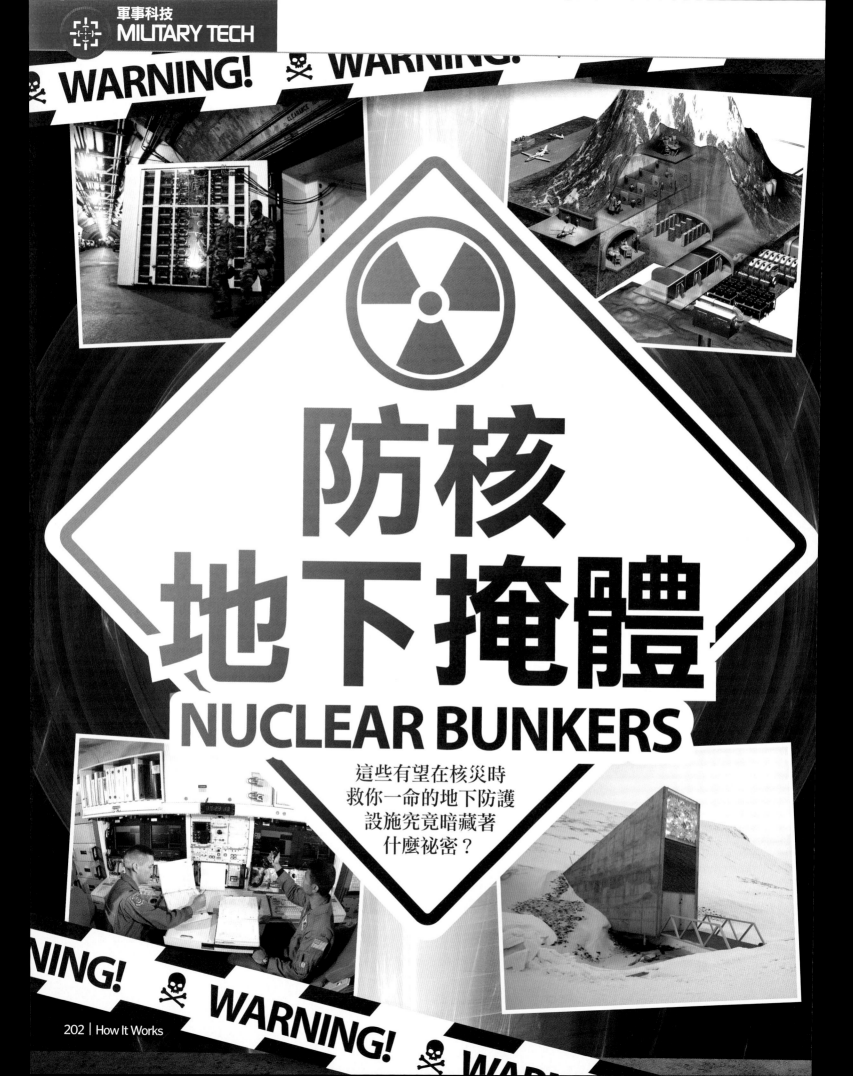

防核地下掩體
NUCLEAR BUNKERS

這些有望在核災時
救你一命的地下防護
設施究竟暗藏著
什麼祕密？

世人常會將核掩體視作冷戰時期的遺跡，事實上，大部分確實如此。然而，隨著核武軍備的持續發展，這些隔絕輻射塵的掩體似乎也越發重要。在本專題中，我們將深入世界各地的核掩體，特別是在軍事衝突發生時，旨在作為軍方和政府控制中心的大型設施。

儘管提到核戰威脅時，通常會想到二戰結束至 1991 年蘇聯解體的那段時期，但核掩體的歷史可追溯至更早期的衝突。雖說壕溝戰（trench warfare）是一戰的縮影，但在法蘭德斯戰場的挖掘工作發現了集指揮中心、避難所、彈藥庫和糧倉於一身的地下掩體。然而，地下防禦結構之所以能真正盛行起來，是因為英國在二戰期間飽受轟炸的威脅。這些地下結構大小各異，從著名的邱吉爾內閣戰情室等大型設施，到民眾在自家花園開挖的安德森式防空洞皆有。

要設計出能保護內部人員不受傳統炸彈傷害的掩體其實不難。除非是受到直接轟炸，不然數公尺厚的覆土通常就足以提

> 「隔絕輻射塵的
> 掩體似乎也越發
> 重要」

供防護，避免內部人員受重傷。不過，若我們要的是能抵禦核武攻擊的掩體，那麼條件就會變得嚴格許多，因為這時還得考慮核彈爆炸的後果。

首先，核彈的威力要比傳統炸彈強得多。一場核爆所造成的巨大衝擊波相當於時速逾 1000 公里的強風，遑論倒塌建物和飛射碎片所帶來的危險。在核彈爆炸的同時，還會產生強烈的熱輻射，恐造成大面積火災，以及方圓十公里或更遠範圍內的人員瞬間嚴重灼傷，上述災情會視炸彈的大小而定；然而，這只是核爆所帶來的首波影響。

核爆會釋放出伽瑪射線、α 和 β 粒子、中子以及高放射性物質，同時也會將上述物質從地面帶到蕈狀雲中，使其受到核汙染。經過一段時間後，這些物質又會落回地表，即所謂的輻射塵。幾分鐘之內，當中較重、危險性較高的碎片會落回地面，至於那些肉眼看不見的輻射塵微粒則小到足以被人吸進肺部，造成嚴重的傷害。由於爆炸通常發生在海拔幾公里的高度，輻射塵微粒因此可在空中停留數星期，延長爆炸點周邊地區（也許可遍及數百公里的面積）危害人類的時間。

這樣看來，核掩體不僅要能抵禦強大的爆炸，也要提供一個能阻隔輻射、且與世隔離的生活環境，讓人員能在其中生活數月甚至一年，直到周遭地區恢復到適於人居的程度。核掩體（特別是軍方和政府所用的）也須具備通訊功能。其中一點是

英國冷戰期間緊急時刻政府指揮中心
（位於威爾特郡的科斯漢姆）的電信總部

要做到電磁脈衝（electromagnetic pulse，簡稱 EMP）防護，除非有加裝適當的保護措施，不然電磁脈衝將讓所有的電子設備失靈。

美國的橡樹嶺國家實驗室（Oak Ridge National Laboratory）於 1979 年發表了興

在凱爾維登艙（Kelvedon Hatch）
核掩體內的 BBC 無線電廣播設備

BBC 的戰時廣播系統

為了在發生核戰時還能繼續廣播服務，自 1950 年代起，英國廣播公司（簡稱 BBC）便制定了一套「戰時廣播服務」計畫。在全英的 11 個地方政府所在地（位於保護掩體內）之中，BBC 皆設有一間播音室，並由當地電台的工作人員來負責操作。總籌工作是由位於伍斯特郡（Worcestershire）伍德諾頓（Wood Norton）掩體內的工程訓練部門來執行。

一份 BBC 解密報告指出，最近的一段錄音是由第四電台的彼得·唐納森（Peter Donaldson）所錄製的聲明，內容如下：「歡迎收聽戰時廣播服務。國家已遭受核武攻擊。通訊因此嚴重受到影響，目前尚不知曉傷亡人數和損害程度，但我們將盡快提供進一步的消息。同時，敬請各位留意收聽本電台，保持冷靜並待在家中。嘗試出門並無任何好處。」

ING! ☠ WARNING! ☠ WARNING! ☠ WAR

建防核掩體的建議報告。一般來說，只要有適當的地面掩護層就能達到防爆保護，也許是在挖好庇護所後，再增建一個拱形屋頂，以支撐覆蓋掩體的土堆重量。在降低輻射的風險上，掩蓋土具有良好的防護功效。建議報告還提到，要特別注意門的設計，否則會功虧一簣，降低保護效果；尤其還須裝設防爆門，以抵禦衝擊波、爆炸氣浪、高壓、爆炸性碎片、燃燒的熱塵和輻射塵。此外，還建議盡量將隧道蓋得蜿蜒曲折，以減少進入避難所的輻射量。

除了爆炸的直接影響外，對於長期居住在掩體中的物資補給也有以下建議：儲存的食物得供數月或更久食用，且要有充足的供水。空氣的供應也是一個問題，這意味著須裝設空氣幫浦和過濾系統。由於不確定核爆後的發電和配電設施是否堪用，所以一切設施都以手動操作。

二戰期間興建的防空洞主要是為了保護平民，而冷戰期間的核掩體則往往設計成更大的設施，以利軍方和政府使用。「地下不列顛」（Subterranea Britannica）組織彙整出 700 多處棄置掩體的名單，從而顯示出它們的多元用途，包括中央和地方的戰情室、民防、通信設施（包括無線電發射站和電信局）、供水、中央和地方政府、戰鬥機指揮室和雷達。美國也採取了類似的基本防禦保護措施，夏延山核戰碉堡就是其中一例。

英、美兩國的大型掩體在遭遇核武威脅時會如何發揮作用，想必會是一個相當

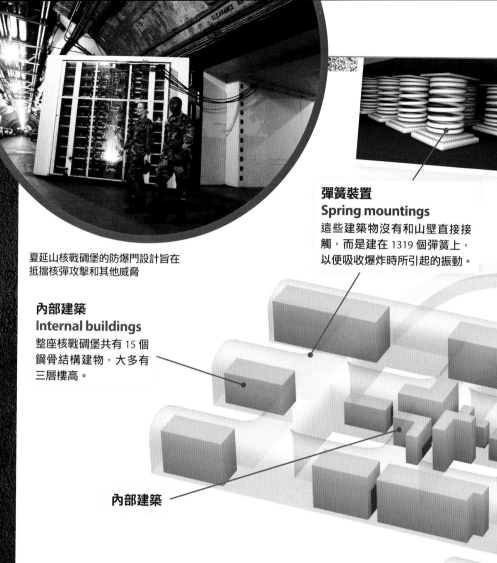

夏延山核戰碉堡的防爆門設計旨在抵擋核彈攻擊和其他威脅

彈簧裝置
Spring mountings
這些建築物沒有和山壁直接接觸，而是建在 1319 個彈簧上，以便吸收爆炸時所引起的振動。

內部建築
Internal buildings
整座核戰碉堡共有 15 個鋼骨結構建物，大多有三層樓高。

內部建築

夏延山核戰碉堡內部
這座舉世聞名且安全性超高的核掩體有何獨特之處？

斯瓦爾巴全球種子庫

全球種子庫（Global Seed Vault）設置於地處北極圈內、隸屬於挪威的斯瓦爾巴群島上。這座種子庫位在一座深埋於山腰內的廢棄煤礦中，旨在保護糧食作物的種子，不僅能防範自然災害與戰爭，也可避免因缺乏資金或管理不善等因素所造成的其他災難。

種子庫離北極僅 1300 公里，遠離了所有可能的核彈目標，但這並非種子庫落腳於偏遠島嶼的主要原因。這裡攝氏 -18 度的低溫環境是保存種子的最合適溫度，無需額外的冷藏設備輔助。種子庫裡存有幾乎來自全球各國的逾 89 萬個樣本，旨在因應氣候變遷和人口成長的挑戰。

WARNING! WARNING!

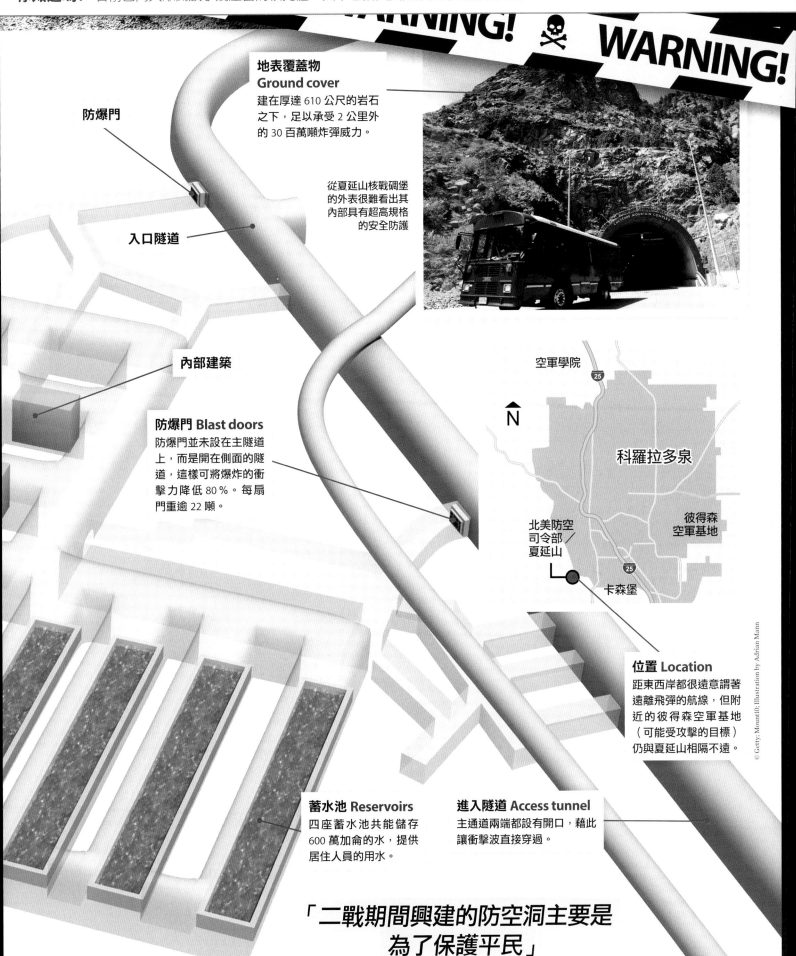

WARNING! ☠

防爆門

地表覆蓋物
Ground cover
建在厚達 610 公尺的岩石之下，足以承受 2 公里外的 30 百萬噸炸彈威力。

入口隧道

從夏延山核戰碉堡的外表很難看出其內部具有超高規格的安全防護

內部建築

防爆門 Blast doors
防爆門並未設在主隧道上，而是開在側面的隧道，這樣可將爆炸的衝擊力降低 80 %。每扇門重逾 22 噸。

空軍學院 25

N̂

科羅拉多泉

北美防空司令部／夏延山

彼得森空軍基地

25

卡森堡

位置 Location
距東西岸都很遠意謂著遠離飛彈的航線，但附近的彼得森空軍基地（可能受攻擊的目標）仍與夏延山相隔不遠。

蓄水池 Reservoirs
四座蓄水池共能儲存600 萬加侖的水，提供居住人員的用水。

進入隧道 Access tunnel
主通道兩端都設有開口，藉此讓衝擊波直接穿過。

「二戰期間興建的防空洞主要是為了保護平民」

有趣的主題，但肯定的是，這些資訊並不會輕易對外洩漏。光就發現了一支存有英國女皇從白金漢宮到希思洛機場常用路線細節的記憶卡，及其引發的軒然大波來看，就可知道這類緊急應變計畫的機密程度會有多高。不過，在 2001 年 9 月 11 日，當紐約、維吉尼亞州和賓州遭受恐怖攻擊時，白宮使用核掩體的消息亦不脛而走。

據報導，在瞭解可能的風險後，當時的副總統迪克·錢尼（Dick Cheney）立即被特勤人員從白宮辦公室帶到白宮東翼下方的總統緊急行動中心（Presidential Emergency Operations Center，簡稱 PEOC）。這個設施主要是在緊急情況下為總統和其他重要人士提供一個安全的避難所和通訊中心。不過，有鑑於當時的小布希總統（George W. Bush）人在佛羅里達州，所以這樣的因應措施並非典型的處理方式。最後，小布希總統搭上空軍一號，由三架 F-16 戰機護送，在他的「空中橢圓辦公室」處理恐攻問題。

在英國和其他許多國家，核掩體旨在讓軍事和政府行動得以繼續下去。然而，在其他地方，掩體的數量也多到足以作為一大部分人口的安全避難所。瑞士就是一個最好的例子，自 1960 年代以來，瑞士的法律規定所有新建物都須配備輻射塵掩體。因此，現在所有瑞士人皆有所保障，無論是在自宅的掩體裡，還是在為了保護平民而設的大型設施中。在其他國家，儘管可能還未達到上述的備戰程度，但人們也不會因此就放棄採取預防措施。

一些提供私人核子避難所的公司指出，訂單數量比以前多出許多。部分避難所的配備相當豪華，在與世隔絕的數月間，提供了些許的奢侈享受。現在，花個 150 萬至 400 萬美元左右，就能在防止核武襲擊的地下設施中買到一間公寓，且設施內還附有電影院、室內泳池、SPA、醫療中心、酒吧、健身房和圖書館等。想必這肯定會成為最極致的身分地位象徵。

瑞士的索南伯格隧道（Sonnenberg Tunnel）曾是世上最大的民用核掩體，設計上可容納 2 萬人

瑞士諾克斯堡

原是冷戰期間的核掩體，這座位於瑞士阿爾卑斯山的設施現則轉型成核戰爆發後的伺服器保存空間。這座資料保險庫為兩個商人的創意結晶，他們為客戶提供了可因應戰爭、恐攻、環境災難和金融危機等風險的終極資料防護所。這裡存有 1 萬名客戶的數千兆位元組資料，當中包括一些大公司，如思科系統、瑞士銀行和德意志銀行。這裡還存放了「行星」（Planets）計畫的數據，這是一項由歐盟部分資助的計畫，旨在確保能「長期存取人類的數位、文化和科學資產」。

像這座位於約克郡的冷戰掩體，從外觀上一眼就能看出其「功能」

地下飛彈發射控制中心仍在美國的導彈監視和發射系統中占有一席之地

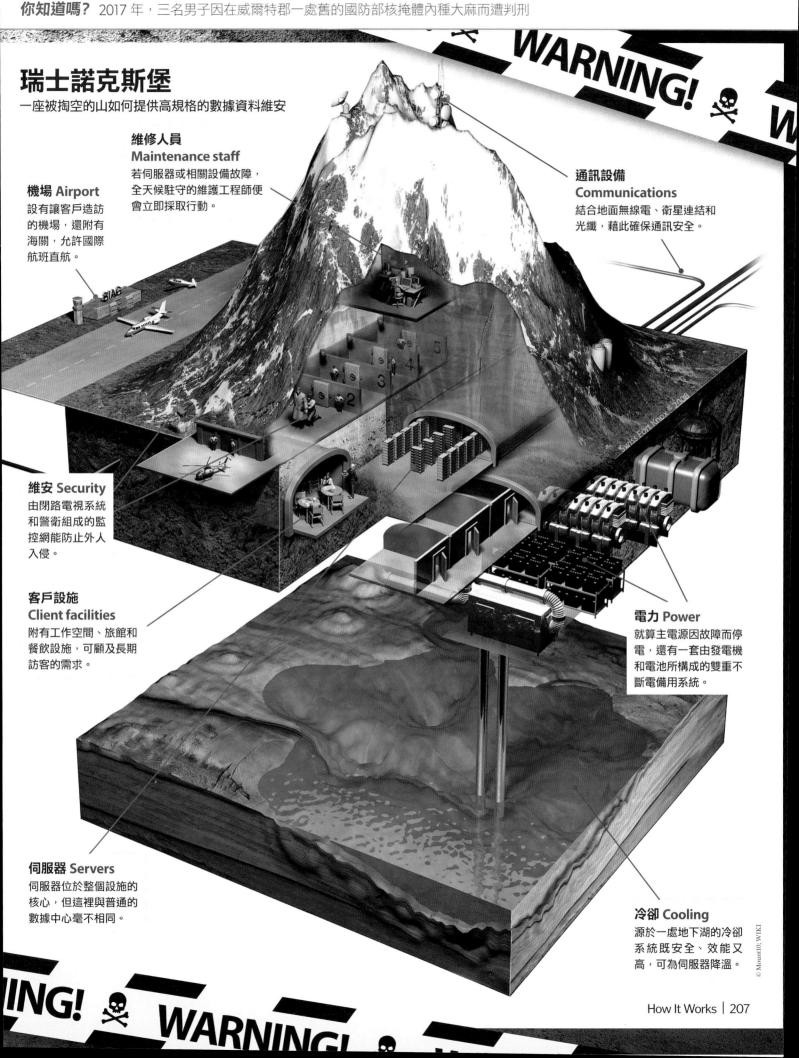

瑞士諾克斯堡
一座被掏空的山如何提供高規格的數據資料維安

維修人員 Maintenance staff
若伺服器或相關設備故障，全天候駐守的維護工程師便會立即採取行動。

機場 Airport
設有讓客戶造訪的機場，還附有海關，允許國際航班直航。

通訊設備 Communications
結合地面無線電、衛星連結和光纖，藉此確保通訊安全。

維安 Security
由閉路電視系統和警衛組成的監控網能防止外人入侵。

客戶設施 Client facilities
附有工作空間、旅館和餐飲設施，可顧及長期訪客的需求。

電力 Power
就算主電源因故障而停電，還有一套由發電機和電池所構成的雙重不斷電備用系統。

伺服器 Servers
伺服器位於整個設施的核心，但這裡與普通的數據中心毫不相同。

冷卻 Cooling
源於一處地下湖的冷卻系統既安全、效能又高，可為伺服器降溫。

凱爾特人如何抵禦入侵？
How the Celts fought back

凱爾特戰士向來以驍勇善戰著名，再加上鐵器時代的進步，使得住在不列顛的凱爾特族更有能力抵禦海外入侵者。強大的羅馬軍團曾三度試圖征服不列顛，但對於統治島上的大部分領土卻顯得力不從心，特別是對蘇格蘭和威爾斯等地。凱爾特人擁有自製武器的技術，包括劍、矛、斧和盾等都能自行製作。根據古希臘和羅馬史學家的記載，凱爾特人在戰場上常不穿戰甲，甚至全身赤裸，只在身上畫著戰漆。雖然也有證據顯示，凱爾特人會帶頭盔、穿戰甲，但這種情況顯然很少，或許只有頭目和階級較高的戰士會穿。

凱爾特軍隊主要由步兵組成，但有時也會在戰場上使用戰車，甚至偶爾採用輕騎兵。凱爾特人的戰術演進方式不像羅馬的「龜甲陣」（testudo），但仍有些大膽的策略；其中最知名的大概是「凱爾特之怒」（Furor Celtica），透過對敵軍第一線展開大規模的猛攻，以擾亂或分散敵軍陣式。歐陸的凱爾特人戰略則較具防衛性，通常使用類似古希臘陣式的密集方陣。

凱爾特人的部族有許多知名頭目，例如維欽托利（Vercingetorix）、卡拉塔庫斯（Caratacus）和卡西維拉努斯（Cassivellaunus）。但最著名的無疑是布狄卡（Boudicca），她是愛西尼部落（Iceni）的首領，領軍對抗羅馬入侵者，是令人畏懼且影響力深遠的女王。在與不列顛諸島許多氏族成功結盟後，布狄卡的軍隊打敗了羅馬第九軍團，並掃蕩當時羅馬統治的科爾切斯特、倫敦和聖奧爾本斯。布狄卡最後在惠特靈大道戰役（Battle of Watling Street）中被羅馬將軍保利努斯（Paulinus）打敗，但愛西尼部落的表現已證實羅馬並非絕對無敵。✿

⚔ 凱爾特人使用什麼工具和武器？

鐮刀與大鐮刀
用來收割作物和砍伐木材，鐵製的鐮刀和大鐮刀使進行農務與造屋變得更快、更方便。

犁
凱爾特人的犁叫做「ard」，能耙開肥沃的土壤以種植作物、養活大聚落；這也是鐵器時代人口增加的重要原因。

矛
煉鐵技術的進步使矛變得更堅固和銳利。這也有助於獵捕大型動物與因應戰爭。

頭盔
凱爾特人有兩種頭盔：「蒙特福爾第諾」（Montefortino）和「高盧斯」（Coolus），後者提供給軍隊成員使用。

不同的聚落形式

對不列顛的凱爾特人而言，最普遍的聚落形式為山丘碉堡，但也有別的形式，例如蘇格蘭的圓錐形石堡（broch）也很常見。在北方，石頭比木材容易取得，所以能建造中空的避雨石堡；另一種像是湖上人工島（crannog）的建物在蘇格蘭的湖泊地區也很常見。

山丘碉堡在不列顛諸島的不同地區也有各自的樣貌。在地形不算崎嶇的地方（如高原或山谷），碉堡就得仰賴人造屏障的保護；其餘也有為了方便取水而建在河川的匯流點，以及特別適應海岸地形的碉堡。有些碉堡並非為了防禦而建，所以圍牆較為矮小。建築本身的樣式也會因地點而異，在不列顛大多是圓形屋；歐洲大陸則偏好長方形或正方形屋。

地圖導覽

■ 公元前 275 年左右，凱爾特人所占據的最大範圍

蘇格蘭路易斯島（Isle of Lewis）的卡洛韋圓形石堡（Dun Carloway broch）是世上保存最完整的圓形石堡之一

不列顛諸島 British Isles
蘇格蘭、威爾斯、愛爾蘭、康瓦耳（Cornwall）、曼島（Isle of Man）和法國的布列塔尼被視為「凱爾特地區」，至今仍能窺見古老的凱爾特傳統與文化。

發源地 Place of origin
凱爾特的發源地哈修塔特（Hallstatt）位在阿爾卑斯山的山腳、現今的奧地利。

往東擴張 East expansion
公元前 275 年，羅馬帝國尚未崛起前，凱爾特人占領的區域向東最遠達羅馬尼亞。

高盧和伊比利亞 Gaul and Iberia
雖然有人認為「盧西塔尼亞凱爾特人」（Lusitanian Celts）曾在此定居，但歷史學家對此的看法並不一致。

阿爾卑斯山 The Alps
凱爾特文化據信發展自這些地區——哈修塔特和拉坦諾（La Tène）。

畫家筆下的布狄卡在作戰前提振軍隊士氣

較長的劍
隨著鋼鐵的製造技術提升，較長、有雙面刃和平衡性較佳的劍成為凱爾特軍事中最受歡迎的武器之一。

伊比利亞彎刀
這是伊比利亞（Iberian）半島凱爾特人的典型彎刀；長度較短，適合快速砍擊，其強而有力的攻擊能劈開敵人的盾牌和頭盔。

鎧甲
鎧甲是由麻和金屬片縫到鎖子甲上所製成，只有身分較高的富有凱爾特人能買得起，較貧窮的戰士得穿皮甲，甚至只能以肉身抵擋攻擊。

遠程武器
凱爾特步兵原先只專注於近身搏鬥，但在看到維京人使用弓之後，他們偶爾也會用彈弓、弓箭和矛來進行遠距離攻擊。

© Alamy; Corbis; Look and learn; Sol90; Thinkstock

維京人的襲擊可說是人類史上最殘酷的一頁，但他們可不只是嗜血的海盜而已……

維京人的攻勢
ATTACK OF THE VIKINGS

多年來，地球上出現了一些十分可怕的文明，而少有人會否認維京人是最駭人的族群之一。維京人以威力強大的長船和血腥的突襲聞名於世，這些來自北方的戰士會在大洋航行數天，搜尋下一個倒楣的目標。與古羅馬人不同，早期的維京人並無征服他國的野心，他們出海是為了尋找珍寶和奴隸。8至11世紀期間，他們洗劫了許多歐洲城鎮，無情地拿斧頭砍向礙事者，並把無辜的旁觀者捉走，帶回家鄉賣給有錢人。

維京人最可怕的行徑是去搶劫低調又毫無防禦力的修道院。為了舉行儀式，修道院會使用金、銀器，且院內又收藏了許多教友慷慨贈送的珍寶。雖然修道院往往位於一般城市人難以抵達的偏遠島嶼，但對長年航行於海上的戰士而言，要到達修道院實在是輕而易舉。修道院內的戰利品豐厚，且僅有幾個手無寸鐵的僧侶看守，因此不難想見為何維京人會選擇掠奪這座寶庫。

不過，這些古代的斯堪地納維亞人（又名諾爾斯人，原意指北方人）並不只是冷血的屠夫。確實有少數人沉浸於掠奪的快感，但大部分的人之所以離鄉背井、四處搶劫，其實也只是為了養家糊口。斯堪地納維亞半島的氣候嚴峻，土地普遍不適合耕種，因此人口過多的城鎮難以生產足以餵飽所有居民的糧食。維京人希望能在肥沃的海岸找到新耕地，所以開始著手造船，打造能承受北海暴風雨、歷經漫長旅程的堅固船隻。

維京人專業的造船技巧、創新的導航技術，加上積極進取的精神，使其能到更遠的地方探險，超越以往的任何文明。他們沿途建立無數個貿易站，一路打劫來的財富則能讓他們繼續維持自家農場。多年來，他們開始在新發現的領土上殖民，而這批維京移民很快就遍及了整個歐洲。✿

維京戰士

儘管有著殺戮時毫不留情的形象，早期維京強盜其實是相當原始的戰士。雖然他們未經計劃就攻擊，且以寡擊眾，但他們掌握了出奇制勝的要領——運用小規模船隊。維京長船可在完全不被敵軍發現下抵達海岸，讓當地人毫無時間備戰；這也意味著，他們能來去自如。

經過長時間的經驗累積，維京人的襲擊規模、強度和速度都不斷提升。到851年時，維京人的船隊已從最初的3艘增至300艘，形成數以千計的「大軍」。與過去的突擊隊時期不同，他們不再滿足於打家劫舍，這支軍隊已開始抱持著新的目的：征服他人。

頭盔 Helmet
注意！維京人的頭盔可沒有角。它實際上是簡單的碗狀，並附有一大塊護目板。

內襯獸皮

裘尼克　　**鎖甲**

裝甲 Armour
專業的戰士會在衣服外面再穿一件鎖甲，經濟較不寬裕的戰士則是穿皮甲。

盾牌 Shield
維京人的盾牌呈圓形，以木頭製成，中間則是鐵盤，很適合抵禦重擊。

裘尼克服 Tunic
男女都會穿著羊毛製的束腰短袍；比較富裕的維京人也會在外衣內穿細麻衣。

綁腿 Leg wrappings
以布條纏腿是為了收起寬大褲子的多餘布料。

鞋 Shoes
鞋由軟皮製成，維京人常在鞋內塞滿乾草和苔蘚，以保持溫暖。

衣著材料

羊毛
雖然維京人以戰士身分聞名於世，但許多人仍會務農。他們會將羊毛紡成紗，再織成布，做成裘尼克服、斗篷和手套。

麻
亞麻這種植物能製成亞麻布；亞麻收成後，農人會將莖泡在水裡敲打，從莖中拉出所含的黏性纖維。

獸皮
牛、羊在冬季被宰殺後會被剝皮，風乾之後的皮將被製成皮革。維京人也會獵殺剔鹿、狼和熊，取其皮毛。

斧頭 Axe
這種大斧要用雙手拿；也有能拋擲的小型斧頭。

斗篷 Cloak
由厚羊毛製成，能抵禦寒冷和風雨。

維京人擁有的致命武器

斧頭 Axe
維京人的斧頭其實並沒有想像中巨大和笨重，可以輕而易舉地掌控。甩出或拋擲斧頭時，足以產生砍斷頭顱的力道，所造成的傷勢通常足以致命。

弓箭 Bow and arrow
這種設計巧妙的武器射程超過 200 公尺。戰鬥正式開始之前，弓箭手會先朝敵人射箭，再由戰士展開近距離搏鬥。

劍 Sword
維京人的劍很難打造，因此非常稀有珍貴。只有真正的戰士才會擁有一把劍。最稀有且威力最強大的劍名叫「維京劍」（Ulfberht），是用當時品質極高的鋼材所鑄造。

矛 Spear
這是農民階級最常使用的武器，矛頭由鐵製成，製作成本很便宜。矛通常有二、三公尺長，可拿來投擲或刺穿敵人。

刀 Knife
刀是每個人都可擁有的武器，甚至連奴隸都有。這種古老的刀比一般的刀稍重，但比劍容易藏匿，所以能夠進行快速突襲。

維京人的航線

維京人之所以能成為海上霸主，全靠超高水平的工藝產品：長船。挪威船匠的技術精湛，能打造出比以往更堅固、快速且航行能力更好的船。他們的航線早在哥倫布之前就已向東到達巴格達、向西直抵北美洲，堪稱第一批發現新大陸的歐洲人。他們繪出俄羅斯河流和河口複雜的水域，並經常拖行船隻深入內地，甚至在枯水期以駱駝代步。儘管搶劫是快速積累財富的方式，但長期下來也不是個辦法。

長時間下來，維京人建立了橫跨歐洲和中東地區的十幾個貿易站，以斯堪地納維亞的產物（如海象象牙、皂石和獸皮）來換取奴隸、絲綢和香料。不久，維京人就稱霸了整個市場。隨著財富和權力的累績，維京人得以展開更大的挑戰，精進圍城和侵略的戰術。因此，很快就在全歐攻城掠地，維京帝國就此誕生。

造船材料
船都是以木板建造；板材由斧頭和剖刀製成，而不是鋸子。

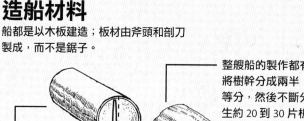

整艘船的製作都有用到橡木。將樹幹分成兩半，再將每塊二等分，然後不斷分切，直到產生約 20 到 30 片板材。

船槳以松木製成；將樹幹一分為二，再將彎曲的一面修整平順，以便在水中划槳。

船槳 Oars
維京長船從頭到尾都有放置槳；當風力不足時，就能靠划槳航行。

艏飾 Figurehead
船首會用可怕的圖像裝飾，通常是龍或蛇的形象。這可以嚇阻近船的敵人，據信也有辟邪的作用。

龍骨 Keel
龍骨是以長度超過 25 公尺的一整根橡木打造。龍骨非常堅固，足以讓船安然度過強烈風暴的襲擊。

船帆 Sail

長船為單桅帆，約 10×10 公尺，以羊毛或亞麻布製成；由於當時的船尚未搭建有遮蔽的艙室，因此船帆在天候惡劣時能提供一些遮蔽。

船身 Hull

船身是層疊的木板輔以鐵釘固定而成；木板間的縫隙會填塞浸泡焦油的羊毛，以防漏水。

貨物 Cargo

戰艦只能攜帶少量的貨物，包括淡水和肉乾。

舵 Rudder

舵位於右舷的船尾，確保船能直線前進。

維京船的前身

斯堪地納維亞的整片海岸都能捕魚，因此當地的造船活動盛行；考古證據和測繪揭露了這些船隻不可思議的演變過程。

約特斯普林船，公元前 350 年

尼達姆船，300 年

新石器時代的船，公元前 3500 年

豪斯寧船，100 年

瓦爾遜船，700 年

© Sol90; Alamy; Thinkstock; Dreamstime

最惡名昭彰的五次維京襲擊

1 林迪斯法恩
793 年
這也許是維京史上最惡名昭彰的襲擊，也是英格蘭首次遭襲。維京人到偏遠島嶼諾森布里亞（Northumbria）的修道院打劫，該處是英國的宗教聖地。

2 拉斯林島
795 年
愛爾蘭的海岸線上聚集了許多修道院，因此成為維京人的目標。記載中，首次遭突襲的是拉斯林島，當地的修道院遭劫，最後還被焚毀。

3 馬提灣
806 年
蘇格蘭富有的愛奧那島修道院多次遭海盜搶劫，甚至有 68 名僧侶在馬提灣被屠殺。825 年，這間修道院徹底被棄置。

4 塞維亞
844 年
有明確證據顯示，維京人首次襲擊西班牙的地點是塞維亞，此城被占領了數星期。不過，維京人也受重創，最後只能靠挾持當地囚犯當人質，才得以逃脫。

5 巴黎圍城
885 年至 886 年
885 年 11 月底，據說載有數萬名士兵的數百艘船駛抵巴黎，企圖搶劫。儘管破城計畫失敗，神聖羅馬帝國的皇帝仍允許他們渡過塞納河。

格陵蘭 Greenland
北歐人在格陵蘭上的第一個據點是由紅鬍子艾瑞克（Erik the Red）打造，他當時因為犯了謀殺罪而從冰島被流放。

蘭塞奧茲牧草地 L'Anse aux Meadows
這是維京人占領失敗的據點。據北歐傳說的記載，維京人被當地原住民——即他們口中的史科拉林斯人（Skræling）——趕走。

冰島 Iceland
相傳冰島最初是因為一名維京探險家偏離航道才意外被發現，這裡不久就成為維京人的殖民地。

維京人的征途

堅固的長船再加上先進的導航技術讓維京人得以建立起一個貿易和殖民帝國

愛爾蘭 Ireland
有長達兩個多世紀的時間，愛爾蘭飽受維京人的搶奪和攻擊，但最後在當地定居的維京人卻吸收了愛爾蘭文化。

塞維亞 Seville
維京戰士占領了西班牙的塞維亞，後來被摩爾人擊退。

Illustrations by Stian Dahlslett www.dahlslett.com

維京人最後的下場？

12 世紀初，維京時代已走到末路。在 1066 年的斯坦福橋戰役（Battle of Stanford Bridge）中，維京王哈拉爾‧哈德拉達（Harald Hardrada）被殺，約維克城（Jorvik）也被焚毀。

不過，人們時常忘了新任國王威廉一世（William the Conqueror）其實也是維京人的後代，儘管當時不適合明說。那些在歐洲定居的維京人已和當地族群融合，不同於初到歐洲時的野蠻樣貌；古諾爾斯語也因為是異教徒的語言而漸被遺忘，只留下隻字片語。基督教傳教士會航行到斯堪地納維亞半島，慢慢地將剩餘的異教徒轉化為基督徒；同時，襲擊活動也逐漸消失。等海盜襲擊完全停止，其餘的歐洲人便不再視古代的北歐人為維京人，而改以丹麥人、瑞典人、挪威人和冰島人稱之。

哈拉爾‧哈德拉達在斯坦福橋被弒，數日後就爆發黑斯廷斯戰役（Battle of Hastings）

布爾加 Bulgar

這是窩瓦河上蓬勃發展的市場，維京人在此處進行遠東貨物的貿易。

基輔 Kiev

882 年，維京人的大頭目奧列格（Oleg）奪下了基輔，使這個城市成為君士坦丁堡與西方貿易網路的中心。

義大利 Italy

強大的維京頭目約恩‧伊容席德（Björn Ironside）率領海盜入侵比薩和盧納，但旗下大半艦隊後來被撒拉森人（Saracen）摧毀。

君士坦丁堡 Constantinople

受到拜占庭帝國中心聚集的財富所吸引，維京人發動戰爭，最後以簽定幾份貿易協定收場。

巴格達 Baghdad

維京人順流而下，穿越歐洲進入裏海，並以駱駝商隊前往巴格達，在那裡交易皮毛、象牙和海豹油等貨物。

戰象 War elephants

當時的戰象如同坦克軍隊，從不列顛到越南，總能在戰場上建功

我們或許認為大象並不是什麼嚇人的生物，但亞洲、非洲和中東的將領卻能立即看出這些巨型草食性動物在戰場上的價值。然而，在所有文明之中，最擅於利用大象的莫過於印度歷史上的眾多王國。

如果傳統騎兵能徒步粉碎敵方的戰線，進而改變戰場局勢，那麼大象所帶來的威力勢必更加強大；此外，當大象殺進戰場、揮動象鼻、揚起象牙並舉起有力的象腿踩扁眾人時，對目擊者帶來的心理衝擊在坦克的時代來臨前，一直無人能出其右。

戰象在公元前 4、5 世紀的梵文史詩中首度被提及，從此便成為古印度與中古印度文獻的常客，而編年史學家也總愛記載：「有大象就有勝利！」一般而言，印度的戰象上會有二至四個在「塔」上作戰的士兵，他們通常配備弓與箭，但魚叉和長矛也十分常見；戰象會披覆著鈴鐺、旗幟、與鮮豔的織料，同時也會根據其所屬的王侯、蘇丹或蒙兀兒皇帝的富有程度，而在層層布料之間縫上內墊著皮革或鎧甲的鋼板盔甲。

更令人驚懼的是，根據 6 世紀中國旅行家宋雲的記載，曾有軍隊將劍、鐮刀、鎚矛和鍊條片綁在象鼻上，並將刀刃繫在象牙上，有時還在刀上塗抹毒藥。其他駭人的描述更包括敵軍士兵被拋到空中之後，只不過被巨大的象頭輕輕一撞，整個人立即被切成兩半。

自 16、17 世紀開始，戰象身上甚至架設了槍砲——像可怕的重型火繩槍（gajnal）——形成所謂的「大象火砲」，然後再被派上戰場與不斷擴張勢力的大英帝國對戰；直到 19 世紀末期，大象才終於能完全離開戰場。✿

印度象與非洲象
Indian vs African
體型較大的印度象能輕鬆擊敗現已絕種的北非象。

羽飾頭盔
Plumed helmets
塞琉古帝國（Seluecid）的戰象和並肩作戰的士兵都戴著羽飾頭盔。

叮噹作響 Ding dong
戰象的脖子上掛著鈴鐺，或許是為了在戰象失控時警示沒有注意到的人。

歐洲的戰象

希臘統帥亞歷山大大帝（Alexander the Great）早已和波斯帝國的戰象對戰過，但當他遭遇北印度坡羅婆王國（Paurava）波魯斯國王（King Porus）的軍隊時，他才真正見識到這種厚皮動物的潛在威力，於是便組織了自己的戰象軍團。透過亞歷山大大帝及其繼任者，戰象才遍及中東與希臘，之後更傳入逐漸崛起的強國羅馬和迦太基（Carthage）。儘管必須依賴印度與非洲的盟友或附庸國才能取得大象，凱撒大帝（Julius Caesar）在公元前 54 年入侵不列顛時，就用了至少一隻戰象，並在 43 年一場鎮壓叛軍的行動中運來更多大象。迦太基將軍漢尼拔‧巴卡（Hannibal Barca）的一項著名戰蹟，便是在公元前 218 年率領大軍與戰象部隊，由西班牙翻越白雪皚皚的庇里牛斯山與阿爾卑斯山，前往北義大利。

漢尼拔帶領戰象部隊翻越阿爾卑斯山

駕馭者 Driver
駕馭者坐在戰象的脖子上，用一支看似駭人的鉤型刺棒控制戰象。

戰鬥塔 Fighting tower
戰象背上架設著一座平台，可承載四名配備著標槍、長矛和弓的士兵。

加上鏈甲 You've got mail
戰象披的鱗片鏈甲由底部層層堆疊而上，因為敵軍很可能由下方向上展開攻擊。

非洲象的體型曾經較小？

古代編年史學家顯然都認為印度象的體型較大。根據記載，印度象比非洲象更高大、強壯，其中一項證據是公元前217年的拉菲亞戰役（Battle of Raphia）中，埃及國王托勒密四世菲洛帕特（Ptolemy IV Philopater）的非洲象因為被印度象的氣味、聲音與較大體型威嚇住，而拒絕與希臘塞琉古帝國安條克三世（Antiochus III）率領的象群對戰。

這項記載十分特別，因為現代的非洲叢林象迄今仍是世上體型最大的物種；而古代的小型象種是曾經出現於摩洛哥與阿爾及利亞的北非象，但牠們如今都已絕種了。

環甲 Laminar armour
由皮革或金屬環帶製成，以保護戰象的脖子與腿部。

© Osprey Publishing

泰爾圍城戰 The Siege of Tyre

公元前 332 年——征服波斯帝國的前兩年——馬其頓軍隊面臨了一場最艱鉅的挑戰。當亞歷山大大帝的軍隊通過腓尼基時，包括比布魯斯（Byblos）、貝魯特（Beirut）和西頓（Sidon）等許多城鎮都立即投降。但擁有城牆防禦的泰爾城（Tyre，波斯帝國重要的海軍基地）卻拒絕了亞歷山大到城內美刻爾（Melqart）神廟祭祀的要求，於是亞歷山大決定展開圍城攻擊。

泰爾城位於一座離岸邊約 1 公里的海島上；城市周圍有一道 40 公尺高的厚城牆。然而，亞歷山大在戰場上曾多次擊敗波斯國王大流士三世（Darius III），因此他對拿下這座城池深具信心，即使當時他手上只有一小支海軍可供調度。然而，泰爾人決定保持中立，想安全地待在城牆內，不想捲入馬其頓王國和阿契美尼德帝國（Achaemenid Empire，即波斯第一帝國）間的血

腥戰爭。在憤怒之餘，亞歷山大要求泰爾人投降，但他們予以回絕。在所有談判都宣告失敗後，亞歷山大準備展開攻擊。

這座城市顯然無法以一般的方式進攻，所以亞歷山大決定採用另一種策略來突破防守。他決定出動一支艦隊，並從周圍地區調兵遣將，組成一支突擊隊。亞歷

山大除了加派海軍攻擊，還建造了一座石造引道（或稱堤道），讓泰爾城難以招架，最終突破城牆，拿下此城。在隨後的殘酷戰鬥中，有 1 萬名居民遭處決，另有 3 萬多人被強行賣作奴隸。這場勝利之戰歷時六個月，結果也再度證明了亞歷山大大帝無情卻有力的軍事策略能夠取勝。

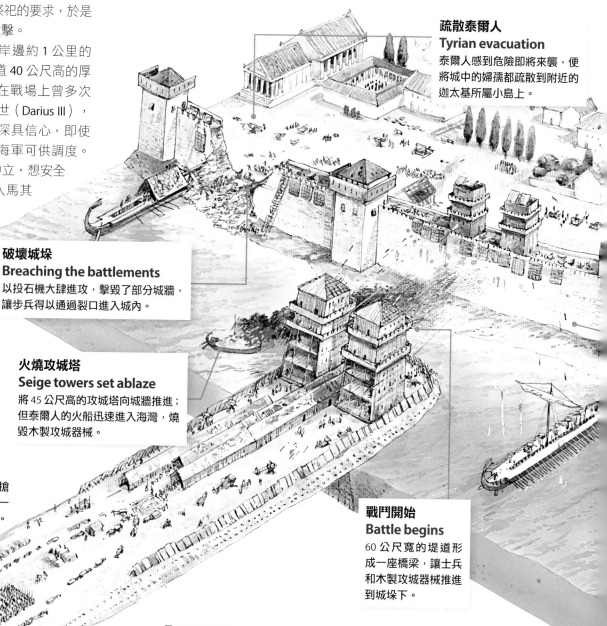

疏散泰爾人
Tyrian evacuation
泰爾人感到危險即將來襲，便將城中的婦孺都疏散到附近的迦太基所屬小島上。

破壞城垛
Breaching the battlements
以投石機大肆進攻，擊毀了部分城牆，讓步兵得以通過裂口進入城內。

圖解圍城攻勢
亞歷山大的軍隊如何突破泰爾城強大的防禦措施

火燒攻城塔
Seige towers set ablaze
將 45 公尺高的攻城塔向城牆推進；但泰爾的火船迅速進入海灣，燒毀木製攻城器械。

堤道 The mole
軍隊從鄰近的泰爾古城廢墟中搶奪石頭和木材，讓工程師建造一條狹長的堤道，以橫越淺水區。

戰鬥開始
Battle begins
60 公尺寬的堤道形成一座橋梁，讓士兵和木製攻城器械推進到城垛下。

「從周圍地區調兵遣將，組成一支突擊隊」

亞歷山大法老

泰爾是波斯帝國在腓尼基的最後據點，此後通往埃及的路對亞歷山大來說可謂完全敞開。這位年輕的馬其頓人從小就聽古埃及的輝煌傳說長大，在親眼見證古夫金字塔後，便沿尼羅河一路航行到孟斐斯。

埃及人視亞歷山大為救世主，將他從波斯數世紀的統治與鎮壓中解放。亞歷山大到達時，埃及人宣告他為法老；他開始敬拜被視為宙斯不同形體的埃及神祇。此次征戰期間，亞歷山大開始將自己視為半人半神的存在。在以自身之名建立了亞歷山卓城（Alexandria）後，便在公元前 331 年離開埃及，並在高拉米加戰役中擊敗大流士和波斯人。獲得「擁有四分之一世界的國王」之稱號後，他一路往東拿下伊朗東部和印度北部；最後在公元前 323 年死於瘧疾，得年 32 歲。

亞歷山卓發展為港口城，取代泰爾在該區的貿易和商業中心地位

泰爾的最後據點
Tyre's last stand

泰爾的最後防線聚集在此城北端，但仍無法阻止嗜血的馬其頓人進攻。

亞歷山大的勝利
Victory for Alexander

國王與其親屬，以及前往神廟尋求庇護的人們都倖免於難。然而，泰爾現已成為亞歷山大的屬地。

封鎖海港
Harbour blockade

亞歷山大被迫退出宛如人間煉獄的戰場；他改變攻勢，調遣一支船隊到沿海，封鎖泰爾的兩個港口，包圍整座城市。

頑強抵抗
Heavy resistance

泰爾的守軍以砲彈攻擊敵方工人，造成大量死傷，也減緩馬其頓人的進攻。

泰爾人拒絕棄城
Tyrians refuse to give up

泰爾人往海裡拋擲巨石，阻止船隻靠近城牆，並將燒熱的沙子灑向步兵。

史上最大海上戰役
Biggest naval battle ever

公元前 256 年,地中海是由迦太基和羅馬共和國所主宰。當時以迦太基最為強大,其實力主要奠基於海上貿易。迦太基位於今日北非海岸的突尼西亞,過去曾是腓尼基的一處殖民地。腓尼基人源自黎凡特(即古敘利亞),以高超的航海技術聞名,並成功在迦太基定居。公元前 3 世紀左右,迦太基的海軍控制了大半的地中海西側,包括西西里島的一處強大基地。

與此同時,羅馬軍隊逐漸往義大利南部擴張,且日益擔心迦太基人在西西里島的勢力。公元前 264 年,羅馬人與對抗迦太基和夕拉庫沙的僱傭軍「馬麥丁人」(the Mamertines)結盟,進而令羅馬和迦太基間的對峙情勢驟升為全面衝突。雙方都想控制西西里島,最後演變成日後所稱的「第一次布匿戰爭」(First Punic War)。

為了保持對西西里島的控制,迦太基人有賴來自北非的海上補給和增援。在開戰之初,羅馬人並無海軍,但在公元前 261 年時則決定打造一支海上大軍。籌組軍隊的過程相當驚人,在短短 60 天內便造了約 120 艘船。其中 100 艘是五列槳座戰船,另外 20 艘則為三列槳座戰船。儘管羅馬船隊的機動性無法與迦太基的匹敵,但羅馬軍擅長在對戰時登上敵艦。

因此,儘管缺乏海戰經驗,羅馬海軍仍在開戰以來取得不少勝利,包括公元前 260 年在邁萊(Mylae)和公元前 257 年於廷達瑞斯(Tyndarus)的勝仗。公元前 256 年,他們準備以更大的艦隊入侵北非,但迦太基人在西西里島南岸的埃克諾姆斯角攔截了羅馬海軍。那場對戰有近 700 艘船和 29 萬人參加,為當時最大的海戰。

> 「籌組軍隊的過程相當驚人,在短短 60 天內便造了約 120 艘船。其中 100 艘是五列槳座戰船,另外 20 艘則為三列槳座戰船」

埃克諾姆斯角戰役
面對航海經驗豐富的敵軍,羅馬人究竟如何取勝?

7. 平衡技巧 The balance tips
最前方的兩支羅馬艦隊先是突破了迦太基戰線的中心,再轉向拯救陷入困境的後方艦隊。

8. 迦太基軍撤退
The Carthaginians retreat
迦太基的船隻開始遭羅馬軍登船占領,許多船隻因此失去信心,轉向逃離。

1. 決定戰鬥
Deciding to fight
迦太基決定對抗位於西西里島西南岸的四支羅馬艦隊,而非等到對方抵達北非水域才開戰。

埃克諾姆斯角一戰確立了羅馬海軍的優勢

戰爭的結果

羅馬軍大勝後,迦太基人無力阻止他們登陸北非。然而,羅馬人還是得在西西里島修理船隻和休息。最終,羅馬艦隊再次航行,成功登陸並圍攻突尼西亞的阿斯皮斯(即今日的開利比亞)。迦太基人被迫撤離西西里島,以增援位於北非的軍隊。次年,羅馬在賀邁亞海角戰役中再次擊敗迦太基,迫使對方棄械求和。但羅馬提出的條件過於苛刻,迦太基因而展開長期抵禦戰。公元前 241 年,迦太基力圖保住西西里島的據點,卻在埃加迪群島海戰中,遭羅馬擊沉或占領 120 艘船。迦太基同意放棄西西里島,並支付 60 噸白銀。第一次布匿戰爭就此落幕。

在第一次布匿戰爭後,發行了這枚極其罕見的羅馬幣,其中描繪了羅馬人與義大利盟邦的立誓儀式,表達戰勝迦太基是彼此合作的成果

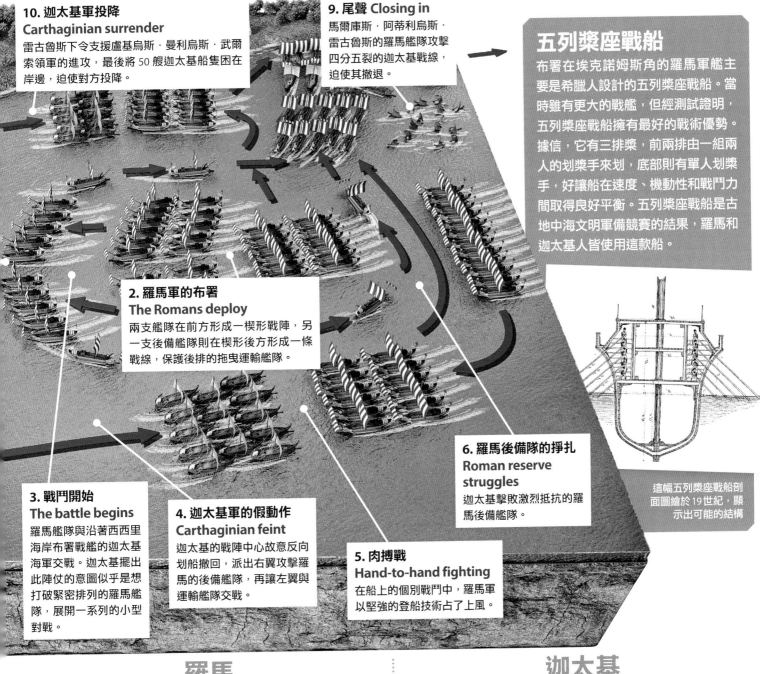

10. 迦太基軍投降
Carthaginian surrender
雷古魯斯下令支援盧基烏斯·曼利烏斯·武爾索領軍的進攻，最後將 50 艘迦太基船隻困在岸邊，迫使對方投降。

9. 尾聲 Closing in
馬爾庫斯·阿蒂利烏斯·雷古魯斯的羅馬艦隊攻擊四分五裂的迦太基戰線，迫使其撤退。

五列槳座戰船
布署在埃克諾姆斯角的羅馬軍艦主要是希臘人設計的五列槳座戰船。當時雖有更大的戰艦，但經測試證明，五列槳座戰船擁有最好的戰術優勢。據信，它有三排槳，前兩排由一組兩人的划槳手來划，底部則有單人划槳手，好讓船在速度、機動性和戰鬥力間取得良好平衡。五列槳座戰船是古地中海文明軍備競賽的結果，羅馬和迦太基人皆使用這款船。

這幅五列槳座戰船剖面圖繪於 19 世紀，顯示出可能的結構

2. 羅馬軍的布署
The Romans deploy
兩支艦隊在前方形成一楔形戰陣，另一支後備艦隊則在楔形後方形成一條戰線，保護後排的拖曳運輸艦隊。

6. 羅馬後備隊的掙扎
Roman reserve struggles
迦太基擊敗激烈抵抗的羅馬後備艦隊。

3. 戰鬥開始
The battle begins
羅馬艦隊與沿著西西里海岸布署戰艦的迦太基海軍交戰。迦太基擺出此陣仗的意圖似乎是想打破緊密排列的羅馬艦隊，展開一系列的小型對戰。

4. 迦太基軍的假動作
Carthaginian feint
迦太基的戰陣中心故意反向划船撤回，派出右翼攻擊羅馬的後備艦隊，再讓左翼與運輸艦隊交戰。

5. 肉搏戰
Hand-to-hand fighting
在船上的個別戰鬥中，羅馬軍以堅強的登船技術占了上風。

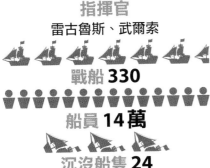

羅馬
指揮官
雷古魯斯、武爾索
戰船 **330**
船員 **14 萬**
沉沒船隻 **24**
傷亡人數 約 **1 萬人戰死**

迦太基
指揮官
哈米爾卡·巴卡、漢諾大帝
戰船 **350**
船員 **15 萬**
沉沒船隻 **30**　被占領船隻 **64**
傷亡人數 約 **3 萬至 4 萬人戰死或被俘**

© Alamy

羅馬圍城 Roman Sieges

羅馬人如何攻城掠地，建立龐大的帝國？

歷經幾世紀的軍事行動後，羅馬共和國（即後來的羅馬帝國）的軍隊橫掃歐洲、北非和中東大片疆土，雄霸一方。其名聲遠播、威震四方，這要歸功於訓練有素的軍隊和劃時代的技術，以及他們高超的戰術和土木工程。

談到破牆而入、攻下城鎮和營寨，羅馬人可說是費盡苦心，不僅改善了古希臘人發明的戰爭機器，還研發出一些特有的用具。羅馬人發動圍城攻擊時，首先會建立自己的營地，在當中立起高聳的守衛看台和防禦工事，藉此切斷敵方增援和食物補給的管道。羅馬人也會挖掘新的水道，好改變河流流向，或是向地下挖掘、分散地下泉水的流量，進而切斷敵人的水源。

要是飢餓、口渴和絕望還無法迫使敵人投降，羅馬人便會以各種攻城武器再行攻擊，諸如能讓人直接衝過護城橋的車輪攻城塔。軍隊會以攻城槌和抓鉤來撞破或拆毀牆壁，還會以石弩和投彈機來投擲石塊，或用鐵弩攻擊反抗軍。

土木工程也得以發揮作用——羅馬大軍有時會在敵人的城牆下挖隧道，待地基崩壞後，城牆便轟然倒塌。

攻下城鎮或要塞後，羅馬軍隊通常會屠殺敵方的倖存者、將其收為奴隸，或是砍斷其右手確保他們不能再使用武器。根據當時的羅馬法，一旦攻城槌碰到守軍的城牆，他們便失去投降的權利。所以當時有人一聽到羅馬人前來攻打的風聲就立即投降，這也不難想像。✿

巨蠍發射器 Scorpion
巨蠍發射器好比一具巨型十字弓，可將鐵弩射至約 400 公尺遠，且準確度驚人。

龜甲陣 Tortoise formation
要是沒有攻城塔來保護攻城槌，軍隊的士兵會把盾牌疊在一起，形成龜甲陣（testudo）。

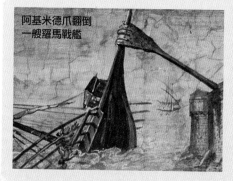

阿基米德爪翻倒一艘羅馬戰艦

太陽射線和巨爪

公元前 214 至 212 年的敘拉古圍攻（Siege of Syracuse）一戰完全將戰事工程提升到全新的境界，當時希臘數學家和發明家阿基米德也置身於四面楚歌的捍衛軍之中。

敘拉古（位於西西里島）四面環海，因此羅馬人帶來了能降下梯子並搭到城牆上的漂浮攻城塔。這時，阿基米德擺出了「阿基米德爪」，據說，這是一台附有巨爪的起重機，巨爪能伸進水中，翻倒羅馬人的船隻。據信，他還用青銅或黃銅盾牌當作反射鏡，將炙熱的地中海陽光反射到敵人的風帆上，引發火勢。

自文藝復興時期以來，世人一直激辯著阿基米德是否真以太陽輻射熱線來抵抗敵軍，但就連羅馬人也沒機會澄清這個謎題。敘拉古被攻陷後，阿基米德便因違反執政官的命令而被羅馬士兵殺死。

關鍵數據
羅馬帝國圍城記錄

| 最血腥一役死亡人數 **6萬-110萬** | 最長圍城紀錄 **8年** | 軍隊人數曾達 **8萬5000-11萬** |
| 疆域最大時總面積 **500萬平方公里** | 人口曾達 **7000萬** | 奴隸占全國人口比例 **25%** |

你知道嗎? 在 256 年的杜拉尤羅波斯(Dura Europos)圍城一役中,守軍研發出一種二氧化硫噴霧,造成 20 位羅馬人喪生

野驢投石器 Onager
名稱取自野驢後腿猛踢的意象,這架投石器可以投擲岩石和裝滿滾燙瀝青的土罐。

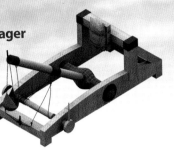

石弩車 Ballista
類似巨蠍發射器,最大射程可達 1100 公尺。

食物大戰

羅馬人不怕和敵人鬥智,以心理戰來說服敵人放棄作戰。當高盧人(現今的法國人)在公元前 4 世紀末入侵羅馬時,他們知道要戰勝這群傑出羅馬軍人的唯一方式就是斷糧相逼。為了讓高盧人相信城內的存糧比他們想像得多,羅馬人直接將麵包扔下城牆。而在公元前 212 年,迦太基的軍事天才漢尼拔(Hannibal)在第一次卡普亞(Capua)戰役中圍攻羅馬城鎮卡西利農(Casilinum)時,攻破了軍隊和城牆之間的土地,讓守在城內的反抗軍連草都沒得吃。為了讓漢尼拔以為城內的糧食足以撐到下次收割,這批勇敢的羅馬捍衛者便將大量的種子扔至地上。

守軍 Defenders
遇到羅馬人圍攻時,守軍唯一的存活機會是避免攻城塔、梯子或攻城槌靠近城牆,當然另一條路就是直接棄械投降。

弓箭手 Archers
在攻城塔頂端的士兵必須不斷以弓劍射擊守軍,讓他們無暇摧毀攻城武器。

攻擊火力 Incoming fire
石弩投擲的石塊通常破壞不了城牆,但對守軍卻極具殺傷力。

攻城塔 Siege tower
攻城塔的高度介於 15 至 25 公尺,可保護攻城士兵不受敵人的弓箭所攻擊。

土坡道 Dirt ramp
除非能將攻城塔推到牆腳下,不然它就毫無用武之地,因此羅馬人曾使喚奴隸堆出土坡,即阿格坡道(agger)。

攻城槌 Battering ram
這是一根前方有沉重鐵器的木槌,由攻城塔底座伸出,可向前擺動衝刺。

耶路撒冷圍城
Jerusalem under siege

在耶路撒冷悠久的歷史中，這座城市曾被圍城 20 次以上。耶路撒冷是當今尚存的古老城市之一，也是古羅馬內戰、十字軍東征，甚至是世界大戰的戰場。

這座城市第一次遭到圍攻是羅馬統治下的 70 年。這次圍城肇因於 66 年的猶太戰爭（Great Jewish Revolt），當時一位羅馬軍官在猶大會堂行竊，此舉激怒了猶太人，他們便奮起抵制羅馬壓迫者，並在耶路撒冷建立反叛中心；後來，羅馬的維斯巴辛皇帝（Vespasian）命令提圖斯（Titus）將軍率軍奪回耶路撒冷。羅馬大軍祭出攻城槌、投石車和攻城塔等武器來突破城牆，耶路撒冷聖殿中的聖器也被掠奪一空。羅馬的提圖斯凱旋門就是用來紀念這場勝戰。

在耶路撒冷發生的衝突事件中，最著名的大概就屬十字軍東征。1099 年，第一次十字軍東征展開，基督教軍隊共出動 1 萬 2000 名步兵和 1500 名騎兵圍攻耶路撒冷，還動用了攻城塔和雲梯來突破這座堪稱防禦力絕佳的城市。

這場勝戰導致伊斯蘭教王國埃宥比朝（Ayyubid Dynasty）的薩拉丁（Saladin）在 1187 年予以反擊，當時仍在基督教控制之下的耶路撒冷由伊貝林的貝里昂（Balian of Ibelin）迎敵。薩拉丁先提出和平投降的條件，但遭拒絕，於是耶路撒冷圍城隨即展開。

薩拉丁陣營最初集中火力猛攻大衛塔和大馬士革門，但屢攻不下，便轉而攻擊沒有城門阻礙的橄欖山。事後證明這項戰術成功，正當基督徒的要塞即將失守之際，貝里昂提出投降談判，薩拉丁也接受了。1189 年，理查一世（Richard the Lionheart）和菲利普二世（Philip II）率領了第三次的十字軍東征，誓言要討回這座城市，但仍以失敗告終。

下一次的重大圍城事件則發生在好幾個世紀以後。1917 年，第一次世界大戰期間，英國和鄂圖曼帝國之間展開一場戰役，開戰不到幾天，耶路撒冷就落入盟軍手中；直到 1948 年第一次中東戰爭爆發前，耶路撒冷一直由英國統治。第一次中東戰爭導致耶路撒冷一分為二，一邊是以色列，一邊是約旦，而這也導致耶路撒冷這幾十年來的內部衝突不斷。今日，耶路撒冷成為以色列和巴勒斯坦這兩個主權國家的首都。✿

耶路撒冷的命運為何如此坎坷？

2000 多年來，耶路撒冷一直是猶太人、基督徒和穆斯林心中的宗教聖地。十字軍想將這座城市從穆斯林手中收復，因為這對基督教的朝聖者來說非常重要。對猶太教而言，耶路撒冷一直是他們稱之為錫安的聖地；猶太人則相信這座城市是神賜予他們的。而在伊斯蘭教徒眼中，這座城市裡有除了麥加之外最神聖的清真寺，因此稱此地為聖城（Al-Quds）。對許多帝國來說，耶路撒冷的地理位置也很重要，是中東軍事和貿易的重要據點。

進攻耶路撒冷

耶路撒冷是第一次十字軍東征的主要目標，這場征戰究竟如何展開？

1095年11月
基督教軍隊在教宗烏爾班二世的號召下從西方出發，決定從穆斯林手中奪回聖地。

1096年12月
西方勢力抵達拜占庭首都君士坦丁堡，並正式開戰。

1097年6月
西方勢力占領位於安那托利亞的尼西亞城，隨後展開長達八個多月的安提阿圍城（右圖）。

包圍城市 Surrounding the city
在重兵防守的區域，進攻方會擴大攻勢，並鎖定城牆中守備較弱的地區。

攻城塔 Siege towers
熱那亞盟軍前來協助建造巨大的攻城塔。十字軍得以大批湧上城牆。

守軍 Defence
守軍會從城牆上拋擲彈藥，並使用前推機具撞倒雲梯，以減緩基督徒的進攻。

軍營（圖中未顯示）Camp
基督教的十字軍在 7 月 7 日到達，隨即建立了營地；據稱，全數軍力約有 1 萬 3000 人。

攻城器 Siege engines
牽引拋石機（trebuchet）和石弩（mangonel）這類武器是專為遠距攻城所打造。

1097年 7月
在多利留姆的首次重大前哨戰戰況慘烈，但基督徒最後仍獲勝。

1097年 12月
穆斯林在都嘉卡和里德萬的帶領下，於哈朗克展開兩次反擊，但都被擊敗。

1098年 6月
奧龍特斯之役見證了 7 萬 5000 名伊斯蘭大軍因士氣低迷，遭 1 萬 5000 名基督徒擊潰。

1099年 6月
開始圍攻耶路撒冷，十字軍於七月時取得勝利（右圖）。

1099年8月
阿斯卡隆之戰，5 萬埃及大軍遭十字軍擊敗；耶路撒冷仍受基督教控制，第一次東征結束。

聯軍如何在
滑鐵盧

OW THE BATTLE OF ATERLOO WAS WON 之役取勝？

遭流放的拿破崙一世雖企圖奪回帝國，但聯軍決意阻攔其回歸

時值 1814 年，橫掃歐洲的法國皇帝拿破崙‧波拿巴（Napoleon Bonaparte）終被擊潰，並流放至地中海的厄爾巴島。然而，僅十個多月後，他便從島上的監獄脫逃，於 1815 年 3 月 1 日在法國南岸登陸，意圖奪回帝國。他很快就招募到支持者，連法王路易十八派出的討伐軍隊也迅速倒戈，宣布效忠這位歸來的皇帝。拿破崙重新掌權的消息震驚整個歐陸，歐洲國家旋即組成一個新聯盟，群起反對他。指揮英國聯軍的威靈頓公爵、領導普魯士軍隊的元帥格布哈德‧列博萊希特‧馮‧布呂歇爾都出兵攔截欲入侵比利時的法國大軍。

威靈頓明白，單憑旗下的兵力並無法擊敗拿破崙的軍隊。法軍的人數稍多於英國聯軍（由英、德、荷蘭和比利時的軍隊所組成，外加他國的人馬）。在東邊，布呂歇爾旗下約有 11 萬 5000 人的兵力，再加上英國聯軍，就足以對抗拿破崙的軍隊，但前提是這兩支軍隊得及時會合。拿破崙深知此點，因此決定以人數優勢逐一擊破敵軍。

6 月 16 日，該戰略幾乎奏效。下午 2 點左右，法國陸軍元帥米歇爾‧內伊攻擊駐紮於四臂村（為進出布魯塞爾的要道所在地）的威靈頓軍隊。在更東邊的利尼，布呂歇爾亦遭拿破崙的軍隊襲擊，被迫向北撤退。拿破崙命令埃曼努爾‧格魯希元帥繼續緊追普魯士軍，他則回到四臂村，與讓敵軍逃脫的內伊會合。

6 月 17 日晚上，往北撤離的威靈頓公爵於滑鐵盧村紮營。拿破崙的軍隊選在南邊不遠處駐紮，拿破崙則在名為拉凱由的農舍休息。整夜的大雨令兩軍渾身濕透，地面一片泥濘，而這點對隔日早上的情勢可謂至關重要。

拿破崙醒來時信心十足，向將軍們表示，打敗威靈頓的軍隊「就像吃早餐般容易」。此時，公爵則和部下一起檢查戰線，確定鎮守的關鍵位置（三間農舍）。他將

© Alamy

在巴特勒夫人於 1881 年所繪的〈蘇格蘭萬歲〉（Scotland Forever）一畫中，可見蘇格蘭騎兵團於戰役中發動攻擊

拿破崙·波拿巴皇帝

1769 年生於地中海的科西嘉島，拿破崙在法國大革命期間前往法國，擔任砲兵軍官。他很快就展現優越的戰術和領導力；1796 年左右，他手上已握有軍隊，並在義大利領導戰役。1799 年，從埃及返國時，拿破崙在巴黎的混亂政局中成功奪權，並於 1804 年自行加冕為法國皇帝。之後，他成立了法蘭西銀行，並進行多項改革。他亦將重要權位賞賜給家族中的許多近親，包括封其兄約瑟夫為那不勒斯和西西里國王。1810 年，拿破崙娶了第二任妻子瑪麗-路易絲；1811 年，其子拿破崙二世誕生。在滑鐵盧之役大敗後，這位皇帝宣布退位，後來則被流放至聖赫勒納島，於 1821 年在島上去世。

身著軍裝的拿破崙位於杜樂麗宮的書房中

多數兵力和大砲布署在後方的蒙聖讓山脊線上，因該處為有利的防守位置。

上午 11 時，拿破崙命令翁諾黑·夏勒·雷爾元帥的第二軍團占領鄰近烏格蒙（Hougoumont）農舍的樹林。此地的建物、毗鄰的果園和花園當時已由英國的冷溪衛隊和荷蘭的拿騷軍團駐紮。這批守軍在庭院的牆上打洞，以便射擊敵人。

雖然拿破崙原只打算分散威靈頓對法軍主力的攻勢，但當拿下烏格蒙的攻擊展開後，這場轉移兵力的襲擊就成了死傷慘重的血戰。在危急時刻，一些法國士兵突破北邊的閘門、闖進庭院，駐軍指揮官詹姆斯·馬克多內爾中校便立刻集結人馬，設法關閉大門。

烏格蒙的這場戰鬥持續了一整天。也許是受到猛烈砲擊，部分建物因此起火。

「這場轉移兵力的襲擊就成了死傷慘重的血戰」

眼見此景，公爵下令軍隊勢必得保衛這個廢墟，他知道無論如何都要保住烏格蒙。

在威靈頓陣線的右翼遭到一波波攻勢之際，中左翼很快就備感壓力。下午 2 點左右，戴爾龍伯爵指揮的法國第一軍團出兵攻打拉海聖（La Haye Sainte）和帕普洛特（Papelotte）這兩間農舍的駐軍，不斷逼近山脊線上的守軍。

約有 1 萬 7000 至 2 萬名的法國步兵排成龐大的隊伍，一邊打鼓、一邊歡呼著「皇帝萬歲！」的口號。一到山脊線，他們便遭到英、德軍隊的齊射攻擊。

威靈頓公爵早將 3500 位左右的步兵布署在山脊上，一共排成三列，寬度相當於 150 名士兵。這樣的陣仗讓守軍的火力不斷，足以擋下法軍。士兵大多配有一把褐筒（Brown Bess）燧發式火槍，其有效射程僅 40 至 50 公尺。由於準頭甚低，最具殺傷力的方式便是亂槍齊發的大規模掃射。

等到兩軍的距離夠近，第五師指揮官湯瑪斯·皮頓將軍便命令士兵上刺刀、攻擊法軍，並大喊：「衝啊！衝啊！好啊！好啊！」雖然皮頓將軍隨即陣亡，但其發動的反擊迫使法軍撤退。

看到戰局如此演變，英國騎兵指揮官阿克斯布里奇侯爵認為機不可失，下令大批騎兵團出擊，成功抵擋戴爾龍軍隊的攻勢。而挾著馬匹衝下坡之勢，騎兵團砍殺了數百位剛爬上坡的法軍，抑或讓其落荒而逃。

即使是決定性的一刻，但此次進攻的代價慘重。大量騎兵前仆後繼地穿過田野、奔向法軍的大砲，而前來支援的法國

戰役的展開
從首發子彈到取得最終勝利的始末

01:00-03:00	09:00	11:20-11:30	12:00-13:20
夜間布署	**延遲攻擊**	**大砲開火**	**全面攻擊**
拿破崙在南邊的拉凱由農舍紮營；威靈頓公爵則是駐紮在北邊的滑鐵盧村。	整夜的大雨過後，拿破崙決定等地面變乾後，再發動攻擊。	法軍的大砲開始砲擊英國聯軍的陣線，聯軍亦即時反擊。法國步兵團開始朝烏格蒙前進。	法國步兵繼續朝威靈頓右翼陣線上的烏格蒙進攻，另派出戴爾龍旗下約 1 萬 7000 至 2 萬名的士兵對付左翼的陣線。

騎兵迅速反擊，造成英軍的重大傷亡。

在英國騎兵幾乎全遭殲滅之際，法軍的胸甲騎兵團（或稱重騎兵團）奉命攻擊山脊上的英國聯軍步兵。通常，騎兵遠勝於步兵；特別是在陣線薄弱之際，步兵常會陷入恐懼、潰逃，並輕易落入敵軍之手。然而，拿破崙和旗下的將軍並未料到，威靈頓公爵已在蒙聖讓的山脊線上佈下排成24×30人的方形步兵陣式。各陣仗外圍都有拿著刺刀和火槍的士兵，形成騎兵難以突破的障礙。儘管如此，法軍的馬匹仍衝上山脊，在方形陣中橫衝直撞，以求突圍。在兩小時內，法軍發動數次攻擊，試圖摧毀山脊上的英國戰陣，這也使騎兵團陷入死傷慘重的交戰。

到了下午4點半左右，拿破崙還得面對更棘手的消息。透過望遠鏡，他看到普

魯士軍隊正朝其右翼和後方靠近。在指揮官弗里德里希·威廉·馮·比洛的帶領下，普魯士第四軍團的3萬兵力正朝普隆斯瓦（Plancenoit）村前進。若該據點被拿下，對法軍絕對不利。

發現該威脅後，拿破崙派出十營（約6000人）的帝國守衛隊來協防普隆斯瓦。這批精英儲備步兵軍力強大，因此這場村落之爭演變成持續至夜間的血腥戰事。

隨著普魯士軍隊逐漸包圍拿破崙的軍隊，威靈頓公爵飽受攻擊的步兵戰陣仍屹立不搖，對拿破崙而言，這場戰役儼然大勢已去。儘管如此，他仍決心或絕望地想孤注一擲，命令帝國守衛隊剩下的精英士兵往蒙聖讓前進。

傍晚約6點半，法軍終於拿下拉海聖村，這對威靈頓公爵可謂一大打擊。儘管

普魯士軍隊已抵達戰場，但公爵清楚旗下兵力即將耗盡。即便彈藥不足且傷亡慘重，英國聯軍仍最後一次集結成戰陣，以抵禦帝國守衛隊。荷蘭、比利時和英國展開近距離齊射，重創了法軍。在「守衛隊撤退！」的一聲令下，法軍的衛兵急忙撤離。

晚間8時，法軍全員撤退，拿破崙則在月底前就宣布退位。戰勝當晚，威靈頓公爵和布呂歇爾在戰場上迎接彼此。後來，公爵將這場戰役稱為「一生中最勢均力敵的一戰。」

烏格蒙農舍由冷溪衛隊和拿騷軍團所駐守

威靈頓公爵：
亞瑟·威爾斯利

1769年生於愛爾蘭，為米斯郡的愛爾蘭貴族。遷居英格蘭後，威爾斯利就讀於倫敦的伊頓公學。1787年，其兄莫寧頓伯爵在英軍買了軍職，他便前往印度從軍。透過家族影響力，威爾斯利獲得數次晉升，1793年時已是指揮軍團的中校。在結束荷蘭和印度的軍旅生活後，他奉命接掌前去葡萄牙和西班牙的英國遠征軍，並於該期間取得許多重大成就，因此被封為威靈頓公爵。在滑鐵盧之役之後到1852年去世前，曾兩度出任英國首相。

威靈頓公爵身著陸軍元帥軍服的肖像
於1815至1816年間由湯斯士·勞倫斯所繪

14:00-14:45	16:00-18:00	16:00-21:00	18:30	20:00
英國騎兵進攻	**法國騎兵發動攻擊**	**普魯士軍隊攻擊普隆斯瓦**	**法軍拿下拉海聖村**	**擊敗拿破崙**
英國聯軍和皇家軍旅團向法國陣線進攻，縱馬衝入法國步兵團，拿下兩團帝國守衛隊。	遭攻擊後，逾4500名法國重騎兵集結，以展開反擊。他們攻上山脊線，進入英國步兵的方形陣列。	到達法軍戰陣的後方和右翼後，普魯士步兵襲擊普隆斯瓦村的駐防法軍，展開激烈的近身戰。	經過數小時的血戰後，位於威靈頓陣線中心的拉海聖農舍被法國步兵拿下，重創公爵的取勝希望。	法國的帝國守衛隊發動最後一波絕望的攻擊，但被英軍的大規模齊射所擊退。法軍精銳部隊撤退，不久後拿破崙的軍隊便全數撤離，這位皇帝的回歸大夢就此粉碎。

激烈的戰場

滑鐵盧之役發生在被大雨淋溼的田野和農舍之間

法國騎兵團開打
French cavalry charge
配有劍、長矛和重甲的拿破崙騎兵隊雖成功擊敗英國騎兵，卻無法突破威靈頓的步兵陣。

威靈頓的布署
Wellington's deployment
英國聯軍占有三座農舍：烏格蒙、拉海聖和帕普洛特。大多數步兵都布署在山脊上。

步兵方陣 Infantry squares
面對法國騎兵的進攻，威靈頓的步兵團緊密排成長型方陣，以火槍和刺刀朝外備戰，防止整個單位的側翼遭包圍並被擊潰。

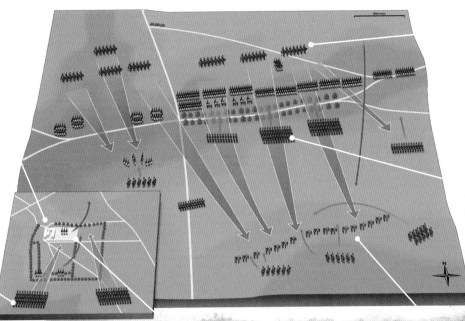

烏格蒙農舍
The Hougoumont farmhouse

拿破崙的首要目標是占領烏格蒙的小農舍。該處僅有少數聯軍鎮守，當庭院的兵力快耗盡之際，終於擊退了大批法軍步兵。

轉移注意力的突襲變成大規模衝突
The diversion becomes a mass battle

法軍一心要拿下烏格蒙，認為此舉可吸引威靈頓的儲備軍離開戰線中心。拿破崙的兄弟傑羅姆負責指揮這次的農舍襲擊。

聯軍騎兵的猛攻
Coalition cavalry response

由於援兵不足，往布魯塞爾的要道將被突破，所幸騎兵發動猛攻，挽救聯軍步兵的劣勢。

戴爾龍的進攻
D'Erlon's advance

砲兵攻擊後，拿破崙派出步兵團。由戴爾龍率領的 1 萬 7000 至 2 萬名法軍進入拉海聖。

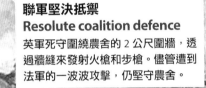

聯軍堅決抵禦
Resolute coalition defence

英軍死守圍繞農舍的 2 公尺圍牆，透過牆縫來發射火槍和步槍。儘管遭到法軍的一波波攻擊，仍堅守農舍。

主要攻擊
The main assault

法國大砲在戰線中央一字排開，發射無數火藥。轟炸長達 2 小時，重創聯軍。

普魯士軍隊的到來
The Prussians arrive

當普魯士軍隊兵臨拿破崙大軍的右翼時，拿破崙派出帝國守衛隊來突破威靈頓的陣線，但最後失敗，亦輸掉這場戰役。

美國南北戰爭
THE AMERICAN CIVIL WAR

這場為自由、正義和國家靈魂而戰的戰爭將美國
撕裂成兩半，也重新定義了美國的命運

在 1861 年 4 月 12 日，美國南卡羅來納州薩姆特堡的駐軍遭到砲彈攻擊，但這並非外國軍隊入侵，而是一支同屬美國的軍隊決心攻下這座碉堡——美國南北戰爭就此展開。接下來的四年間，美國陷入與自己人的戰火中，而這場衝突也成為自一個世紀前的獨立戰爭以來，美國史上最混亂，同時也最常被重新定義的時期。

內戰時，其中一方統稱為「聯邦」（Union），成員主要是位於美國北方各州，包括馬里蘭州、賓夕法尼亞州與紐約州；另一方則是「美利堅邦聯」（Confederate States of America），由維吉尼亞州、南卡羅來納州和密西西比州等南部各州組成。雙方都有數萬人自願加入戰局，之後因為新兵需求增加，而有數千人或受徵召或被迫入伍。聯邦軍有許多來自德國與愛爾蘭等國的新移民，爾後其外籍兵團中約有 10% 是非裔美國人；相反地，邦聯的軍力則幾乎全是白人與在地出生的美國人。

這場戰爭裡出現了幾場美國史上最具毀滅性的戰役，例如安堤耶坦戰役和蓋茨堡之役，這些戰役的慘況幾乎都被史上首批的戰地攝影記者捕捉入鏡。雖然聯邦各州的生產力遠勝過邦聯，經濟能力也強大許多，但南方各州的廣大領土卻成為優勢，使入侵的敵軍難以持續掌控。

兩軍更大的差異是邦聯只要一息尚存

美國分裂與戰爭緣起

19世紀，美國南方大多由所謂的「奴隸州」組成，這些州允許蓄奴並進行奴隸交易。1860年，亞伯拉罕‧林肯當選總統後，南方多州開始害怕林肯會將廢奴的法令擴至全國，因為南方的經濟絕大部分都以莊園為基礎，棉花生產幾乎就等於經濟命脈，而這項經濟活動非常仰賴奴隸的勞動力。

南方諸州為了避免喪失他們認為天經地義的蓄奴權，便很快投票決定脫離聯邦獨立。1861年2月，阿拉巴馬州、喬治亞州、路易斯安那州、佛羅里達州、南卡羅來納州和密西西比州組成了所謂的美利堅邦聯，並指派傑佛遜‧戴維斯（Jefferson Davis）出任臨時總統，同時匆匆為即將與北方爆發的衝突做準備。另一方面，有些位於北方的奴隸州（如德拉瓦州與馬里蘭州）則選擇留在聯邦。

林肯總統於是譴責南方各州脫離聯邦的行動，並宣稱這是違法的行為；雖然他力圖挽救這個局勢，但為時已晚。1861年3月，當林肯總統發表完就職演說之後不久，針對薩姆特堡駐軍的攻擊行動便點燃了南北雙方的戰火，美國慘烈的內戰就此開戰。

1862年9月17日的安堤耶坦戰役中，在浸禮教會（Dunker Church）附近發生的鐵旅（Iron Brigade）攻擊行動

分裂的國家

1860年的總統大選之後，數個南方州選擇脫離美國獨立

牛奔河之役
Battle of Bull Run
兩軍首度在維吉尼亞州北方馬納沙斯附近的鐵路交會處交鋒，聯邦軍在這場戰役中慘敗。

蓋茨堡之役
The Battle of Gettysburg
這場戰役被視為內戰的一大轉捩點，入侵北方的邦聯軍被駐守在賓夕法尼亞州的聯邦軍擊敗。

安堤耶坦戰役
The Battle of Antietam
羅伯特‧李於1862年9月越過波多馬克河進入馬里蘭州後，雙方僵持不下，但邦聯軍最終仍退回維吉尼亞州。

華盛頓特區
里奇蒙市

聯邦分裂
The Union breaks
1860年12月20日，南卡羅來納州成為第一個脫離聯邦的州，其他數州則在接下來幾個月內陸續脫離。

聯邦取得紐奧良
The Union take New Orleans
為了從海上阻擋邦聯軍，一支聯邦艦隊攻下路易斯安那州的紐奧良。

戰爭開始 War begins
內戰於1861年4月12日發出第一聲槍響，當時一支邦聯軍攻擊了薩姆特堡的聯邦駐軍。

■ 1861年4月15日之前脫離聯邦的州　■ 禁止蓄奴的聯邦州
■ 1861年4月15日之後脫離聯邦的州　　允許蓄奴的聯邦州

就可維持獨立，但聯邦卻必須完全擊敗敵軍，才能將美國回復原貌。因此直到1865年，羅伯特‧愛德華‧李（Robert E Lee）和其軍隊才在維吉尼亞州的阿波馬托克斯法院（Appomattox Court House）向尤利西斯‧葛蘭特（Ulysses S Grant）率領的聯邦軍隊投降；但在南軍投降的五天後，林肯總統隨即被一名憤怒的邦聯支持者暗殺，在這場改變整個國家的戰爭中，這位領導人也成了最終的犧牲者之一。✿

內戰將士

邦聯軍與聯邦軍都派遣各級士兵上戰場

① 高階軍官
Senior rank
擁有花紋環繞
的三顆星徽，
表示此軍官為
軍隊的將軍。

② 簡樸外形
Plain appearance
美國騎兵與當時的歐
洲兵不同，他們的
制服樸實，沒有太
過特殊的設計，也
沒有奢華裝飾。

③

柯爾特左輪手槍
Colt Revolver
邦聯騎兵會配備手
槍、步槍，甚至是
散彈槍。

春田 1822 型
火槍
1822 Springfield musket
雙方在內戰期間
都使用這種舊式
火槍。

南方邦聯

1 將軍 General
雙方將軍除了從旁仔細觀察
戰局，有時也會親身涉入險境，贏
得己方士兵的尊敬與忠誠。雙方將
軍通常從西點軍校畢業，彼此就
像羅伯特‧李與葛蘭特一樣熟識。

2 騎兵軍官
Cavalry officier
高機動性與快如閃電的敏捷動作
使騎兵團成為 19 世紀戰爭中破壞
力十足的軍隊。騎兵部隊負責偵
察敵區、突襲敵營和擴大側翼攻
擊範圍，以取得優勢；騎兵也可
下馬舉起武器掃射，然後在敵人
還來不及反應前騎馬揚長而去。

3 志願步兵
Infantry volunteer
多數邦聯士兵都是從南方招募來
的窮困農夫與勞工，他們有的甚
至未曾上過戰場。在缺乏資源與
補給品（甚至缺衣少食）的情況下，
許多新兵得穿著原有的衣服，這也
使他們顯得不修邊幅且衣衫襤褸。

北方聯邦

4 護旗手
Standard bearer
掌軍旗是士兵的崇高榮譽。軍旗通
常是極具特色的特製旗幟，不僅象
徵軍團，也代表士兵隸屬的城市與
州，因此護旗行動十分重要，若能
奪得敵方軍旗，更是一大勝利。

5 神槍手
Sharpshooter
配有柯爾特五發式左輪步槍這類神
準槍枝的神射手置敵人於死地的命
中率堪比標準志願軍開了 50 槍。
這些神槍手通常由全國精挑細選而
來，獲選前已先用一般步槍證明了
他們的槍法。

6 輕步兵
Zouave infantry
志願輕步兵勇於衝鋒陷陣，豔麗的
服裝也讓他們非常顯眼。輕步兵團
採用法國在北非殖民地的士兵裝
風格；他們是首批加入內戰的軍團
之一，也是每個主戰役的要角。

無從防禦
Defenceless
當護旗手雙手握住
旗幟時，幾乎毫無
防禦力。

制式軍用步槍
Standard-issue rifle
不僅比當時的制式火槍準
確，射程也更遠。

鮮豔服飾 Bright dress
靈感來自阿拉伯服飾的
彩色軍帽是法國輕步兵的
傳統服飾。

④

⑤

⑥

綠色軍用外套
Green coat
美國神槍手穿著綠
色軍用外套，以彰
顯其精英地位。

武器與配備

雙方當時都動用了所有最新的科技

許多人認為美國內戰是第一場真正的現代戰爭，因為當時所有令人振奮的新科技都發揮了功效，這同時也是最早被攝影記者捕捉入鏡的戰爭之一，讓一般大眾得以目睹真實發生在戰場上的恐怖景象。此外，更致命的新發明，例如世上第一支機槍——加特林機槍——也在戰爭中初次登場，儘管這支武器的毀滅力量要等這場戰爭結束的數年後才會完全顯現。

裝甲軍艦也首次加入了海戰，而早期的潛水艇也首度在海面下攻擊敵艦。在遠離前線之處，當時的一般發明也都為戰爭所用，像是美國蓬勃發展的鐵路網就負責將軍隊運送至各地；如此一來，將領們不僅可強化各區的兵力，更能用前所未有的速度集結援軍。第一次牛奔河之役時，駐守維吉尼亞州的邦聯防衛軍之所以能擊退聯邦軍，正是因為有火車快速運來援軍，

進而提高前線的戰力。

然而，對一般地面部隊而言，最重要的還是發展出火力更強大且更精準的步槍。軍械工人在槍管內部形塑出螺旋溝槽，也就是所謂的膛線，讓子彈射發時能更有力地旋轉；比傳統的火槍更能增加射擊的整體準確率，讓戰場得以出現全新型態的神槍手。

春田 1861 型步槍

春田步槍或許是內戰中最著名的槍枝，使用米涅球形子彈（Minié ball bullet），但子彈的形狀其實呈圓錐狀

雷管 Percussion cap
擊錘下方會安裝少量炸藥，扣下扳機時，擊錘會點燃雷管，將火舌往下送往槍管內的黑色火藥。

膛線槍管 Rifled barrel
槍管內部經特別設計，擊發子彈時，鉛製火槍彈頭會旋轉；此過程稱為膛線機制，今日仍被用來提高槍枝的準確度。

1857 式拿破崙加農砲

邦聯與聯邦砲兵都使用拿破崙加農砲，這也是內戰中最常見的火砲武器

滑膛槍砲 Smoothbore
以法國皇帝拿破崙三世命名的大砲，砲管內沒有膛線，因此內部很平滑。

12 磅彈藥 12-pound ammo
拿破崙加農砲可擊發 5.4 公斤重的加農砲彈，射程約 1.6 公里遠。

鮑伊獵刀

這個致命武器以著名探險家吉姆‧鮑伊（Jim Bowie）命名

自衛武器 Self-defence weapon
內戰初期，這是邦聯士兵常用的武器；但當設計更精良的款式出現時，這種刀很快就被淘汰。

刀刃 Cutting blade
長度一般為 20 至 30 公分，最寬為五公分，這種尺寸使它成為肉搏戰或近身追捕時的理想武器。

柯爾特 1860 型軍用手槍

賽繆爾‧柯爾特的 1860 型左輪手槍是內戰期間最受歡迎的手槍之一

六發式手槍 Six-shooter
可裝六顆點 44 口徑子彈，每次發射後須拉回擊錘，讓新子彈旋入膛室。

準星 Iron sight
槍口附近用來協助對準目標的小瞄準器，此型號手槍的準確性最高約達 69 公尺遠。

凱琛手榴彈

手榴彈在前端觸地後會爆炸，但實在不太可靠

短射程 Short flight
為了精準地著陸，手榴彈原本裝有木製飛行翼，整體形似飛鏢。

© Corbis; Thinkstock; Dreamstim

步槍的射擊步驟

在戰爭中，能否正確並快速地填裝子彈、瞄準，然後射擊，通常就代表了生死之隔

1 填裝子彈
米涅子彈與火藥存放在專屬紙匣。先撕開紙匣，將黑色火藥倒入槍管末的槍口，再將子彈塞入槍口。

2 壓平子彈
取出推彈桿，插入槍管扁平端，將子彈與火藥下壓，緊緊塞入槍管後，再取出推彈桿，放回槍口下。

3 插入雷管
將雷管柔軟的一端朝下插入擊錘下突起的短管頭，確認此時擊錘在半待發位置，以免子彈無法擊發。

4 準備射擊
先將擊錘拉回半待發，再拉回完全待發位置。勿移除用過的雷管，這個動作可能點燃殘餘的火藥。

Images by Ed Crooks

一舉揭開蓋茨堡之役的內幕

李將軍率領的邦聯軍對抗喬治·米德（George Meade）將軍領軍的聯邦軍，以決定美國的命運

1863 年 6 月，著名的邦聯軍統帥李將軍率軍北上，入侵聯邦的心臟地帶。他相信他所率領的北維吉尼亞軍團（共有近 7 萬 2000 名戰士）能擊敗駐守在波多馬克河的聯邦軍，甚至還能直搗華盛頓特區。

然而，聯邦軍早已密切注意李將軍和邦聯軍的行動，且聯邦指揮官米德將軍也決心擊潰敵手。兩軍最後在賓夕法尼亞州南方的蓋茨堡小鎮短兵相接，很快便展開了美國史上最重要的戰役。

一般認為蓋茨堡之役是內戰中最重要的一場戰役，因為這場戰事的結果使邦聯軍無法包圍聯邦首府，甚至可能成為戰爭提早結束的因素。倘若李將軍的計畫真的成功，已脫離聯邦的邦聯州可能至今仍維持獨立，而現在我們熟知的美國也就不復存在了。

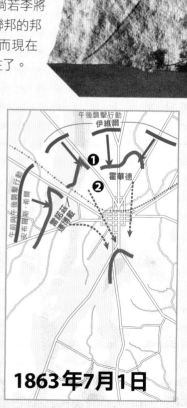

學院山脊
墓園丘
德弗士隘

雙方的總統

聯邦與邦聯各自選出自己的領導者，兩位領導者也全心致力於實踐理想

亞伯拉罕·林肯

林肯在 1809 年出生於肯塔基州，在投身政壇前是名律師；雖然在 1858 年的參議員選舉中失利，他仍因多次在演講中公然譴責蓄奴而廣受支持。林肯在 1860 年以共和黨候選人的身分贏得總統大選，之後隨即於 1861 年 3 月就職、成為美國第 16 任總統。由於他堅決反對讓蓄奴的風氣擴展至西部，使得南方各州群情激憤；儘管他竭盡所能，南方多州仍在他當選不久後脫離聯邦。

傑佛遜·戴維斯

戴維斯在 1807 或 1808 年出生於肯塔基州（他自己不確定出生年分，也無任何記錄）。身為獨立戰爭老兵之子，他理所當然地進入西點軍校。服役時曾參與美墨戰爭，但很快就為了追求政治生涯而離開軍隊。曾任密西西比州參議員，之後被當時的總統富蘭克林·皮爾斯（Franklin Pierce）延攬為作戰大臣；在林肯當選總統、首批南方州脫離聯邦後，戴維斯即被選為邦聯總統。

戰役如何展開

原本在蓋茨堡附近的小衝突快速升溫，成為火力全開且歷時三日的殺戮戰場

1 兩軍相遇
落單的聯邦步兵小隊在蓋茨堡附近遭遇來犯的邦聯軍隊，他們選擇挺身對抗，以阻止邦聯軍攻下小鎮。

2 邦聯軍突破防守
有 3 萬名邦聯軍隊來襲，聯邦軍卻僅有 2 萬名防禦軍，導致防線最後仍被攻破，所有參與交戰的聯邦軍迅速撤離蓋茨堡，但南方軍仍在後方無情追趕。

午後襲擊行動
伊維爾

①
②
霍華德

1863 年7月1日

3 重整聯邦軍
自蓋茨堡撤退後，米德將軍把軍隊編排成顛倒的魚鉤狀，以長直線陣形迎戰西方的邦聯軍。

4 第 3 軍團變換位置
聯邦第 3 軍團未獲軍令就擅自移師至西方高地，在進入桃子園後，又往南前往德弗士隘（Devil's Den）。

5 邦聯軍進攻
邦聯軍沿著學院山脊（Seminary Ridge）集結，直攻聯邦軍的左翼與中心，試圖攻破防線。

6 德弗士隘激戰
聯邦第 3 軍團在德弗士隘受到攻擊，來自德克薩斯州與阿拉巴馬州的邦聯軍往聯邦軍左翼的小圓頂移動。

9萬3921人

聯邦軍隊參戰總人數

蓋茨堡

墓園山脊

小圓頂

保羅‧菲力波托(Paul Philippoteaux)的畫作〈蓋茨堡圓形全景畫〉(Gettysburg Cyclorama)描繪了戰役最後一天的皮克特衝鋒(Pickett's Charge)行動

Image by Nicolle Fuller

5萬1112人

戰役中傷亡的估計人數,包括死亡、受傷、被俘與失蹤的士兵

	邦聯軍	聯邦軍
	2 萬 8063 人	2 萬 3049 人
戰死	3903 人	戰死
受傷	1萬8735 人	受傷
被俘或失蹤	5425 人	被俘或失蹤

北維吉尼亞軍團撤退

李將軍和其軍隊在戰役後緩慢而痛苦地南移,撤回家鄉。雙方在戰役中都有莫大損失,共有超過 2 萬 3000 名聯邦軍與 2 萬 8000 名邦聯軍因此喪生、受傷、被俘與失蹤。聯邦軍統帥米德將軍不願冒險讓軍隊踏入可能的陷阱,因此延遲追捕李將軍和邦聯軍的時機;他之後也為此備受批評,因為那看起來是個能完全摧毀邦聯軍的大好機會。

不久後,聯邦軍得勝的消息透過電報、報紙與書信傳播到全國。四個月後的 11 月 19 日,在為這場戰役中殞落的將士所舉行的公墓揭幕儀式上,林肯總統發表了著名的「蓋茨堡演說」,推崇在戰場上犧牲的戰士,並暗示美國將擁有重生後的自由。一般認為蓋茨堡之役是內戰的轉捩點,但李將軍兩年後在維吉尼亞州的阿波馬托克斯法院投降時,美國才真正獲得和平。

1863年7月2日

7 聯邦軍在小圓頂頑強抵禦
在小圓頂的聯邦軍隊裝上刺刀,刺向攻上山丘的邦聯軍隊,使邦聯軍無功而返。

8 雙方歸回原位
7 月 2 日結束時,聯邦軍沿著墓園山脊、墓園丘和南邊的小圓頂建立了一道防線。

9 皮克特衝鋒
7 月 3 日,邦聯軍砲擊聯邦軍的防禦中心,並派遣 1 萬 2000 名士兵進攻,但最後反而被聯邦軍擊退。

10 邦聯軍撤退
邦聯軍隊撤退時,聯邦軍隊仍在墓園山脊與墓園丘上維持著防守位置。

羅伯特‧李
安布羅斯‧希爾
霍華德
史羅坎
米德
漢考克
塞克斯
隆史崔特

1863年7月3日

羅伯特‧李
安布羅斯‧希爾
伊華爾
霍華德
史羅坎
米德
漢考克
塞克斯
隆史崔特
克伯屈

© Maps by Hal Jespersen, www.cwmaps.com

壕溝中的生活
LIFE IN THE TRENCHES

第一次世界大戰時,戰爭方式有了重大轉變。飛機與機槍是其中兩個實例,但真正主導著這場戰爭的則是壕溝。

記錄中第一個壕溝是德國人在 1914 年 9 月所挖,當時德國進攻法國,卻被協約國軍隊擋下。為了避免敗退,他們往地下挖,掘出可供人藏身的深深壕溝。協約國很快就發現這些防禦工事難以突破,於是跟進。接下來,就發展成在法國北部包抄敵方的競賽。最早的壕溝不算太深,但後來演變出縝密的系統,其結構包括第一線壕溝、支援性壕溝與刺鐵絲圍籬。

修築 250 公尺長的壕溝,需要 450 人工作 6 小時,然後有策略地安置沙包、棧道木板和刺鐵絲,以防淹水、倒塌與敵人的推進。壕溝被挖掘成曲折狀,以免敵方一次進攻就拿下一整隊的士兵。最省時的挖掘方法是從地面往下挖,但這種方法會讓士兵的性命曝露在敵方槍下。另一種方法是先下挖,人在坑中再側挖,這種方式雖較安全但速度很慢。一戰

一戰戰場揭祕
如何打造複雜的壕溝系統?

火砲庫
Artillery store
此區的火砲與士兵隨時準備往前推進。火砲庫的位置與前線有段距離,以免被敵方引爆。

支援道路
Support road
此路用來把物資與武器運至前線,並把陣亡將士與有必要離開的士兵送離危險區域。

支援卡車
這些卡車可運送物資、替換兵力。

火砲
這些重裝武器停駐在敵方武力無法抵達之處。

支援壕溝
支援前線的部隊在此等候。

前線
戰場上最危險之處,會受到砲轟的威脅。

避難區
遭嚴重砲轟時,士兵可藏身此處。雖然還是會受砲火影響,但砲轟停止時可讓部隊迅速歸位。

1914年9月	1914年11月	1916年 月	1917年4月	1918年10月
協約國在馬恩河（Marne）的抵禦迫使德軍開始挖壕溝。	在法蘭德斯（Flanders）的第一次伊普爾戰役結束，協約國勝利。	慘烈的索姆河戰役令雙方傷亡慘重。	英軍和加拿大軍成功攻下法國北部阿拉斯附近的維米嶺。	協約國突破所謂的興登堡防線，此次勝利最終令一戰結束。

你知道嗎？ 一戰期間，約有 14 萬名中國人在協約國的壕溝中參與戰鬥

樹林 Trees
矮林提供某種程度的庇護與偽裝，但常會被迫擊砲破壞，或遭砍下作為鞏固壕溝牆面的木材。

三不管地帶 No man's land
這些位於協約國和德國壕溝之間的區域往往散布著坑道與炸彈，士兵在此會曝露於砲火之下。

空中偵察機 Air-based recon
這是戰爭史上第一次採用飛機，通常用來偵察敵方動靜。由於飛行速度不快，又容易被看到，所以遭受地面攻擊的風險很高。

刺鐵絲圍籬 Barbed wire fences
用刺鐵絲網架起的圍籬可攔阻敵軍衝鋒，讓步槍兵得以射擊逼近的敵軍。

前線 Front line
戰場上最危險的壕溝是防禦的第一線，也是衝鋒的起始處。

後備壕溝 Reserve trench
在前線後方約 300 公尺處。尚未上前線作戰時，士兵在此預備，等候指示。

支援壕溝 Second trench
在前線後方 75 公尺處，士兵隨時準備加入第一線、抵禦攻擊。

機槍塔
這是固定的結構，內有非常重要的機槍，不能被敵方擊毀。

三不管地帶
在壕溝之間的曝露地區。要越過這裡，戰事才能取得進展。

飛機
在敵方布陣與火砲位置間進行偵察。

地道
除了用來聯絡不同壕溝，也用來悄悄接近敵方前線，竊聽敵方戰略。

中的第一個壕溝戰例子就於法國東北的馬恩河發生。德國與協約國都體認到這種戰術的防禦力，因而展開了一場「奔向大海」（Race to the Sea）的挖掘競賽，朝著北海將壕溝挖至比利時的伊普爾（Ypres）。

接下來，這些壕溝就變成戰爭的僵持地點，許多攻擊與反擊都在此發生，戰事陷入膠著，百萬條生命喪失於此。

凡爾登（Verdun）是另一個死傷慘烈的戰場。德軍對這個法軍要塞小城展開了毀滅性的攻擊。雖然一度突破法軍的抵抗，但最終仍被推回起始

處，結果又成了僵持對峙的壕溝戰。

德軍沒能攻克凡爾登，是因為得專心應付英軍在索姆河的攻擊。先是一週之久的猛烈炸彈攻擊，然後是步兵進攻。但因為德軍的壕溝非常牢固，英國的砲擊幾乎起不了什麼作用，導致數千協約國部隊命喪德國的機槍之下。

最終的結局則發生在法國的聖昆廷運河。英軍成功地突破興登堡防線，進而迫使德軍後退，因而帶來了關於投降的首次討論。✿

壕溝的火力
壕溝既是攻擊也是防守之處

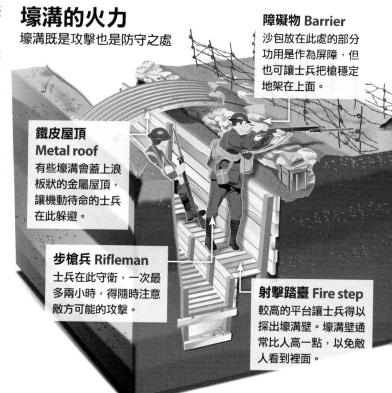

障礙物 Barrier
沙包放在此處的部分功用是作為屏障，但也可讓士兵把槍穩定地架在上面。

鐵皮屋頂 Metal roof
有些壕溝會蓋上浪板狀的金屬屋頂，讓機動待命的士兵在此躲避。

步槍兵 Rifleman
士兵在此守衛，一次最多兩小時，得隨時注意敵方可能的攻擊。

射擊踏臺 Fire step
較高的平台讓士兵得以探出壕溝壁。壕溝壁通常比人高一點，以免敵人看到裡面。

壕溝中的各項職務

在壕溝中的士兵大部分要直接投入戰鬥。他們得擁有各種能力與經驗。有些可能是頭髮斑白的老兵；有的則是招募後剛結訓的新兵。他們要負責日常維護、守衛，以及到外面去對德軍的壕溝發動攻擊。

軍官❶也要在壕溝中待命。他們位階較高，要負責組織與帶領夜巡，旨在盡可能掌握敵方的位置。他們的待遇比其他士兵稍好一點，可睡在壕溝中較像樣的防空洞裡，且能優先挑選食物。

軍醫❷在三個地方待命：接駁區（就在戰場邊）、疏散區（在前線與後面的壕溝之間）和發配區（他們在此處的臨時醫院處理傷兵）。如果受傷的士兵處於不能移動的狀態，他們會就地治療。皇家陸軍醫療隊是英國軍隊中唯一有兩位成員獲頒兩次維多利亞十字勳章殊榮的部隊。

監聽員❸在地道中前進，可比在壕溝中更接近敵方前線。目的是竊聽敵方計畫，並阻止敵方隧道接近己方壕溝。這是非常危險的，因為這些地道隨時有可能坍塌。

前線中的一天

就英國士兵實際的服役時間來看，約 15% 的時間在前線，40%的時間在後備壕溝中。

在前線的一天通常會從就位開始。一般來說是在日出前一小時，所有士兵站在射擊踏臺上、步槍準備妥當、刺刀安裝完畢，然後開始「晨間憤擊」（morning hate），也就是對著晨霧開槍。這有兩個好處：一來可以適當釋放壓力和紓解情緒，二來有助於嚇阻潛在的清晨突襲。

接著是早餐時間，內容有餅乾或麵包，加上罐頭肉或醃肉。早餐後是例行事務，內容雜多，可能包括清理武器、提取配給物資、負責守衛，以及維護壕溝。維修方面常會包含修理砲彈造成的損害，或是處理壕溝底部的泥濘狀況。

壕溝日常生活主要的挑戰之一是食物。在戰爭剛開始時，每個士兵每天可分配到 283 公克的

肉和 227 公克的蔬菜。然而，隨著戰爭的延續，肉的配給量減少為 170 公克，而且如果不是身在前線，每 30 天中就只有 9 天有肉。食物逐漸變成醃牛肉、餅乾，還有用磨碎的蕪菁乾製成的麵包。由於廚房距離前線很遠，前線的部隊幾乎不可能吃得到熱食，除非幾個人湊一湊，合買一具汽化爐來加熱食物或泡茶。

夜幕低垂時，士兵們進行與「晨間憤擊」相仿的黃昏版。修理有刺鐵絲網和替換部隊等重要工作要在天黑後進行，因為此時敵人較不易發動有效的攻擊。

守衛要注意夜間襲擊，每次輪守的時間短於兩小時。沒有輪班的人則利用寶貴的時間，在下次輪班前小睡一下。

庇護林
1 這是比利時伊普爾附近的博物館與壕溝網路,可參觀士兵的躲藏處與壕溝。

約克夏壕溝
2 最初由英國部隊在1915年時挖掘,經仔細的修復後,現在免費開放給參觀者。

維米紀念碑公園
3 由於1917年加拿大軍隊幫忙從德軍手中取得這片土地,這塊地被贈與加拿大。

索姆河戰場
4 大戰期間最重要的戰場之一。這個區域至今仍遍布著彈坑與壕溝。

凡爾登
5 小城凡爾登是血腥戰役發生的地點,近30萬名士兵在10個月的戰鬥中喪生。

你知道嗎? 機槍早在1884年發明,最初的設計者是美國發明家海勒姆‧馬克沁(Hiram Maxim)

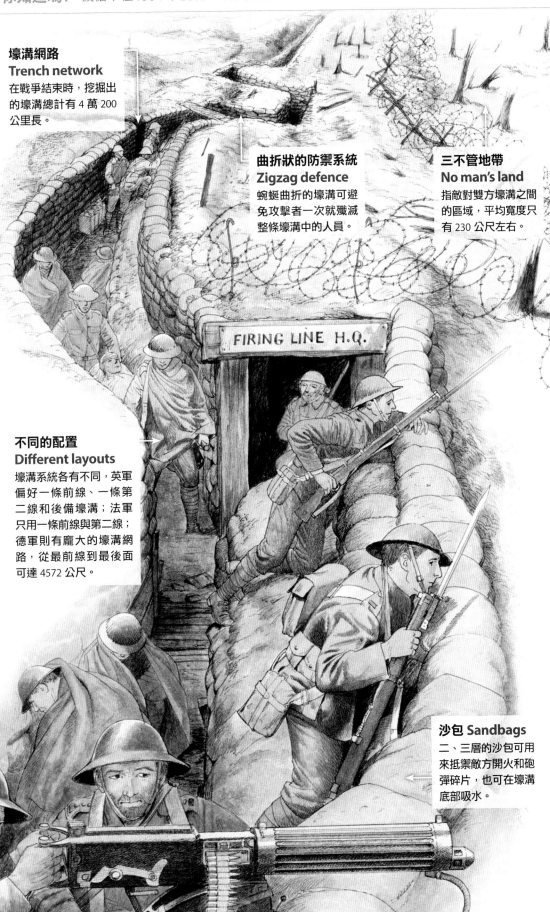

壕溝網路
Trench network
在戰爭結束時,挖掘出的壕溝總計有4萬200公里長。

曲折狀的防禦系統
Zigzag defence
蜿蜒曲折的壕溝可避免攻擊者一次就殲滅整條壕溝中的人員。

三不管地帶
No man's land
指敵對雙方壕溝之間的區域,平均寬度只有230公尺左右。

不同的配置
Different layouts
壕溝系統各有不同,英軍偏好一條前線、一條第二線和後備壕溝;法軍只用一條前線和第二線;德軍則有龐大的壕溝網路,從最前線到最後面可達4572公尺。

FIRING LINE H.Q.

沙包 Sandbags
二、三層的沙包可用來抵禦敵方開火和砲彈碎片,也可在壕溝底部吸水。

一戰的五項關鍵武器

1 機槍
機槍是一戰的決定性武器之一。戰爭剛爆發時,德國擁有1萬2000挺機槍,而英國與法國加起來只有幾百挺。

2 坦克
早期的坦克是以農業用車為原型而設計,因為履帶可在不平坦和泥濘的地面上移動。初期的坦克速度慢且可靠性差,一旦解決這些問題並配上武器後,英國便憑藉著國內對研發坦克的熱情贏得了戰爭。

3 步槍
儘管長程或自動武器(如機槍與迫擊砲彈)已有所進步,步槍依然是必要的軍備。

4 刺刀
這些刀刃安裝在步槍前端,只有在近身戰時才有用處。法軍使用針刀;德軍則發展出鋸背刺刀。

5 火焰噴射器
1915年,德國士兵已配有攜帶式火焰噴射器,在法蘭德斯令英軍為之喪膽。英國試圖發展火焰噴射器加以對抗,但並無明顯成效。法國則研發出能自行點燃又輕巧的火焰噴射器,且比英國獲得了更大的功效。

希特勒手中最瘋狂的武器

HITLER'S WEIRDEST WEAPONS

從死光射線機到太陽砲，納粹德國
構思出一些離奇的制敵裝置，
但它們真的管用嗎？

撰文者：**查爾斯·金傑**（**Charles Ginger**）

時值 1939 年，當二戰局勢丕變、不利於希特勒於歐洲展開的戰事時，絕望的納粹陣營亟欲以「奇蹟武器」（wunderwaffe）這個解決方案來發動最後一擊，反敗為勝。

大量瘋狂、危險且匪夷所思的發明因而被構思出來，如巧克力炸彈，或相當於《星際大戰》中的死星裝置。在研發最新武器之餘，納粹的科學家則在調製讓德國士兵保持亢奮（據說，可藉此強化體能）的非法興奮劑藥丸與藥水。

儘管歷史證明，無論是火箭導彈或星際放大鏡計畫都無法讓德國免於戰敗，即便第三帝國垮台了，那些瘋狂的陰謀詭計至今仍相當耐人尋味。歷史學家投入數十年光陰，試圖理解陷入混亂之際的德軍思考脈絡，以及構思出的奇蹟武器。

希特勒的追隨者真的打造出勢不可擋的超級武器嗎？在接下來要介紹的數個構思中，是否真有足以改變二戰結果的發明？為遠赴戰場的德國士兵提供相當於毒品的藥物又是怎麼回事？現在就讓我們進入納粹的瘋狂世界，深入瞭解這些詭異的發明。

巧克力炸彈

二戰期間採糧食配給制，頓時讓糖這類奢侈品變得更珍貴。要是有幸在 1940 年代的倫敦撿到巧克力，任誰都會忘我地大口吃掉。而這正是納粹打的如意算盤，希望在這股想吃甜食的衝動下，讓拆開包裝的倒霉鬼不只是蛀牙而已。

他們將巧克力狀的鋼條裹上一層真的巧克力。這款武器設計得相當精巧，不知情的受害者在掰下一塊巧克力時，就會引爆炸彈。1943 年，軍情五處旗下爆裂物和反間諜部門的維克多·羅斯柴爾德首次發現這種炸彈。歷史學家認為，納粹想藉此暗殺當時的首相溫斯頓·邱吉爾。

軍情五處的羅斯柴爾德男爵委託勞倫斯·費許繪製出巧克力炸彈的詳細圖解

致命巧克力 Chocolate to die for
在製造這款殺人甜品時，納粹在外觀上沒有留下任何可供辨識的細節，甚至還為巧克力取了一個品牌名稱「彼得的巧克力」（Peter's Chocolate）。

裹著巧克力 Cocoa coating
鋼製炸彈外裹有一層真正的巧克力，看起來更加真實。

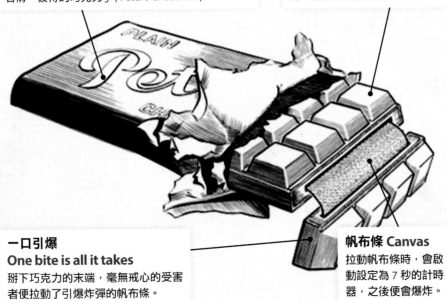

一口引爆
One bite is all it takes
掰下巧克力的末端，毫無戒心的受害者便拉動了引爆炸彈的帆布條。

帆布條 Canvas
拉動帆布條時，會啟動設定為 7 秒的計時器，之後便會爆炸。

死光射線機

死光射線機的瘋狂程度堪稱僅次於「太陽砲」，納粹試圖打造出足以損壞敵機和殺死飛行員的射線機。據說，當時的科學家海因茨·施梅倫邁爾、理查·甘斯和弗里茨·豪特曼斯在共同研發電子加速器（後來美國人稱之為「貝他加速器」），這台機器旨在生成 X 射線同步光束，以期瞄準敵方的轟炸機。

另一項類似的提案則是由恩斯特·西博德博士提出的「倫琴砲」，這項裝置可望發展成強力投射器，藉由支持粒子加速器的鈹鏡來運作，在其中心放置九條鈹棒來當作陽極（用於釋放帶正電電子的裝置）。西博德建議發射密集的 X 射線光束，以增加對預定目標造成的傷害。他希望能發送足量的輻射，藉此奪取敵方飛行員的性命。

瞄準一個小模型，科學家試圖證明死光射線機的威力

巨型火砲

這挺巨砲重逾 1300 噸，長 47.3 公尺，高 11.6 公尺，是戰鬥史上用過的最重槍砲，能發射 7 噸的砲彈，射程達 47 公里遠。

二戰爆發前，這款古斯塔夫超重型鐵道砲就已造好，最初是為了加入對抗法軍的戰役，協助摧毀難以攻克的馬奇諾防線。然而，1940 年時，德國勝利在望，這座鐵道砲自然顯得有點多餘，德軍便將它移至東部戰線（Eastern Front）。在塞瓦斯托波爾戰役中，就是以古斯塔夫超重型鐵道砲來摧毀位於地底 30 公尺處的蘇聯彈藥掩體。

1941 年，納粹精英（希特勒也在列）前來視察古斯塔夫超重型鐵道砲

巨型砲管 Behemoth barrel
砲管巨大，口徑有 80 公分，砲身長 32.5 公尺，每 30 至 45 分鐘便可射擊一輪。

斜坡 Ramp
在砲手開始進行致命任務前，得先爬上一個傾斜的舷梯，才能到達頂層。

操作平臺 Operation platform
操作鐵道砲的小隊會在此填裝彈藥，再重新校準這挺巨砲。

建造 Construction
1420 名工人花了三星期來組裝這挺巨砲。

裝於輪上 Wheel-mounted weapon
這挺巨砲安裝在輪子上，讓德軍得以沿著鐵軌來操控巨砲。

一位美國士兵在檢察裝了彎型槍管的 StG 44 突擊步槍

槍管會轉彎

這款彎曲的槍管旨在連接德國 StG 44 突擊步槍的末端，槍管上配有潛望鏡，有助於射手在角落處瞄準。

這種槍有兩種設計：30 度的彎曲設計適用於步兵；角度更大的 90 度槍管則專給裝甲車使用，可從車內伸出。將槍管插在裝甲車的孔洞中，便可由內部進行操縱。

至於機動性較強的步兵款式，槍管總長 36 公分，其中的 14 公分呈彎曲狀。然而，當德意志國防軍在測試以上槍管時，子彈常會受損。

超級士兵丸

納粹是史上首個下令禁菸的政府，但令人匪夷所思的是，官方卻任由危險的強化藥物在德國街頭普及。這可能是因為當時早有許多人在濫用「柏飛丁」（Pervitin），這種藥丸可謂 1930 年代的冰毒，是種危險的成癮性毒品。

不論是厭戰的士兵或一般百姓皆會服用（光在 1940 年 4 至 7 月間，就運送了 3500 萬顆藥丸給軍隊和飛行員）。這種威力強大的藥丸雖能有效提神，但副作用卻會造成失眠、讓人更具侵略性，甚至引發癲癇。

在戰爭結束前，納粹又研發了另一種提神藥物「D-IX」，這是種衍生自甲基苯丙胺的體能強化劑。在大屠殺期間對囚犯進行人體測試時，便發現這種藥物能使犯人在負重 20 公斤下，一天內連續行進 90 公里。不過，與柏飛丁不同，D-IX 並無機會廣為流通，德國在 1945 年 5 月便告戰敗，這意味著僅有少數潛艇水兵有試過這種藥。

包裝賞心悅目的柏飛丁藥管內含強效毒品（在納粹德國時代相當普遍，但今日則列為非法禁藥）

© Alamy; Getty Images; Scargill/WikiCommons; Ed Crooks

太陽砲

在發明不切實際的武器上，納粹連天空都不放過。事實上，他們的野心甚至遠及太空，而這一切都得源於物理學家赫爾曼・奧伯特在 1923 年提出的太陽砲構想。基本上，太陽砲是面巨型鏡子；在地球上造好各組件後，再送至軌道（赤道上方約 3 萬 7000 公里處），並在那裡組裝。一旦開始運作，這座巨砲就會像放大鏡般將陽光集中、反射至敵人的城市或軍事設施上。

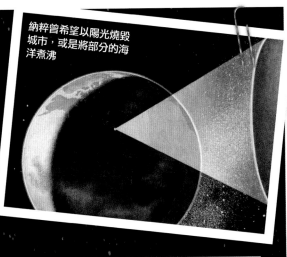

納粹曾希望以陽光燒毀城市，或是將部分的海洋煮沸

真有可能實現？

這個構想似乎不太可能付諸實行，成功機率趨近於零。奧伯特不僅想打造一面巨型鏡子，還打算送一組太空人過去操作。他們將住在太空站內，當中設置了水耕花園、太陽能發電機和一座九公尺寬的停機埠，以供補給火箭降落。即使是今日的國際太空站（簡稱 ISS）都沒奧伯特想得那麼先進。

若今日打造太陽砲，將斥資多少？

納粹當時估計，打造這座太陽砲約需時 15 年，耗資約 300 萬帝國馬克。戰時的匯率難以換算，但在 1940 年代中期，300 萬帝國馬克相當於 85 萬英鎊。今日的 ISS 可是耗資 1500 億美元打造而成，而且還無水耕花園！

齊柏林戰錘機

1944 年 11 月，齊柏林氣船製造有限責任公司的工程師提出了一個全新想法：打造一架噴射推進式戰錘機。這架開創性的飛機是以該公司的創辦者斐迪南・馮・齊柏林伯爵為名，旨在將空中的敵方轟炸機撞下來。戰錘機被設計成由另一架飛機（最有可能是梅塞施密特的 Bf 109 戰鬥機）來拖曳或載運，同時配有堅硬的鋼質機翼，能切入盟軍的轟炸機尾部。

由火箭引擎驅動，估計最快可達時速 970 公里。幸好，盟軍的轟炸機在 1945 年 1 月飛越德國上空時，炸毀了齊柏林工廠，讓戰錘機無緣升空。

納粹武器的 5大事實

1 弗里茨 X
通常被視為今日智能炸彈的前身，是種由無線電導引的火箭，裝載了 317 公斤的炸藥。被用於攻擊棘手的目標，曾在 1943 年擊沉了義大利籍船隻羅馬號，是世上第一枚精確導引的飛彈。

2 霍頓 Ho 229 戰鬥機
於 1944 年首航的霍頓 Ho 229 是首架使用噴射引擎的飛翼機（即無機尾的固定翼飛行器）。全長不到 7.5 公尺，最快可達時速 977 公里，機身的木質部分塗上了炭粉，好提供一層隱形罩。

3 美洲轟炸機
1942 年，納粹開始研發一種戰機，旨在實現希特勒摧毀紐約市的夢想。德軍希望這架轟炸機能飛越大西洋，在美國造成大量傷亡。

4 哥利亞遙控炸彈
這種小型裝置看似台迷你坦克，能攜帶高達 60 公斤的炸藥，前去轟炸目標。以操縱桿控制的哥利亞遙控炸彈是用汽油引擎推進，最高時速達 9.7 公里。

5 梅塞施密特 Me 163 戰鬥機
為唯一參與二戰的噴射推進式戰鬥機，最快可達時速 1000 多公里，比當時最相近的對手還快上時速 400 多公里。然而，它極易被自身的爆炸性燃料所炸碎。

火箭引擎 Rocket engine
將以斯密丁（Schmidding）533 助推火箭將戰錘機推進至近時速 1000 公里。

繫好安全帶！ Buckle up!
許多人認為，飛行員或許能以戰錘機來執行自殺任務，這算是合理的推測。

鋼翼 Cutting edge
4.9 公尺長的機翼鋪有鋼材，以增加硬度，好在切入敵機後仍能駛離。

© Ed Crooks

滑行著地 Skidding into land
假設飛行員在執行任務後倖存，戰錘機就會以伸縮式起落架來降落。

撞擊！ Bombs away!
一旦機上的 14 枚 R4M「颶風」55 公釐火箭用罄，飛行員就會執行撞擊任務。

倫敦大轟炸 The Blitz

在英國皇家空軍轟炸柏林後,德軍領袖希特勒揚言報復,要讓英國城市從地表消失。希特勒相信,密集地轟炸城市能有效打擊英國的士氣。

大轟炸於 1940 年 9 月 7 日正式展開,一夜之間逾 250 架納粹德國轟炸機在英國首都倫敦投下 300 多噸炸彈。隨後的 57 天,倫敦每晚都被炸彈洗禮。

英軍的防空砲不足以有效防禦;隨著德軍的攻勢不斷,轟炸目標也擴及其他城市,科芬特里、利物浦、伯明罕和格拉斯哥無一倖免。為了躲避空襲,倫敦地鐵每晚約有 15 萬人湧入;其他人則躲入由波狀鐵皮搭建的家庭式避難所,或乾脆躲在樓梯下。

納粹德國空軍的炸彈導航系統(Knickebein system)以無線電波束來精準地轟炸目標;此系統後來改良為四束光系統,並附加鐘錶計時器,以計算出能造成最大傷亡的炸藥釋放時機。這場戰火延續至 1941 年春天,其中又以 5 月 10 日的空襲規模最大,一夜就奪走 1436 位平民的性命。

儘管如此,慘重的損失仍無法擊毀英國的士氣。待希特勒決定將焦點轉至入侵東邊的蘇聯之時,轟炸英國的火力也終於隨之減弱。直到 1944 年,德國才以 V1 與 V2 火箭再次對英國發動攻擊。

轟炸大數據
1940 年 9 月至 1941 年 5 月

受傷人數　死亡人數　流離失所人數
5 萬 1000　4 萬 3000　逾 225 萬

503 噸
的炸藥落在科芬特里

圖示:高效炸藥噸數

 1-499

 500-999

 1,000-2,000

 18,800

格拉斯哥

新堡

貝爾法斯特

曼徹斯特　赫爾

利物浦　雪菲爾

諾丁罕

伯明罕

科芬特里

斯旺西

卡地夫　布里斯托

普利茅斯

南安普敦

倫敦

樸茨茅斯

DAIRIES

「為了躲避空襲,倫敦地鐵每晚約有 15 萬人湧入」

英國政府將 79 座地
鐵站設為防空避難
所，但僅 40% 的倫敦
居民使用這些地鐵站

動物軍隊
ANIMAL ARMIES

從反坦克犬到爆炸鼠，一覽
打造動物大軍的失敗嘗試

縱觀歷史，人類曾借助動物之力來
征服他國、保衛領土與擊敗對
手。從拉著古羅馬戰車的英勇
馬匹到跨國傳遞機密的小小信鴿，動物在
軍事戰略上確實扮演著要角。但在二戰期
間，新一波的軍事創舉不再將動物視作盟
友，而是企圖將之變為武器。

如今甚至連海豚都
為軍方所用，美國
海軍會訓練海豚來
偵測航道上的水雷

德國狼犬、牧羊犬和杜賓犬都是
軍隊經常飼養的品種

© TASS / Getty

反坦克犬

忠心的狗兒不僅是人類最好的朋友，亦在二戰期間的軍中擔任要角。從嗅探地雷到運送裝備，犬隻在戰爭期間肩負著各式任務。然而，俄羅斯軍方則看到另一種可能性，利用狗的可塑性，將其變成武器。他們將德國牧羊犬訓練成「反坦克犬」，將炸彈運至入侵的德軍坦克，試圖阻止它們前進。這些狗在莫斯科的多個設施中受訓，學會在戰車底部尋找食物。牠們看似無害，但靠近時，卻成了活體炸彈。俄軍在犬隻身上綁有突出的木製槓桿構造，當牠們竄入坦克底部時，槓桿易被往後推，這時綁在兩側的炸彈就會爆炸，同時摧毀坦克和狗。據估，僅約 50 輛坦克被這種自殺式的「神風犬」（kamikaze canine）所毀掉。但德軍不久後就發現這些動物的破

這些反坦克犬約攜帶了 2 公斤的炸藥。受訓後可在不知不覺間摧毀入侵的坦克

壞任務，在牠們還未到達坦克前就將其擊斃。

> 「據估，僅約 50 輛坦克被這種自殺式的『神風犬』所毀掉」

爆炸鼠

1941 年，英國特別行動處（British Special Operations Executive，簡稱 SOE）塞了塑膠炸藥到數百隻死老鼠體內，再派探員送往德國，希望將其散布至全德。之所以把炸彈藏在老鼠中，主要是要利用人對有害動物屍體的反感。他們計劃將這些老鼠放在德國工廠的煤堆附近，要是工人

鏟到這些鼠屍，並將其扔進鍋爐，老鼠體內的炸彈就會爆炸，引發災難性的連鎖反應。然而，在運送途中卻遭德軍攔截，計畫因而受阻。不過，後來德國人發現死老鼠時，都會出現一陣恐慌，因此 SOE 認為這項計畫還是發揮了一定的效用。

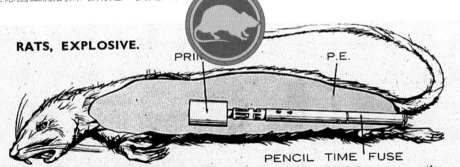

RATS, EXPLOSIVE.

PRIM
P.E.
PENCIL TIME FUSE

A rat is skinned, the skin being sewn up and filled with P.E. to assume the shape of a dead rat. A Standard No. 6 Primer is set in the P.E. Initiation is by means of a short length of safety fuse with a No. 27 detonator crimped on one end, and a copper tube igniter on the other end, or, as in the case of the illustration above, a P.T.F. with a No. 27 detonator attached. The rat is then left amongst the coal beside a boiler and the flames initiate the safety fuze when the rat is thrown on to the fire, or as in the case of the P.T.F. a Time Delay is used.

90

「爆炸鼠」已成為 SOE 的一項傳奇事蹟

蝙蝠炸彈

在 1941 年的珍珠港事變後，美國開始思索如何回擊。其中一項怪異的軍事計劃便是將蝙蝠變成武器。軍方研究員將小型燃燒彈綁在墨西哥無尾蝙蝠身上，計劃將這些動物釋放至日本上空，讓牠們落至建築的角落和縫隙中。待蝙蝠就定位後，就引爆燃燒彈，在日本各地引發大規模破壞。為了將蝙蝠投放到日本，美軍製作了可容納約 1000 隻蝙蝠的彈箱，準備由軍用機發射，彈箱則會在墜地前破裂並釋出蝙蝠。這項欲以動物為武器的「X 射線計畫」為時短暫。在以折疊桶進行測試時，蝙蝠逃至了軍機庫。由於在釋放後 30 分鐘便會自動引爆，蝙蝠和炸彈便雙雙爆炸、整座軍機庫因此燒毀。蝙蝠炸彈顯然極具風險性，再加上政府日益關注原子彈的發展，研發部門因此取消了蝙蝠炸彈計畫。

在測試失敗並燒毀軍機庫後，蝙蝠炸彈研究計畫因此被取消

在軍營周圍噴油是避免蚊子叮咬的常見作法

彈藥熊

有名令人意外的成員加入了波蘭武裝部隊，那是隻名叫佛伊泰克（Wojtek）的敘利亞棕熊。一位伊朗男孩將這隻小熊賣給軍方，爾後牠則成為波蘭對抗德國的一名生力軍。波蘭士兵會用煉乳來餵食佛伊泰克，最後牠重達400公斤、高逾1.8公尺。1944年，佛伊泰克與其中隊前往義大利的卡西諾山。據報，佛伊泰克也加入戰局，但並非攻擊敵軍，而是協助搬運彈藥。牠不畏槍聲，持續提供支援，讓槍手得以有足夠的彈藥。在拿下卡西諾山後，第22砲兵運補連將其徽章改成一隻攜帶砲彈的熊，以表彰佛伊泰克的貢獻。

最初買來當作中隊的吉祥物，棕熊佛伊泰克日漸成為有力的盟友

昆蟲滲透戰

1925年簽訂的「日內瓦議定書」（Geneva Protocol）嚴禁使用化學武器或打生物戰。但一些史學家認為，二戰後期時的德軍仍在入侵時執行了瘧蚊散播計畫。沼澤是瘧蚊（Anopheles labranchiae）理想的繁殖場所。在1943年遭德軍攻占前，義大利的龐廷沼澤（Pontine Marshes）已被排乾，以控制當地的瘧疾爆發問題。然而，在德軍接管後，竟下令重新引水入澤，打造出致命的瘧蚊屏障，意圖扭轉局面。雖然這些蚊子成功達成使命，但在人類的戰爭中，蚊子並不會向任一方靠攏。瘧疾蔓延了開來，在之後於龐廷沼澤附近發生的戰鬥中，德軍或盟軍皆無法倖免於難。

> 「雖然這些蚊子成功達成使命，但在人類的戰爭中，蚊子並不會向任一方靠攏」

鴿子飛行員

二戰期間，軍方開始以鴿子作為信差，光在英國就募集了近25萬隻。鴿子具有敏銳的方向感且易訓練，這讓美國動物行為專家兼心理學教授伯爾赫斯·法雷迪·史金納（Burrhus Frederic Skinner）設計出「鴿導」飛彈，即所謂的「鴿子計畫」（Project Pigeon）。當時，導彈技術還處於起步階段，史金納設計出一種系統，以鴿子將巡航導彈「導引」至敵艦。這套系統將數隻鴿子固定在導彈前端，讓牠們透過三個窗口來觀察導彈軌跡。藉由「操作制約」（operant conditioning）的訓練方式，鴿子便能透過窗戶來辨識戰艦，並在看到後猛啄該扇窗戶，而窗上都有層連接系統的薄螢幕。每啄一次，都可修改導彈方向，如往中間啄便會讓導彈維持行進方向，向右或左啄則會相應地改變方向。儘管在開發過程中獲得良好的測試成果，鴿子計畫卻從未付諸實行，並於1944年終止。

史金納設計出以鴿子來操控飛行中導彈的方式

© Alamy

泰晤士河中的炸彈沉船
The explosive wreck beneath the Thames
二戰時沉沒的理查・蒙哥馬利號軍用貨船可能會隨時爆炸

沉沒在泰晤士河口的理查・蒙哥馬利號離岸僅有 2.4 公里

若在肯特郡的施爾尼斯（Sheerness）一帶沿著泰晤士河岸走，肯定會看到三根桅杆自河面冒出。乍看之下，不過就是昔日留下的生鏽殘骸，但細看便會發現上頭掛有危險勿近的警示。

這些桅杆來自二戰時的一艘美國自由輪「理查・蒙哥馬利號」。1944 年 8 月，這艘滿載彈藥的貨船抵達泰晤士河河口，卻因天候惡劣而走錨、進水；潮退後，便擱淺在沙岸上，且船體很快就因貨物的重量而彎曲、裂開。搶救行動旋即展開，但在 1944 年 9 月，船身終究裂成兩半並下沉，搶救計畫被迫停止。當時雖成功移出一半的貨物，但如今的河床上估計仍有 1400 噸的彈藥。若遭到引爆，可能會在泰晤士河中引發嚴重海嘯，摧毀所經的一切。

船體殘骸崩毀為引爆彈藥的一大風險，因此英國海事和海岸救援局（Maritime and Coastguard Agency）每年皆會進行調查和監測。近期報告指出，船體殘骸確實在緩慢惡化中，但基於卸下彈藥是項複雜且危險的任務，因此較安全的作法仍是讓殘骸維持現狀。

理查・蒙哥馬利號的監測工作

每年都會以兩種關鍵技術來勘測此船的狀態。一種是用於研究水下船體的多波束聲納（multi-beam sonar），運作原理如下：透過向船發射聲波，再測量後者反射回來的所需時間。另一種則是雷射掃描（laser scanning），用於研究水面上的船身，原理與聲納相仿，只是以雷射來代替聲波。再將以上兩種方法所取得的數據組合起來，轉換成貨船的詳盡立體圖。第三種儀器為超音波測厚計（ultrasonic thickness gauge），每十年會使用一次，透過分析超音波穿過船身的方式來評估船體厚度。

會爆炸的貨船 Explosive cargo
船體前半部仍有 1400 噸左右的彈藥。

碎裂中的殘骸
測繪河面下的不定時炸彈

調查 Cracking up
調查後發現此段的船體已變形、破裂且遭腐蝕，可能會是沉船首個崩塌的區塊。

裂成兩半 Broken in two
在沙岸擱淺後，彈藥的重量導致船身彎曲、破裂。

空船艙 Empty vessel
在 1944 年沉沒前，有先將船尾的彈藥搶救出來。

裂縫成像 Splitting image
聲納掃描顯示，此段甲板的裂縫正導致整塊甲板緩慢崩塌。

N←

船尾

曼哈頓計畫的內幕
INSIDE THE MANHATTAN PROJECT
1945 年，美國啟用了當時世上最強大的武器

原子（atom）一字的希臘文原意為「不可分割」，但 1938 年時，德國科學家完成了令人意想不到的事——成功分裂原子，並促成足以改變世界的密集研究。

核分裂反應是以中子撞擊鈾；當中子粒子撞上鈾原子時，其原子核會分裂，產生更輕的元素，並在過程中釋出更多的中子。若能利用這些中子，它們便能使更多鈾原子分裂，進而引發連鎖反應，威力強大到足以作為武器。因此二戰開始時，物理學家十分擔心納粹會發展這項武器。

當時有不少科學家逃離了法西斯主義盛行的歐洲並移居美國，包括利奧‧西拉德、阿爾伯特‧愛因斯坦和恩里科‧費米。

西拉德想警告美國總統，請他留意這項新發現，但他只是初級研究員，得有更資深的科學家為其背書，因此便請同事愛德華‧泰勒帶他去拜會愛因斯坦，最後由愛因斯坦向小羅斯福總統提出建言。

小羅斯福因此成立了鈾問題諮詢委員會，但當時他將重心擺在戰事，直到 1941 年才嚴正看待此事；那年日本突襲珍珠港，逾 2000 名美軍在殘酷的空襲中身亡。

隨之而生的曼哈頓計畫由萊斯利‧葛羅伯斯中將主導，負責進行原子研究，並將總部設在紐約。葛羅伯斯的團隊僅獲 6000 美元的經費來進行原子戰事的研究，但當時沒人認為他們會成功。

物理學家費米於 1938 年前往瑞典領

取諾貝爾獎後，並未返回祖國義大利，反而趁機和妻子一起逃至美國。在曼哈頓計畫展開後，費米開始第一階段的計畫，並致力於研究核連鎖反應的可行性。同時在西拉德的協助下，於芝加哥大學體育館的壁球場內建立了世上第一座核子反應爐。

要維持核連鎖反應，就得減緩中子的速度，以便撞擊更多的鈾原子核，並使之分裂。他們在鈾製球體外嵌入層層石墨，最後，終在 1942 年成功維持核連鎖反應，政府也因此開始提供研究經費。

美國軍方買下新墨西哥州洛斯阿拉莫斯沙漠中的土地，對外宣稱是要作為新拆除場。物理學教授羅伯特‧歐本海默負責指示設備的安裝，研究團隊則開始計算需

要多少的燃料才能打造出炸彈。

鈾礦含有不同的放射性同位素；這些同位素所含的中子數皆不同。多數的鈾是以鈾–238 的形式存在，但若要製造炸彈，科學家則須使用鈾–235，因此得找出能分裂鈾–238 的方法。至於所需的燃料量則比估計值稍高，但當歐本海默的團隊提出 200 公斤的鈾（為實際用量的 10 倍多）需求量時，小羅斯福總統仍核准了額外的 5 億美元經費。

第一台用於製造鈾燃料的分離設備由加州大學柏克萊分校的恩尼斯特‧勞倫斯所設計。該設備稱為同位素分離器，可說是加大版的質譜儀，能讓原子流經一個磁鐵。鈾–235 比鈾–238 稍輕；較輕的原子在經過磁鐵後，路徑彎曲的角度也較大。如此一來，便能將兩種同位素分開。

上述過程極為緩慢；每台同位素分離器一天僅能生產 10 公克的鈾–235。於是他們便在田納西州的橡樹嶺設立了一個專門的工廠，稱為 Y-12 鈾濃縮廠，其中擺放了逾 1150 台的同位素分離器。當時沒時間對此技術進行小規模測試，因此據說首次啟動 Y-12 時，其磁鐵竟把牆內的釘子都吸了出來。不過，工廠正式運作後，便招來了 7 萬 5000 名工人；二戰結束時，橡

「當時沒時間對此技術進行小規模測試」

樹嶺更成了田納西州的第五大城。

光是靠同位素分離器還不足以產生足量的鈾來製造炸彈，因此曼哈頓計畫的科學家採用了第二種濃縮法來製造更多的燃料。1940 年代，英國發展出氣體擴散技術：讓鈾與氟結合，形成六氟化鈾氣體，再讓此氣體穿過僅容分子通過的多孔隔膜。平均而言，含鈾–235 同位素的分子會以稍快的速度通過隔膜，因此得以被蒐集起來。1943 年，田納西州的 K25 工廠便建了 30 萬平方公尺的多孔隔膜。

在高峰期時，生產此計畫所需的核燃料須消耗全美電力的十分之一。兩年內，曼哈頓計畫擴大為史上最大的科學計畫之一，範圍不僅橫跨了數座城市，還僱用了數以萬計的軍方、科學界和政府人士。但那時科學家仍不知道炸彈是否堪用。

鈾礦須經繁複的加工處理，才能萃取出製造炸彈所需的同位素

第一顆原子彈

1945 年 7 月 16 日，在代號為「三位一體」（Trinity）的核試中，軍方在新墨西哥州死亡之路沙漠引爆了名為「小玩意」（The Gadget）的 20 千噸炸彈；空中隨後便形成了巨型蕈狀雲，並將下方的沙漠化為玻璃物質。小玩意和日後投在長崎的「胖子」有著雷同的基本設計：炸彈內含鈽，在觸發時會被壓縮，進而啟動核連鎖反應。無人知曉引爆原子彈後會發生什麼事，因此事前便安排士兵前往周圍城鎮，以便在情況失控時疏散民眾。這次試驗最後宣告成功，並在不到一個月的時間內實際向敵國投彈。

三位一體核試讓全美各地都受到撼動

原子彈背後的智庫

利奧‧西拉德
Leo Szilard
西拉德是物理學家，亦是曼哈頓計畫的推手，但他最後主導了反對以原子彈轟炸城市的請願書。

羅伯特‧歐本海默
Robert Oppenheimer
理論物理學家，在洛斯阿拉莫斯領導 3000 人的團隊，日後反對發展氫彈。

恩里科‧費米
Enrico Fermi
1938 年時因放射學研究而獲頒諾貝爾獎，負責領導早期的曼哈頓計畫，且建造了首座核子反應爐。

奧托‧哈恩
Otto Hahn
因發現核分裂而獲頒諾貝爾獎。他並非曼哈頓計畫的一員，但其科學發現是原子彈發展的基礎。

愛德華‧泰勒
Edward Teller
匈牙利裔美國人，在洛斯阿拉莫斯領導一個團隊。他是核武的強力支持者，被譽為「氫彈之父」。

漢斯‧貝特
Hans Bethe
諾貝爾獎得主，在洛斯阿拉莫斯擔任主管。他和泰勒合作開發氫彈，但日後則推動廢除核武軍備。

塞斯‧內德邁爾
Seth Neddermeyer
內德邁爾是美國物理學家，也是設計胖子原子彈（日後投於日本長崎）的主要科學家。

詹姆斯‧查德威克
James Chadwick
英國諾貝爾獎得主，他發現中子，並率領「英國任務」與曼哈頓計畫合作。

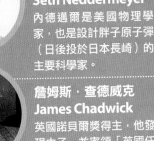

光是生產一枚炸彈所需的鈾就是一項挑戰，因此根本沒有多餘的燃料能供試驗；但 1941 年發現了鈽。這種人造放射性元素能以輻射照射核子反應爐中的鈾來生成，且可能作為第二顆炸彈所需的燃料。芝加哥的科學家設計了能生產鈽的反應爐，當時更動用 6 萬多名建築工在華盛頓州的漢福德沙漠建造一座新廠。

鈾彈後來被命名為「小男孩」（Little Boy），是科學家依槍枝的原理所設計：把一塊鈾射向另一塊鈾，以觸發連鎖反應。鈽彈則有以炸藥製成的外殼，該外殼會繞著鈽核心引爆；爆炸的震波會將鈽原子推擠在一起，引起連鎖反應。

1945 年 4 月 12 日，小羅斯福總統逝世；一個月後，納粹部隊投降，但日本拒絕結束這場戰爭，而美國則繼續進行原子彈的開發計畫。同年 6 月 1 日，杜魯門總統決定投下原子彈；7 月時，他們在美國本土進行首次測試，引爆綽號「胖子」（Fat Man）的複刻版鈽彈──威力相當於 2 萬

小男孩原子彈

投在廣島的炸彈有著「槍式」設計

中子
Neutron
當中子撞上鈾-235 原子時，原子便一分為二。

裂變 Fission
當鈾原子分裂時，會釋出更多中子。

連鎖反應 Chain reaction
中子會撞擊更多鈾原子，引發能為炸彈供給能量的連鎖反應。

雷管 Detonator
炸藥置於鈾彈後方，以便開火後將鈾彈射下槍管。

鈾彈
Uranium bullet
26 公斤重的鈾彈（採用鈾-235）附於雷管上。

槍筒 Gun barrel
鈾彈以高速射向鈾靶，引發核連鎖反應。

中子反射器
Neutron reflector
容器內含放射性物質，能反射中子，有助於維持連鎖反應。

雷達天線 Radar antenna
這顆原子彈裝有高度計和天線，因此能在正確的高度引爆。

鈾靶
Uranium target
將中子產生器裝入重 36 公斤的鈾-235 球體中。

首座核子反應爐建於芝加哥的一座壁球場內

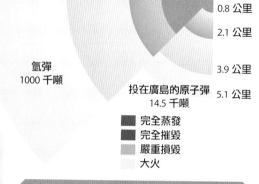

12 公里　7.5 公里　4.3 公里　2.7 公里

0.8 公里
2.1 公里

氫彈
1000 千噸

3.9 公里

投在廣島的原子彈
14.5 千噸

5.1 公里

- 完全蒸發
- 完全摧毀
- 嚴重損毀
- 大火

試圖阻止投彈

物理學家暨發明家西拉德是催生曼哈頓計畫的推手，但到了 1945 年左右，他和許多科學家都對他們所協助打造的原子彈感到憂心不已。西拉德寫了一封請願書給總統，提到：「原子彈基本上是毀滅城市的殘忍手段……若一個國家以破壞為目的，開啟了使用這種新式武器的先例，或許就得擔起打開通往毀滅時代大門的責任，而這將完全超乎人類的想像」。

這份請願書由 70 位參與曼哈頓計畫的科學家共同簽署，但小羅斯福總統於 1945 年 4 月去世，因此西拉德不知如何將此訊息傳至新總統杜魯門手中；在投彈前，杜魯門都未曾看到這份請願書。

在曼哈頓計畫啟動之前，西拉德與愛因斯坦的合影

投彈前

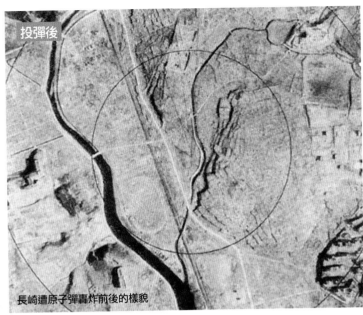

投彈後

長崎遭原子彈轟炸前後的樣貌

嘅的黃色炸彈——這正是他們預估的最大威力，爆炸更讓沙漠化為玻璃物質。

1945 年 8 月 6 日，駕駛員保羅‧蒂貝茨登上以其母命名的艾諾拉‧蓋伊轟炸機，帶著小男孩鈾彈飛至廣島。這顆動用 12 萬人力、耗資逾 20 億美元的原子彈在片刻間夷平全市 90% 的土地，15 萬人死於爆炸或放射性病變。兩天後，美國又在長崎投下胖子，導致約 7 萬 5000 人死亡。日本因此於 1945 年 8 月 15 日宣布投降。

主導曼哈頓計畫的歐本海默表示：「我們知道世界會就此改變。有人笑了，有人哭了，多數人則沉默不語。我想起印度經典《薄伽梵譚》中的一段話：毗濕奴試圖說服王子履行其職責，為了讓王子銘記，毗濕奴展現出四臂真身，然後說：『現在我成了死神，世界的毀滅者。』我想我們全都有這樣的想法，只是形式不盡相同。」

「我們知道世界會就此改變」 ——羅伯特‧歐本海默

核能現供應全球逾 10% 的能源

將鈾輸送到漢福德反應爐中的管線細部構造

曼哈頓計畫之後

二戰結束後，美國持續進行原子彈測試。世人從未見過破壞力如此強大且迅速的武器，隨著原子時代的到來，數國紛紛投入核武軍備競賽，競相打造自家的武器，以遏阻他國的核武攻擊。蘇聯利用間諜克勞斯‧福克斯所取得的情資，在 1949 年於哈薩克首次測試自製的原子彈。英國則在 1952 年引爆「颶風」原子彈；1960 年，法國也帶著「藍色跳鼠」原子彈加入了這場軍備競賽；中國則在 1964 年試爆第一顆原子彈。美國也急於研發氫彈，當他們於 1952 年在太平洋的伊魯吉拉伯島進行試爆時，整座島全被夷平。蘇聯繼續以福克斯的情資設計氫彈；1961 年試爆時，威力達 58 百萬噸級。1968 年，美、蘇和英國同意簽署《核武禁擴條約》，藉此限制核武擴散；這三國也支持全球和平共享核子技術，讓正向的核子新發展（如核能與核子醫學）得以進行。

出版品預行編目資料

全球武器大圖解／陳豫弘總編輯.
—— 初版. ——臺北市：希伯崙公司, 2020.05

面； 公分

ISBN 978-986-441-383-6 (精裝)

1. 武器　2. 軍事裝備　3. 歷史

595.9

109005235